数学圈丛书
MATHEMATIC CIRCLES

湖南科学技术出版社

密码的数学

THE MATHEMATICS
OF SECRETS:
CRYPTOGRAPHY FROM CAESAR CIPHERS
TO DIGITAL ENCRYPTION

〔美〕约书亚·霍尔登 JOSHUA HOLDEN——著

舍 其——译

欢迎你来数学圈

欢迎你来数学圈，一块我们熟悉也陌生的园地。

我们熟悉它，因为几乎每个人都走过多年的数学路，从1、2、3走到6月6（或7月7），从课堂走进考场，把它留给最后一张考卷。然后，我们解放了头脑，不再为它留一点儿空间，于是它越来越陌生，我们模糊的记忆里，只有残缺的公式和零乱的图形。去吧，那课堂的催眠曲，考场的蒙汗药；去吧，那被课本和考卷异化和扭曲的数学……忘记那一朵朵恶之花，我们会迎来新的百花园。

"数学圈丛书"请大家走进数学圈，也走近数学圈里的人。这是一套新视角下的数学读物，它不为专门传达具体的数学知识和解题技巧，而以非数学的形式来普及数学，着重宣扬数学和数学人的思想和精神。它的目的不是教人学数学，而是改变人们对数学的看法，让数学融入大众文化，回归日常生活。读这些书不需要智力竞赛的紧张，却要

一点儿文艺的活泼。你可以怀着360样心情来享受数学，感悟公式符号背后的理趣和生气。

没有人怀疑数学是文化的一部分，但偌大的"文化"，却往往将数学排除在外。当然，数学人在文化人中只占一个测度为零的空间。但是，数学的每一点进步都影响着整个文明的根基。借一个历史学家的话说，"有谁知道，在微积分和路易十四时期的政治的朝代原则之间，在古典的城邦和欧几里得几何之间，在西方油画的空间透视和以铁路、电话、远距离武器制胜空间之间，在对位音乐和信用经济之间，原有深刻的一致关系呢？"（斯宾格勒《西方的没落·导言》）所以，数学从来不在象牙塔，而就在我们的身边。上帝用混乱的语言摧毁了石头的巴比塔，而人类用同一种语言建造了精神的巴比塔，那就是数学。它是艺术，也是生活；是态度，也是信仰；它呈现多样的面目，却有着单纯的完美。

数学是生活。不单是生活离不开算术，技术离不开微积分，更因为数学本身就能成为大众的生活态度和生活方式。大家都向往"诗意的栖居"，也不妨想象"数学的生活"，因为数学最亲的伙伴就是诗歌和音乐。我们可以试着从一个小公式去发现它如小诗般的多情，慢慢找回诗意的数学。

数学的生活很简单。如今流行深藏"大道理"的小故事，却多半取决于讲道理的人，它们是多变的，因多变而被随意扭曲，因扭曲而成为多样选择的理由。在所谓"后现代"的今天，似乎一切东西都成为多样的，人们像浮萍一样漂荡在多样选择的迷雾里，起码的追求也失落在"和谐"的"中庸"里。但数学能告诉我们，多样的背后存在统一，极致才是和谐的源泉和基础。从某种意义说，数学的精神就是追求极致，它永远选择最简的、最美的，当然也是最好的。数学不讲圆滑的道理，也绝不为模糊的借口留一点空间。

数学是明澈的思维。在数学里没有偶然和巧合，生活里的许多巧合 —— 那些常被有心或无心地异化为玄妙或骗术法宝的巧合，可能只是数学的自然而简单的结果。以数学的眼光来看生活，不会有那么多的模糊。有数学精神的人多了，骗子（特别是那些套着科学外衣的骗子）的空间就小了。无限的虚幻能在数学中找到最踏实的归宿，它们"如龙涎香和麝香，如安息香和乳香，对精神和感观的激动都一一颂扬"（波德莱尔《恶之花·感应》）。

数学是浪漫的生活。很多人怕数学抽象，却喜欢抽象的绘画和怪诞的文学，可见抽象不是数学的罪过。艺术家的想象力令人羡慕，而数学家的想象力更多更强。希尔伯特说过，如果哪个数学家改行做了小说家（真的有），我们不要惊奇 —— 因为那人缺乏足够的想象力做数学家，却足够做一个小说家。略懂数学的伏尔泰也感觉，阿基米德头脑的想象力比荷马的多。认为艺术家最有想象力的，是因为自己太缺乏想象力。

数学是纯美的艺术。数学家像艺术家一样创造"模式"，不过是用符号来创造，数学公式就是符号生成的图画和雕像。在数学的比那石头还坚硬的逻辑里，藏着数学人的美的追求。

数学是自由的化身。唯独在数学中，人们可以通过完全自由的思想达到自我的满足。不论是王摩诘的"雪中芭蕉"还是皮格马利翁的加拉提亚，都能在数学中找到精神和生命。数学没有任何外在的约束，约束数学的还是数学。

数学是奇异的旅行。数学的理想总在某个永恒而朦胧的地方，在那片朦胧的视界，我们已经看到了三角形的内角和等于180度，三条中线总是交于一点且三分每一条中线；但在更远的地方，还有更令人惊奇的图景和数字的奇妙，等着我们去相遇。

数学是永不停歇的人生。学数学的感觉就像在爬山，为了寻找新的山峰不停地去攀爬。当我们对寻找新的山峰不再感兴趣时，生命也就结束了。

不论你知道多少数学，都可以进数学圈来看看。孔夫子说了，"知之者不如好之者，好之者不如乐之者"。只要"君子乐之"，就走进了一种高远的境界。王国维先生讲人生境界，是从"望极天涯"到"蓦然回首"，换一种眼光看，就是从无穷回到眼前，从无限回归有限。而真正圆满了这个过程的，就是数学。来数学圈走走，我们也许能唤回正在失去的灵魂，找回一个圆满的人生。

1939年12月，怀特海在哈佛大学演讲"数学与善"中说："因为有无限的主题和内容，数学甚至现代数学，也还是处在婴儿时期的学问。如果文明继续发展，那么在今后两千年，人类思想的新特点就是数学理解占统治地位。"这个想法也许浪漫，但他期许的年代似乎太过久远 —— 他自己曾估计，一个新的思想模式渗透进一个文化的核心，需要1000年 —— 我们希望这个过程能更快一些。

最后，我们借从数学家成为最有想象力的作家卡洛尔笔下的爱丽丝和那只著名的"柴郡猫"的一段充满数学趣味的对话，来总结我们的数学圈旅行：

> "你能告诉我，我从这儿该走哪条路吗？"
> "那多半儿要看你想去哪儿。"猫说。
> "我不在乎去哪儿 ——"爱丽丝说。
> "那么你走哪条路都没关系。"猫说。
> "—— 只要能到个地方就行。"爱丽丝解释。
> "噢，当然，你总能到个地方的，"猫说，"只要你走得够远。"

我们的数学圈没有起点，也没有终点，不论怎么走，只要走得够远，你总能到某个地方的。

李　泳

2006年8月草稿

2019年1月修改

致 谢

　　我希望自己能对我曾就数学和密码学有过深入交流的每一个人都一一致谢，但是很明显我做不到。然而我还是想挑出对我在密码学教学上有特别帮助的一些人，是他们让我有机会坐在他们的教室里聆听教诲，鼓励我，与我一起教学相长，或是与我分享相关素材。大致按时间顺序的话，这些人包括David Hayes、Susan Landau（除了很多密码学知识，我还从她那里学到了"宇宙射线"原理），Richard Hain、Stephen Greenfield、Gary Sherman（从他那里我学到了"鞋袜"原则）以及David Mutchler。如果我漏掉了谁，十分抱歉。

　　感谢算法数学理论研讨会的全体与会人员，特别是Carl Pomerance、Jon Sorenson、Hugh Williams以及Hugh在（或以前在）卡尔加里大学的"团伙"的所有成员。我还想感谢Brian Winkel、Craig Bauer以及*Cryptologia*一书编辑委员会现在和过去的所有成员。如果没有你们所有人的友谊和鼓励，我敢肯定，我的密码学研究之路永远也无法起步。感谢所有我在罗斯-霍曼理工学院的研究生以及罗斯-霍曼暑期研修班的本科生，是你们给了我最好的理由，让我继续我的研究。

　　本书写作历时颇久，多年来有很多人先后审阅过本书的不同稿本。你们中间不少人我都素昧平生，甚至有些人我还不知道名字，但我也要感谢你们每一个人。其中我要特别致以谢意的两位是Jean Donaldson和Jon Sorenson。Jean自愿阅读了本书很早的一份初稿，尽管我无法提供任何个人的或专业的奖励。她不是数学或密码学专家，但她是完美的读者，她的每一句话都让我获益良多。Jon Sorenson同样读过一份早期初稿，做出了令人鼓舞的、十分有益的评论。Jon不只是我的评论员，他还是我多年的同事和挚友，在我的职业道路上也提供了各种各样的帮助。对我提出了鼓舞人心、十分有益的评论的，

还有Paul Nahin、David Kahn、John MacCormick等。

罗斯-霍曼图书馆的工作人员在本书写作中提供了无与伦比的帮助。Amy Harshbarger通过馆际互借带来了我以为永远无法找到的文章和技术报告。Jan Jerrell允许我将本馆藏书扣留很久,远远超过了合理的流通政策所能允许的期限。对他们两人以及本馆所有人员,我都需要再三感谢。说到图书馆,还有Heather Chenette和Michelle Marincel Payne帮助组织了"闭嘴快去写"团队,他们在图书馆碰面,伴我走过了最后修改定稿的岁月。

如果没有我妻子Lana的支持和耐心,我肯定无法完成本书。同样还有我的室友Richard,以及偶尔需要"忍受"很晚才能进餐的猫咪。在本书写作过程中,你们处处容忍,我真的十分感激。

最后还要感谢普林斯顿大学出版社的每一个人,尤其是本书编辑Vickie Kearn。Vickie带着写一本密码学著作的想法出现在我面前还是12年前,这么长的时间里她从未失去信心,一直相信总有一天我能写出来。我都没法相信,现在真的写完了。非常感谢。

衷心感谢在本书第一版中发现了各个排印错误和知识性错误的每一位读者,包括 Richard Bean、Chris Christensen、John Fuqua、Tom Jerardi、Steve Greenfield、Karst Koymans、舍其(本书中文版译者)以及 David Miller。如有遗漏,请接受我最诚挚的歉意。如果还有任何未能修正的错误,都将是我自己的失误,跟他们无关。同样感谢 Sid Stamm 和 Nadine Shillingford Wondem 在计算机安全问题上的非凡建议。

前 言

这本书讲的是发送秘密信息的现代科学，也就是密码学背后的数学。现代密码学是一门科学，也跟所有的现代科学一样依赖于数学。如果没有数学，在理解密码学时你走不了多远。我希望你能走得更远一些，这不只是因为我觉得你应该了解一点密码学，也因为我觉得那些密码学工作者所用的数学方法真的很漂亮，我想把这些方法介绍给你们。

史蒂芬·霍金在《时间简史》里说，有人告诉他，写在书里的每一个公式都会让图书的销量减半。我希望对本书来说没这回事，因为书里公式太多了。但我并不觉得数学会有那么难。我曾经教过一个班的密码学，在上课时我说，上好这门课的前提条件是高中代数。或许我应该说，前提条件是高中代数以及愿意对此深入思考。这里没有三角学，没有积分，也没有微分方程。有的只是一些通常并不会出现在代数课堂上的思想，而我会尽量陪你们披荆斩棘，一同前行。如果你真的想要弄懂这些思想，就算先前没有任何大学水平的数学知识你也能做到，只不过就得冥思苦想一番了。（有些补充阅读里的数学要稍微难一点，但就算跳过这些，也不会影响对本书其他内容的理解。）

数学并不是密码学的全部。跟大多数科学不一样，密码学是智力超群的对手之间针锋相对的对决，来决出秘密究竟会不会得到破解。伊恩·卡斯尔斯（Ian Cassels）是剑桥大学杰出的数学家，曾在第二次世界大战中为英国做过密码破译的工作，他对密码学的前景十分看好。他说："密码学就是数学和一团乱麻的混合物，要是没有这一团乱麻，数学你就得好好对付了。"在本书中，为了聚焦于数学，我移除了一些乱麻。有些专业的密码学家对此恐怕会持有异议，因为我并没有向你们真正展示出我能展示的最安全的系统。作为回应，我得说本书

只是写给那些想要了解密码学中的特定部分也就是数学基础的读者。要是你想成为正儿八经的从业者，在"延伸阅读建议"和"参考书目"中有更多著作，可以好好读一读。

我给自己立的规矩是这样的：在本书中我尽力避免以简化的名义讲错误的东西，但我省略了一些内容。我省略了关于如何最安全地运用这些系统的一些细节，也省略了在我看来跟我想讲的数学故事没有多大关系的一些系统。只要有可能，我总是试图展现那些曾真正用于保护真实信息的系统。但我还是用了一些我自己编的或是其他学术性的例子，只因我觉得这些例子最能说明问题。

计算机技术既改变了密码学工作者所处理的数据类型，也改变了切实可行的技术。我讨论的有些用来保护数据的系统即便在过去安全实用，在今天就既不安全也不实用了。同样，我提到的有些解密技术以这里呈现的方式来讲也不再有效。尽管如此，我觉得本书所涵盖的主题，都展现了对现代密码学来说仍然极为重要也紧密相关的问题。我试图表明，就算实际的系统已经被束之高阁，其中的原理今天仍在运用。每章结尾的"展望"部分将预先提示，你刚刚读完的这一章与接下来的章节有何关联，或是与我料想中密码学未来的可能发展有何关联。

本书大量章节都按照其主题的历史发展顺序编排，这是因为在我描述的思想中，历史发展往往是合乎逻辑的进程。历史也是讲故事的好手段，因此只要合适，我总喜欢用这种方法。在本书之外还有大量与密码学的历史有关的故事，你要是想了解更多，可不要忘了看一看"延伸阅读建议"。

我跟我的学生说，我能成为数学教授是因为我喜欢数学，也喜欢讲述。这本书就是我跟你们讲述数学当中我十分喜欢的一项具体应用。 我期望的是，读完这本书，你也会真的喜欢。

目 录

第一章

密码和替换密码

1.1　爱丽丝与鲍勃与卡尔与尤利乌斯：术语与恺撒密码

几乎从书写的诞生开始，人们就在试图隐藏书面信息的内容了，也由此发展出了很多不同的方法来实现这一点。也几乎就从人们试着隐藏信息开始，学者也开始对这些方法进行分类和描述。扫兴之处在于，这样一来我就不得不直接扔给你们一大堆专业术语。更糟糕的是，有很多我们日常会话中会用到的可以互换的词，在这个领域的专家眼里却有着特殊的含义。不过要找到窍门摸清楚到底什么是什么，倒也不是真的那么难。

我要举的第一个例子是，研究秘密信息的人经常用术语代码（code）和密码（cipher）来指代两个不同的东西。大卫·卡恩（David Kahn）写过一本密码学的历史，也许算得上是终极论述，他对此说得不能再好了："代码由成千上万的单词、短语、字母、音节组成，带有可代替明文组分的代码编码或代码编号……至于说密码，其基本单位是字母，有时候是字母对……大串字母的情况很少见。"发送秘密信息的第三种方法是隐写术，包括隐藏已经存在的信息，比如说用看不见的墨水来书写。在本书中我们将集中精力考察密码，这是因为从数学上来看，密码通常是其中最有意思的，不过其他方法的例子也会时不时地刷刷存在感。

在我们开始之前，再学几个别的术语会大有帮助。研究如何用代码和

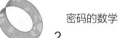

密码发送秘密信息的学问叫作密码学（cryptography）[1]，而研究如何擅自读取这些秘密信息的学问叫作密码分析（cryptanalysis），或是密码破译（codebreaking）。这两个领域合在一起就组成了密码编码学（cryptology）。（有时候"密码学"一词也会用来表示这两个领域的集合，但我们会努力把这些术语都区分开。）

当我们谈论密码学时，我们会说到爱丽丝想发送信息给鲍勃，这已经成为约定俗成的习惯了[2]。但跟这儿我打算从尤利乌斯说起。这就是尤利乌斯·恺撒（Julius Caesar），他不只是罗马"千秋万代的独裁者"，也是军事天才、作家，以及……密码工作者。

我们今天叫作"恺撒密码"的这玩意，很可能最开始并不是恺撒发明的，但肯定是因为他才变得这么有名。罗马历史学家苏埃托尼乌斯（Suetonius）这样描述恺撒密码：

　　他（恺撒）除了写给西塞罗（Cicero）的信，还有就私人事务写给至交好友的。在私人信件中，他要是想说一些机密的事情，就会写成密码，也就是改变字母表中字母的顺序，写出来就字不成句了。要是有人想破译这些文字知道它们都是什么意思，他就得把字母表中的第四个字母，也就是D

---

[1] cryptography一词，有广义与狭义之分。在用作广义时常译为"密码学"，即下文中的密码编码学，包含密码使用和密码分析两部分内容；在用作狭义时则可译为"密码使用学"或"密码术"，不包含密码分析的内容。相应地，中文说到"密码学"一词时，也有类似上述的广义狭义之别，但多数情况下不需要严格区分。本书中该词主要用作狭义，但为避免译文累赘，一律译为"密码学"，所指仍为狭义的"密码使用学"。请读者注意。——译者注

[2] 爱丽丝（Alice）和鲍勃（Bob）是密码学中最常用到的代入角色，类似于中文里用甲、乙或张三、李四做通用指代。其次最常见的角色是偷听者伊芙（Eve），本书后文将出现的卡罗尔（Carol）、戴夫（Dave）、弗兰克（Frank）和特伦特（Trent）等也均为代入角色，并非真实人名。因此，这些名字在译文中出现时未夹注原文。这些名字最早于1977年在《获取数字签名及公钥的密码系统的方法》（*A Method for Obtaining Digital Signaturesand Public-Key Cryptosystems*）中出现，布鲁斯·施奈尔（Bruce Schneier）所著《应用密码学》（*Applied Cryptography*，1994）对这些人物有总结列表。——译者注

替换成A，并对其他字母也依此类推。

　　换句话说，当爱丽丝想要发送信息时，她先得写出明文（plaintext），也就是把信息用正常的语言写出来的文本。接着她得把这条信息译成密码[3]（encipher），也就是用密码将其写成秘密形式，得到的结果就是这条信息的密文（ciphertext）。要把信息变成代码的话，就得对其进行编码（encode），或者用加密（encrypt）这个术语也可以。对明文中的每一个a，爱丽丝在密文中将其替换成D，再将每一个b都替换成E，依此类推。每一个字母都在字母表中往后移动了三位。这可真是太简单了。但是当爱丽丝一直进行到字母表的最后，把字母都用完了的时候，好玩的地方就出现了。字母w变成了Z，那字母x该去哪儿？它绕了一圈回到开头，变成了A！于是字母y变成B，而z变成了C。举个例子："你也有份吗布鲁图（and you too, Brutus）[4]"这条信息就变成了：

明文：　a　n　d　y　o　u　t　o　o　b　r　u　t　u　s

密文：　D　Q　G　B　R　X　W　R　R　E　U　X　W　X　V

　　这就是爱丽丝要发给鲍勃的信息了。　　　　　　　　　　　　2

　　"绕回去"这种思路，实际上你从小时候起就已经在用了。一点之后再过三小时是几点？四点钟。两点之后再过三小时是五点钟。十点之后再过三小时又是几点呢？一点钟。你看，绕回去啦。

---

[3] encipher与encrypt两词，含义有差别，中文习惯均译为"加密"，但此处按照原文语境必须有所区分，姑且将encipher译为"译成密码"。本书用encrypt一词较多，用encipher一词极少，后文如无必要，不再进行这一区分，两词均译为"加密"。——译者注

[4] 据说这是恺撒遇刺时的最后一句话，因莎士比亚剧作《尤利乌斯·恺撒》而家喻户晓，也在英语世界中广泛运用，表示来自好友的始料未及的背叛。——译者注

那是在1800年前后，卡尔·弗里德里希·高斯（Carl Friedrich Gauss）正式将"绕回去"的想法写成了理论。现在这种算法叫作模运算，让你绕回开头的那个数就叫模数。数学家会把我们那个时钟的例子写成这样：

$$10+3\equiv1(\mathrm{mod}\ 12)$$

读起来就是"十加三同余一模十二"。

那恺撒密码又是怎么回事呢？要是我们愿意把那些字母都变成数字，那就可以用模运算来表示恺撒密码了。把字母a看成是数字1，把b看成数字2，等等。把字母变成数字的这一步可算不上是在加密。对数字时代的我们来说，这个想法实在是太显而易见了，爱丽丝可不能真的以为能把这个当作秘密。只有我们要对数字进行的操作才能当成是秘密。

现在我们的模数是26，恺撒密码看起来就成了这个样子：

明文	数字	加3	密文
a	1	4	D
b	2	5	E
⋮	⋮	⋮	⋮
x	24	1	A
y	25	2	B
z	26	3	C

记住："+3"到了26就绕回去了。

要解密消息，或者说将消息从密文变成明文，鲍勃反向也就是向左移动三个字母就行了。这回当他过了字母 A 的时候他也得绕回去，或者用数字来讲,过了1之后,0就绕回去变成了26,−1绕回去变成25,等等。按照我们前面采用过的形式,这个过程看起来就是下面的样子:

3

密文	数字	减3	明文
A	1	24	x
B	2	25	y
C	3	26	z
⋮	⋮	⋮	⋮
Y	25	22	v
Z	26	23	w

1.2 关键问题:恺撒密码的一般化

在恺撒看来,他的密码够安全了,毕竟能截获他的消息的人多半大字不识一个,就更不用说还能分析密码了。但是从现代密码学的角度来看,恺撒密码有很大的缺点:你一旦搞清楚人家用的是恺撒密码,就能对整个系统都一览无余。没有密钥或别的只言片语的信息能让你对密码做出变化。这看起来糟糕得很。

停下来想一会儿吧。多大个事儿呢?你的密码要么是个秘密要么不是,对吧?这就是恺撒那个时代的看法,在那之后好多好多年也还是如此。但到了1883年,奥古斯特·柯克霍夫(Auguste Kerckhoffs)发表了一篇划时代的文章,文中宣称:"系统必须不需要保密,而且就算被敌方窃取,也不会带来麻烦。"太神了!怎样才能让你的系统就算被窃取也不带来麻烦呢?

柯克霍夫接着指出,窃听者伊芙要发现艾丽丝和鲍勃用的是什么系统可太轻而易举了。跟恺撒那个时候一样,在柯克霍夫的年代密码学还是主要用于军事和政府,因此柯克霍夫想的是,敌人可能通过赂

赂或是抓获爱丽丝或鲍勃的一名工作人员来获取信息。就算到了今天，在很多情况下这些问题也仍然值得关注，我们还可以添进去诸如伊芙窃听电话、在电脑上安装间谍软件和纯靠运气瞎猜的可能性。

不过在另一种情况下，如果爱丽丝和鲍勃有一个需要密钥来进行加密和解密的系统，事情就没有那么糟糕了。就算伊芙发现了正在使用的通用系统是什么，她也还是不能轻易读取任何信息。试着在没有密钥的情况下读取信息，以及／或确定用于一段信息的密钥是什么，就叫作密码分析，或是密码运算，或者再通俗一点，叫作破解。而就算伊芙设法找到了爱丽丝和鲍勃的密码，那也不算大势已去。要是爱丽丝和鲍勃够聪明，他们就会时常倒换密钥。因为基本系统还是一样的，倒换密钥也不会很难，而就算伊芙拿到了其中一些信息的密钥，她也还是没办法读取所有信息。

所以我们得找个办法来对恺撒密码做一点点改动，这取决于一些密钥的值。合情合理的出发点是，问一下为什么爱丽丝是将她的明文移动了3个位置，而不是别的数字？并没有特别的理由，也许恺撒只是对数字3情有独钟罢了。他的继任者奥古斯都（Augustus）用的是跟他相似的系统，但每个字母只向右移动了一位。"回转13位"密码将每个字母移动了13位，走到头的时候又绕回到起点。这种密码经常在网络上用到，用来隐藏笑话的包袱，或是有可能会冒犯到某些人的内容。移动 k 个字母（或者说加 k 模26）的一般思路就叫作以 k 为密钥的移位式密码，或是加法密码。比如说，假设有个以21为密钥的移位式密码，那恺撒的消息就会变成：

明文：	a	n	d	y	o	u	t	o	o	b	r	u	t	u	s
数字：	1	14	4	25	15	21	20	15	15	2	18	21	20	21	19
加21：	22	9	25	20	10	16	15	10	10	23	13	16	15	16	14
密文：	V	I	Y	T	J	P	O	J	J	W	M	P	O	P	N

那一共会有多少个不同的密钥呢？移动0个字母恐怕不是个好主意，但你也可以这么干。移动26个字母又跟移动0个字母是一样的 —— 要不换个说法，以26为模数，26就和0是一样的。移动27个字母也跟移动1个字母殊途同归，等等。所以，一共有26种移动方法能实际带来不一样的结果，也就是说有26个密钥。记住这里面也有0，那个"没头脑密钥"，实际上对信息没有做任何处理。加密时什么都没干，术语就叫作无用密码。假设爱丽丝用移位式密码给鲍勃发了一条信息，而且被伊芙截获了。就算伊芙设法知道了爱丽丝和鲍勃用的是移位式密码，她也还是要试26次不同的密钥来解密信息。这不是个大数目，但总比恺撒密码强一点。

那我们可以多加一些密钥吗？要是把字母向左移而不是向右移会怎么样？很不幸，这一点儿用都没有。假设我们将明文向左移动了一位，并从另一个方向绕回去：

明文：	a	n	d	y	o	u	t	o	o	b	r	u	t	u	s
数字：	1	14	4	25	15	21	20	15	15	2	18	21	20	21	19
减1：	0	13	3	24	14	20	19	14	14	1	17	20	19	20	18
密文：	Z	M	C	X	N	T	S	N	N	A	Q	T	S	T	R

注意，对于模数26来说0和26是一样的，我们可以把这两个数字都分配到密文字母"Z"，而且可以互换。要是你再想一想，就会发现向左移动1个字母跟向右移动25个字母是一样的。或者用模运算的术语来讲，你可以把左移当成是负数，那我们说的就是对模数26来讲−1跟25是一样的。所以左移于事无补。

1.3 乘法密码

我们来看看另一种类型的密码找找灵感，这就是所谓的用抽取法构建密码。我们得挑一个密钥，比如说3。我们先将明文字母表写

下来：

　　明文：abcdefghijklmnopqrstuvwxyz

　　然后挑出每三个字母中的第三个，划掉（或者叫"抽取"掉），并把这些字母都作为密文字母写下来：

　　明文：a b c d e f g h i j k l m n o p q r s t u v w x y z

　　密文：C F I L O R U X

行进到队尾时，绕回开头。现在划掉"a"并继续前进。

　　明文：a b c d e f g h i j k l m n o p q r s t u v w x y z

　　密文：C F I L O R U X A D G J M P S V Y

6　　最后又绕回来到"b"，大功告成：

　　明文：a b c d e f g h i j k l m n o p q r s t u v w x y z

　　密文：C F I L O R U X A D G J M P S V Y B E H K N Q T W Z

　　于是，最终从明文到密文的对应是这样的：

　　明文：abcdefghijklmnopqrstuvwxyz

　　密文：CFILORUXADGJMPSVYBEHKNQTWZ

　　好，现在我们试着以数学家的眼光来看看。怎样用模运算的术语来描述抽取法呢？当然，首先我们要用数字来代替字母：

明文：	a	b	c	d	e	f	g	h	i	j	...	y	z
数字：	1	2	3	4	5	6	7	8	9	10	...	25	26
某种运算？：	3	6	9	12	15	18	21	24	1	4	...	23	26
密文：	C	F	I	L	O	R	U	X	A	D	...	W	Z

真有意思！对前8个字母来说，要做的就是将明文相对应的数字乘以3（密钥），就能得到密文。但对字母 i 这样做就没法奏效了，因为9乘以3是27——而对模数26来说27跟1是一样的，这就正好跟我们的密文字母 A 对上了。

在加法密码中，其中的加法部分显然没有什么特别之处。如果不在每个明文数字上加3，我们也可以用乘以3来代替，到26的时候就绕回开头。从"时钟运算"的角度来看这样也是有道理的：从午夜开始，3小时的三倍之后是9点，4小时的三倍之后是12点。5小时的三倍之后是3点，等等。这套新的乘法密码以3为密钥，看起来就是这个样子：

明文	数字	乘以3	密文
a	1	3	C
b	2	6	F
⋮	⋮	⋮	⋮
y	25	23	W
z	26	26	Z

要是想加密"要生养众多（be fruitful and multiply）"[5]这条消息，

---

[5] 语出《圣经·创世纪》1:28，原文上下文为：神就赐福给他们，又对他们说："要生养众多，遍满地面，治理这地，也要管理海里的鱼、空中的鸟和地上各样行动的活物。"——译者注

就会是这个样子：

明文	b	e	f	r	u	i	t	f	u	l	a	n	d
数字	2	5	6	18	21	9	20	6	21	12	1	14	4
乘以3	6	15	18	2	11	1	8	18	11	10	3	16	12
密文	F	O	R	B	K	A	H	R	K	J	C	P	L

明文	m	u	l	t	i	p	l	y
数字	13	21	12	20	9	16	12	25
乘以3	13	11	10	8	1	22	10	23
密文	M	K	J	H	A	V	J	W

顺便说一句，如果有更快的方法处理绕回去这个问题，往往会比一遍又一遍减去26要有用得多。好在你已经知道有这么个方法了，那就是带余数的除法，跟你在小学学到的一模一样。只是现在，一旦得到在数字中有多少个26的倍数，我们只需要将26的倍数都放在一边，留下余数就行了。例如，要加密上述例子中最后一个字母，就把25乘以3得到75，然后用75除以26：

$$
\begin{array}{r}
2 \\
26{\overline{\smash{)}75}} \\
\underline{-52} \\
23
\end{array}
$$

商数是2，这个可以丢开；余数是23，这才是我的密文需要的数字。考察这个问题的另一种方式是，带余数的除法表明 $75 = 2 \times 26 + 23$；也就是说，75是26的两倍，另外还有23剩下来。而以26为模数，26跟0是一样的，因此75也就跟 $2 \times 0 + 23 = 23$ 是一样的。

乘法密码有多少个密钥呢？乍一看你大概会觉得还是26个，其中一个还是"没头脑密钥"。但还是先等会儿——以26为模数，乘以26

跟乘以0是一样的。而乘以0就坏事儿了。不只是没头脑，而是会坏事儿。以0为密钥的乘法密码看起来是这样子的：

明文	数字	乘以0	密文
a	1	0	Z
b	2	0	Z
⋮	⋮	⋮	⋮
y	25	0	Z
z	26	0	Z

这样一来，我们要是想用这个密码加密一条信息，结果就会是这样：[6]

明文	a	r	e	a	l	l	y	b	a	d	k	e	y
数字	1	18	5	1	12	12	25	2	1	4	11	5	25
乘以0	0	0	0	0	0	0	0	0	0	0	0	0	0
密文	Z	Z	Z	Z	Z	Z	Z	Z	Z	Z	Z	Z	Z

完全没办法解读这条信息！所以我们没法用这个密钥。

还有别的不能用的密钥吗？想想用2来乘——我们知道，任何数字乘以2之后都会变成偶数。拿2做密钥的乘法密码看起来是这样的：

---

[6] 明文 a really bad key 意为"真是个坏密钥"。——译者注

明文	数字	乘以2	密文
a	1	2	B
b	2	4	D
⋮	⋮	⋮	⋮
l	12	24	X
m	13	26	Z
n	14	2	B
o	15	4	D
⋮	⋮	⋮	⋮
y	25	24	X
z	26	26	Z

9

　　这比用0来乘要好一些，但在解密的时候仍然会出现问题：密文B既可能是明文a，也可能是明文n；同样，对其他每一个密文字母来讲，都有两个明文字母与之对应。对其他所有偶数密钥也都会出现同样的事情，因此到目前为止就有了13个坏密钥，剩下的还有13个。还有一个坏密钥——花点时间试一下，找出来。所以实际上对乘法密码来说只有12个好使的密钥，这当中还包括用1来乘的"没头脑密钥"。

　　我们已经讨论了如何用乘法密码来给信息加密，但还没涉及如何解密。记住：要解密一条信息，你得做跟加密相反的事情。解密恺撒密码时，向左移动3个字母而不是向右。解密移位式密码时，向左移动 k 个字母。那乘法密码是怎样的呢？嗯，你可以把整个表格都写出来并反向应用，而且在实践中可能绝大多数时候你都得这么干。但要是信息非常简短，你可能并不想写出整个表格。那怎样才是乘法的逆运算呢？

　　司空见惯的答案是除法。跟乘以3相反的就是除以3。在以3为密钥的乘法密码中，对有些字母来说除以3挺好使。密文C变成3，除以

3变成1，对应的明文就是a。密文F变成6，除以3之后是2，也就是b。但是A怎么办？A会变成1，除以3之后是1／3，这可不是个字母。解决之道就在"绕回去"之中。以26为模数，数字1跟27是一样的，所以我们也可以说A变成了27，除以3之后是9，也就是i。同理，B也不只是2，还可以是28和54，而54除以3之后是18，所以B对应的明文字母是r。

密文	数字	除以3	明文
B	2	$\frac{2}{3}$	（不是字母）
B	28	$9\frac{1}{3}$	（不是字母）
B	54	18	r

　　这种试错的办法有点用处，但并没有比写出整个表格高效很多。比如说，假设密钥不是3而是15来看看。密文B对应的明文字母会是什么呢？以26为模数，B可能会是下列数字中的任何一个：2，28，54，80，106，132，158，184，210，…

密文	数字	除以15	明文
B	2	$\frac{2}{15}$	（不是字母）
B	28	$1\frac{13}{15}$	（不是字母）
B	54	$3\frac{9}{15}$	（不是字母）
B	80	$5\frac{5}{15}$	（不是字母）
B	106	$7\frac{1}{15}$	（不是字母）
B	132	$8\frac{12}{15}$	（不是字母）
B	158	$10\frac{8}{15}$	（不是字母）
B	184	$12\frac{4}{15}$	（不是字母）
B	210	14	n

　　试了9次才找到一个能被15整除的数值，也没有任何条件能够保

证，对别的字母不会出现更糟糕的情况。真正会有用的是找到一个整数，以26为模数时对普通数字起到的作用跟1／3的作用一样。我们可以把这个整数叫作$\overline{3}$。这样以26为模数乘以$\overline{3}$就会跟乘以1／3一样，也就是说跟除以3是一样的。

凭什么认为$\overline{3}$一定存在？如果我们回去看一下先前以3为密钥的乘法密码的例子，它的解密表格大概会长这样：

密文	数字	除以3模26	明文
A	1	9	i
B	2	18	r
C	3	1	a
D	4	10	j
⋮	⋮	⋮	⋮
Y	25	17	q
Z	26	26	z

看起来好像以26为模数除以3跟乘以9是一样的。如果真是这么回事，那要解密另一个字母，比如说E，我们可以像下面这样运算：

密文	数字	乘以$\overline{3}$＝乘以9	明文
E	5	19	s

11

一旦知道了$\overline{3}$是多少，就可以不用试错也不用去查加密表格就能算出来了。

如果乘法密码的密钥是k，可以确定$\overline{k}$一定存在吗？如果确实存在，怎么找出来？要回答上述问题我们还得稍微迂回一下。奇哉怪也，绕个远路还得回到我们乘法密码的"坏密钥"那里说起。

我们发现的坏密钥有2、4、6、8、10、12、14、16、18、20、22、24、26，还有一个现在我得揭晓了，就是13。（你应该检查一下，13确实是不行。）这些数字的共同之处是，它们都是2或13的倍数，甚或兼而有之。而2×13=26，这可不是纯属巧合。如果我们是在拿尤利乌斯·恺撒21个字母的字母表练手（也就是说要以21为模数），那么坏密钥就会是3或7的倍数（或公倍数），这是因为21=3×7。罗马尼亚语有28个字母，而28=2×2×7，因此坏密钥就是2或7的倍数（或公倍数）。在丹麦、挪威和瑞典人用的语言中有29个字母，那唯一的坏密钥就是29了。

　　我们对这些数字（26、21、28、29）所做的就是将它们分解为最小的不可再分的因数，也就是素数。这个操作叫作因数分解，每个数都能进行因数分解，也只能以唯一的方式进行。早在至少公元前4世纪欧几里得将其写进《几何原本》的时候，因数分解就已经为人所知了。我们想知道的是，我们的密钥跟模数是否有公因数，也就是有没有一个数能同时整除密钥跟模数。数字1总是能整除所有的数，但这并没有什么意义，在这里也不用考虑它。欧几里得的《几何原本》同时还告诉我们，如何通过寻找最大公因数（greatest common divisor,GCD）来很快找到一个公因数。计算最大公因数的算法叫作欧几里得算法，我们同样没法搞清楚欧几里得究竟是自己发明了这种算法还是从别人那里借用的。算法是定义明确的计算方法，对每一项输入，经过计算总能产生特定的正确结果，计算机程序就是其中一例。

　　下面是运用欧几里得算法的一个例子，计算756与210的最大公因数：

12

$$756=3\times210+126$$
$$210=1\times126+84$$
$$126=1\times84+42$$
$$84=2\times42+0$$

　　每一步都是得到整数商和余数的除法，就跟我们早先做过的一模一样。最后结果是，756与210的最大公因数是42，也就是最后一个非零的余数。

　　用这种算法来计算26与6的最大公因数，我们就会看到6是不是以26为模数的坏密钥：

$$26=6×4+2$$
$$6=2×3+0$$

　　我们看到了6是坏密钥，因为2既能整除6又能整除26。那如果我们换一个好密钥，比如说3来计算呢？

$$26=3×8+2$$
$$3=2×1+1$$
$$2=1×2+0$$

　　能同时整除3和26的最大整数是1，而1是不算数的，所以3是好密钥。

　　你大概会有点奇怪，为什么我们非得用欧几里得的算法，而不是仅仅对这些数字做因数分解，然后找共同的质因数就好了。这个问题有两个答案：第一，最终我们会发现，这种算法用在很大的数字上时比因数分解来得快；第二，一旦我们完成了欧几里得算法，我们就可以通过一个简单的小技巧来找到$\overline{3}$。

　　我们下一个目标是把1写成"3的多少倍"和"26的多少倍"这种形式。我们会把欧几里得算法的式子中带有3和26的部分搬到右边，而每当看到右侧哪部分不含3或26时，就将其替换为先前有3和26的倍数的式子。

$26=3\times8+2$：

$2=\boxed{26}-(\boxed{3}\times8)$ 　　　　　有3也有26，可用

$\quad=(\boxed{26}\times1)-(\boxed{3}\times8)$

$3=2\times1+1$：

$1=\boxed{3}-(2\times1)$ 　　　　　后半部不含26，需替换

根据前面的式子，换掉2

$=\boxed{3}-\Big(\big(\boxed{26}-(\boxed{3}\times8)\big)\times1\Big)$

$=(\boxed{3}\times1)+(\boxed{3}\times8)-(\boxed{26}\times1)$ 　　　有3也有26

$=(\boxed{3}\times9)-(\boxed{26}\times1)$ 　　　将3和26的倍数分别合并

现在我们将1写成了有3也有26的两部分。为什么要这么做呢？我们想以26为模数，而以26为模数时26跟0是一样的，因此：

$$1=3\times9-26\times1$$

就意味着

$$1\equiv(3\times9)-(0\times1)\ (\text{mod }26)$$

也就是

$$1\equiv3\times9\ (\text{mod }26)$$

再或者写成

$$1/3\equiv9\ (\text{mod }26)$$

现在我们可以确定，9就是$\overline{3}$，在以26为模数时，9起到的作用就跟1/3是一样的。虽然似乎我们用试错的办法能更快找出这个数，但对很大的数字来说，上面这种办法真的要快很多。

密文	数字	乘以9	明文
A	1	9	i
⋮	⋮	⋮	⋮
E	5	19	s
⋮	⋮	⋮	⋮

顺便说一句，$\overline{3}$的学名是3模26的乘法逆元。关于逆元的一般思路在数学的很多分支里都至关重要。我们已经见过加法逆元 —— 也就是负数；以及乘法逆元，后面我们还会见到更多实例。在模运算当中有一点好处就是，在数字与其逆元之间通常并没有任何质的不同，这跟普通算术中的逆运算有点不一样。比如说，在普通算术当中，2是正数，−2是负数，但在模26的模运算中，−2≡24，所以2和24在运算中是逆元，但哪个数都算不上是负数。同样，在普通算术当中，3是整数，而1／3是分数；但在模26的模运算中，3和9是乘法逆元，然而没有哪个是分数。当只需要考虑有限多个不同的数字时，就会有这样的特性。看待这个问题的另一角度是，在这些情形下，向前运算和向后运算并没有本质区别。同样，对应用这些运算的密码来说，进行任意加密与解密的过程在数学上也没有区别 —— 一旦你搞清楚了逆元是什么，你就可以"南辕北辙"了 —— 向前加密和向后解密的运算过程是一样的。后续章节中这一思路极为重要，在接着往下读之前，也许你应该稍微多想一下。

1.4　仿射密码

现在我们有了移位式密码，有26个能用的密钥，其中还有个"没头脑密钥"；也有了乘法密码，有12个能用的密钥，其中也有一个"没头脑密钥"。这两种密码对伊芙来说都太简单了，只需要用蛮力攻击就能破解，也就是挨个去试每一个可能的密钥直到最终找到为止。就算爱丽丝和鲍勃选用任意一种密码，伊芙也一共只需要试38次就够了。

15　但要是爱丽丝和鲍勃一次能用不止一种密码呢？

这就有可能搞出一种够复杂的密码来了。不过我得再多引入一点数学概念。我们用 P 表示 1 到 26 之间的代表明文字母的任意数字，用 C 表示代表密文字母的数字。我们还是用 k 来表示密钥。这样以 k 为密钥进行的移位式加密就可以写成

$$C \equiv P+k \ (\mathrm{mod} \ 26),$$

而以 k 为密钥的乘法密码就可以写成

$$C \equiv kP \ (\mathrm{mod} \ 26),$$

与此类似，在移位式密码中解密运算就是下面这样：

$$P \equiv C-k \ (\mathrm{mod} \ 26),$$

而在乘法密码中，解密就是

$$P \equiv \overline{k} \ C \ (\mathrm{mod} \ 26).$$

　　那要是爱丽丝试着用两个不同的移位式密钥来加密呢，比如说用 k 和 m [8]？安全程度能翻倍吗？这个加密可以看成是

$$C \equiv P+k+m \ (\mathrm{mod} \ 26).$$

　　但对爱丽丝和鲍勃来说很不幸，从伊芙的角度来看这就跟直接以 $k+m$ 为密钥加密了一次是一模一样的，因此她只要用蛮力攻击来解密，就跟前面一样易如反掌。如果爱丽丝连用两个不同的乘法密钥，也会有同样的结局。但要是她每次各用一个呢？假设爱丽丝先将明文乘以

[8] 密码学工作者有时用 m 代表第二个密钥，这是因为字母表中 m 紧跟着 k，而字母 l 又跟数字 1 长得太像了。——原注

k，再加上m来得到密钥：

$$C \equiv kP+m \ (\text{mod } 26)$$

鲍勃要解密的话，就要先减去m再乘以$\bar{k}$：

$$P \equiv \bar{k}(C-m) \ (\text{mod } 26)$$

16　请注意，鲍勃不只是做了逆运算，他还改变了运算的顺序。要是这样操作看起来有点不够直观，那就想想穿衣服和脱衣服。穿衣服的时候，你会先穿袜子再穿鞋，而脱衣服的时候，你得先把鞋袜都脱下来，但顺序是反着来的，要不然可就有得瞧了。

　　这样双剑合璧给我们带来了一种新的密码，学名叫作仿射密码，不过有时候我更喜欢直接叫它$kP+m$密码。k的取值有12个选择，m有26个，因此这种密码一共有$12 \times 26 = 312$个不同的密钥。这样要给伊芙的蛮力攻击增加一点难度是足够了，但要是她能搞到计算机，这种密码也还是算不上有多难。

　　这样结合两种密码来得到乘积密码的思路可以说是显而易见，在历史上也可以追溯到很早的时候。可以将任何一种抽取法（比如1.3节中的乘法密码）和任何一种移位式密码（比如1.2节中的加法密码）结合起来的思路，至少可以回溯到20世纪30年代。还有一种古老得多的密码也值得提及，它是$kP+m$密码的一种特殊形式。这种密码叫作埃特巴什码，至少跟《圣经·耶利米书》一样古老。跟抽取法一样，这种加密方法先将明文字母表写下来，而下面的密文字母表就是将同一个字母表逆序写出。我们用现代英语字母表替换掉希伯来字母表看看：

明文	a	b	c	d	e	f	g	h	i	j	k	l	m
密文	Z	Y	X	W	V	U	T	S	R	Q	P	O	N
明文	n	o	p	q	r	s	t	u	v	w	x	y	z
密文	M	L	K	J	I	H	G	F	E	D	C	B	A

那为什么说这是 $kP+m$ 密码的一种形式呢？现在我们把字母换成数字，就可以得到：

明文	a	b	c	d	e	f	g	h	i	j	...	y	z
数字	1	2	3	4	5	6	7	8	9	10	...	25	26
某种计算？	26	25	24	23	22	21	20	19	18	17	...	2	1
密文	Z	Y	X	W	V	U	T	S	R	Q	...	B	A

可以看出密文有这样的规律：

$$C \equiv 27-P \ (\mathrm{mod} \ 26).$$

17

当然我们也可以写成

$$C \equiv (-1)P+27 \ (\mathrm{mod} \ 26),$$

而以26为模数，上面的式子又等同于

$$C \equiv 25P+1 \ (\mathrm{mod} \ 26),$$

所以这就是一个 $kP+m$ 密码，其中的密钥 $k=25$，$m=1$。

1.5 破晓攻击：简单替换密码的密码分析

要是我们在这个方向继续前行，把以26为模数的运算搞得越来越错综复杂，最终我们会找到一种方式，将每一个明文字母分别对应到给定位置。也就是说字母a可以替换成26个密文字母中的任何一个。接下来我们还可以将b也对应到任一密文字母，只除开已经对应a的那个，因此有25个选择。接着仍然有余下24个密文字母对c来说待字闺中，对d来说则有23个，依此类推，直到只剩下一个字母给z用。这种密码叫作单表单字替换密码，其中"单字"的意思是一次只替换一个字母，"单表"的意思则是在这条信息中每个字母的替换规则都是一样的。这个名字相当写实，这种密码也相当常见，所以为了省省时间，我准备就叫它简单替换密码。这种密码一共有26×25×24×⋯×3×2×1＝403291461126605635584000000种方法进行替换，我们前面讨论过的三种类型的密码，以及你在很多日报上都能见到的密码字谜都在其中。这种密码的密钥太多，蛮力攻击在这里就不好使了。但对爱丽丝和鲍勃来说很不巧，伊芙有一种好用得多的破解方法。

破解简单替换密码有一种十分有效的方法，叫作字母频率分析。这种技巧至少可以追溯到9世纪的阿拉伯学者肯迪（Abu Yusuf Yaqub ibn Ishaq alSabbah al-Kindi）。思路很简单：在英语、阿拉伯语或是其他人类语言中，总有些字母会比别的字母用得多一些。比如说，在典型的英语文本中，字母e出现的机会是13%，远比别的字母都大。如果伊芙拿到的密文片段中有一个字母，比如说R，出现的频率是13%左右而且远远高于别的字母，那就极有可能是R（$C=18$）代表e（$P=5$）。如果这是一种加法密码，伊芙就可以知道：

$$5+k\equiv18 \ (\text{mod } 26),$$

所以极有可能密钥$k=13$。

但如果伊芙见到的是另一种类型的密码，比如仿射密码，那上面的信息就不大够用了。在这种情况下，她恐怕就得再猜出一个字母，比如说t，出现的机会是8%，或者a，出现的机会是7%。举例来讲，如果伊芙猜到R代表e以及F代表a，她就会知道

$$5k+m\equiv18 \text{ (mod 26)},$$
$$1k+m\equiv6 \text{ (mod 26)},$$

现在伊芙有了含两个未知数的两个方程。两个方程相减得到

$$4k\equiv12 \text{ (mod 26).}$$

如果以26为模数4的逆元存在，伊芙就可以在两边乘上这个逆元，消去4，得到k。可惜4与26的最大公因数是2，因此4没有逆元。这就意味着我们的方程要么没有解，要么有不止一个解。如果没有解，那就是说这种情况下伊芙很可能从字母频率出发猜错了，她得再试试。不过在这个例子中我们会看到有两个解，也就是$k=3$和$k=16$ [9]，而无论如何m都得以26为模数与$6-1k$同余。因此，可能的解是$k=3$，$m=3$；或者$k=16$，$m=16$。接下来伊芙可以试着用每一种组合来解密，看看是否能得到读得通的文本。由于a、t跟其他几个字母有相似的频率，也有可能哪个解都不对，那样的话伊芙就得回到开头再猜一次e和a。可能要猜上那么几次才能猜中，但最终伊芙还是应该能确定正确的密钥，而且比蛮力攻击要快得多。

这个方法有一条大有影响的注意事项，就是你必须有足够多的密文拿来解密。我提到过的字母频率只是平均而言，而短消息很可能会有完全不一样的字母频率。设想一下要解密这样一条消息："佐拉正带着斑马去动物园（Zola is taking zebras to the zoo）。"后面我们还 19

---

[9] 前文已经说过仿射密码中k的取值只有12种，其中不包括16，此处实际上可以排除第二个解。作者没有排除而是继续讨论，可能是为了充分考虑所有可能出现的情况。——译者注

会看到，在对更复杂的替换密码进行密码分析时，这个问题会变成一团乱麻。

1.6 刚好登上这座山[10]：多字替换密码

有两种显而易见的办法来构建密码，让字母频率分析派不上用场 —— 你可以改变替换规则，使得在信息中不同的地方有不同的替换规则（多表）；你也可以一次替换不止一个字母（多字）。这两种方法在现代密码学中都占有一席之地，不过现在我们先讲一讲多字密码。

在多字密码中，你首先得选定模块大小。模块大小为2的密码叫作双字密码，大小为3的就叫三字密码，等等。双字密码早在16世纪就已经有人提出，但其实际应用从19世纪才开始。1929年，莱斯特·希尔（Lester S.Hill）发明了希尔密码，能用于任意大小的模块。这里我们用大小为2的模块来演示一下。将明文每两个字母分成一个模块，如果最后一个模块没有填满，就用任意随机字母来填充，这叫作空白符号或是补丁。

ja ck ya nd ji ll ya nd ev ex（明文：杰克和伊利和伊芙）

令每个明文模块中的第一个字母为P_1，第二个字母为P_2。然后用以下公式计算出两个密文字母：

$$C_1 \equiv k_1 P_1 + k_2 P_2 \ (\text{mod } 26),$$
$$C_2 \equiv k_3 P_1 + k_4 P_2 \ (\text{mod } 26),$$

其中k_1、k_2、k_3和k_4是1到26之间的数，合在一起就是密钥。比如说密钥是3、5、6、1，那计算公式就是

---

[10]"山"（Hill）此处语带双关，也指希尔密码及其发明人。——译者注

$$C_1 \equiv 3P_1 + 5P_2 \pmod{26},$$
$$C_2 \equiv 6P_1 + 1P_2 \pmod{26},$$

如果明文是

明文：	ja	ck	ya	nd	ji	ll	ya	nd	ev	ex	
数字：	10, 1	3, 11	25, 1	14, 4	10, 9	12, 12	25, 1	14, 4	5, 22	5, 24	20

那么头两个密文字母的数字就是

$$C_1 \equiv 3 \times 10 + 5 \times 1 \equiv 9 \pmod{26},$$
$$C_2 \equiv 6 \times 10 + 1 \times 1 \equiv 9 \pmod{26},$$

明文最后的字母 x 就是个空白符号。

对信息中剩下的部分我们有

明文：	ja	ck	ya	nd	ji	ll	ya	nd	ev	ex
数字：	10, 1	3, 11	25, 1	14, 4	10, 9	12, 12	25, 1	14, 4	5, 22	5, 24
希尔公式：	9, 9	12, 3	2, 21	10, 10	23, 17	18, 6	2, 21	10, 10	21, 0	5, 2
密文：	II	LC	BU	JJ	WQ	RF	BU	JJ	UZ	EB

你看，jacky 当中的字母 j 映射成了字母 I，但 jilly 当中的字母 j 却映射成了字母 W。同样，jilly 当中的两个 l 字母也分别映射成了不同的字母，但 jacky 当中的 j 和 a 却都最终变成了 I。这当然是因为字母并非一个一个地加密，而是成双成对地进行。还可以看到 yand 两次都映射成了 BUJJ。

要解密这条信息，鲍勃就得解出含两个未知数的两个方程：

$$C_1 \equiv k_1 P_1 + k_2 P_2 \pmod{26},$$

$$C_2 \equiv k_3 P_1 + k_4 P_2 \pmod{26}.$$

解这个方程组有很多方法，其中之一是将上面的式子乘以 k_4，再将下面的式子乘以 k_2，然后两式相减。例如要解密我们例子中的最后一个模块，鲍勃观察到

$$5 \equiv 3P_1 + 5P_2 \pmod{26},$$

$$2 \equiv 6P_1 + 1P_2 \pmod{26},$$

他可以将这两个式子变成

$$1 \times 5 \equiv (1 \times 3)P_1 + (1 \times 5)P_2 \pmod{26},$$

$$5 \times 2 \equiv (5 \times 6)P_1 + (5 \times 1)P_2 \pmod{26},$$

相减之后可以得到

21

$$1 \times 5 - 5 \times 2 \equiv (1 \times 3 - 5 \times 6)P_1 \pmod{26}.$$

鲍勃还可以如法炮制，将上面的式子乘以 k_3，下面的式子乘以 k_1，从而得到

$$6 \times 5 \equiv (6 \times 3)P_1 + (6 \times 5)P_2 \pmod{26},$$

$$3 \times 2 \equiv (3 \times 6)P_1 + (3 \times 1)P_2 \pmod{26}.$$

这次他用下面的式子减去上面的，得到

$$3 \times 2 - 6 \times 5 \equiv (3 \times 1 - 6 \times 5) P_2 (\mathrm{mod}\ 26).$$

我们可以注意到两次在右边都出现了—27这个数，也就是$k_1 k_4 - k_2 k_3$。这个数字叫作方程的行列式。如果行列式与26的最大公因数是1，其乘法逆元就一定存在。鲍勃可以在方程两边同时乘以这个逆元，从而解出P_1和P_2。这跟普通算术当中的情况也十分相似，对于包含两个未知数的两个方程，只要行列式不等于零，方程就总是能解出来的。

在我们这个例子中，行列式为—27，我们说过以26为模数时，—27跟25是一样的。如果鲍勃用欧几里得算法运算一下，就会发现

$$\overline{25} \equiv 25\ (\mathrm{mod}\ 26).$$

因此可以得到

$$P_1 \equiv (1 \times 5 - 5 \times 2) \times 25\ (\mathrm{mod}\ 26),$$

$$P_2 \equiv (3 \times 2 - 6 \times 5) \times 25\ (\mathrm{mod}\ 26),$$

最后可以化简为

$$P_1 \equiv 5\ (\mathrm{mod}\ 26),$$

$$P_2 \equiv 24\ (\mathrm{mod}\ 26),$$

也就是 e 和 x 两个字母。

在一般情况下，如果$k_1 k_4 - k_2 k_3$的逆元存在，那么下列方程组

$$C_1 \equiv k_1 P_1 + k_2 P_2\ (\mathrm{mod}\ 26),$$

$$C_2 \equiv k_3 P_1 + k_4 P_2 \pmod{26}$$

22　　的解就是

$$P_1 \equiv \overline{(k_1 k_4 - k_2 k_3)} \, (k_4 C_1 - k_2 C_2) \pmod{26},$$

$$P_2 \equiv \overline{(k_1 k_4 - k_2 k_3)} \, (-k_3 C_1 + k_1 C_2) \pmod{26}.$$

　　求解方程数量与未知数数量相同的方程组时，这种方法的一般形式通常叫作克拉默法则，以加百列·克拉默（Gabriel Cramer）命名。克拉默是18世纪瑞士的数学家，在方程组及其描述的曲线方面做过大量研究。科林·麦克劳林（Colin Maclaurin）似乎稍早一点也在苏格兰发表过同样的计算法则。在求解大型方程组时，克拉默法则不是最快的方法，但对于可能用于希尔密码的模块大小来说，克拉默法则已经够好用了。

　　请注意，如果我们给这些数值赋予新的名称：

$$m_1 \equiv \overline{(k_1 k_4 - k_2 k_3)} \, (k_4),$$

$$m_2 \equiv \overline{(k_1 k_4 - k_2 k_3)} \, (-k_2),$$

$$m_3 \equiv \overline{(k_1 k_4 - k_2 k_3)} \, (-k_3),$$

$$m_4 \equiv \overline{(k_1 k_4 - k_2 k_3)} \, (k_1),$$

那么前面的解就可以写成

$$P_1 \equiv m_1 C_1 + m_2 C_2 \pmod{26},$$

$$P_2 \equiv m_3 C_1 + m_4 C_2 \pmod{26},$$

我们可以把这个方程组当成是原始方程组的逆运算，而且还可以把m_1、m_2、m_3、m_4当成是原始加密密钥k_1、k_2、k_3、k_4的某种"逆密钥"。在上面这个例子中，这个逆密钥就是$25×1$、$25×(-5)$、$25×(-6)$、$25×3$，以26为模数也就是25、5、6、23。只要鲍勃算出来这个逆密钥，解密的过程就跟加密完全一样了。我们在1.3节说到过"南辕北辙"的思路，这里是另一个例子。

要算出希尔密码究竟有多少个好密钥（也就是说，能让行列式存在逆元的密钥）可有点复杂，不过我可以告诉你们，对模块大小为2来说，好密钥大概有160000个，而模块大小为3的话，好密钥会有大概16000亿个。因此蛮力攻击就变得相当困难了。还需要注意的是，鲍勃得留心在信息的末尾可能会有空白符号，解读出信息之后要记得把空白符号去掉。

23

1931年，希尔对原始的希尔密码继续深入研究，做了一些拓展。其中最重要的一种如今一般叫作仿射希尔密码，这是因为它将原始希尔密码与加法相结合，就像我们将乘法密码和加法密码结合起来得到仿射密码一样。如果我们还是令模块大小为2，新的公式将为

$$C_1 \equiv k_1 P_1 + k_2 P_2 + m_1 \pmod{26},$$

$$C_2 \equiv k_3 P_1 + k_4 P_2 + m_2 \pmod{26}.$$

这里的密钥现在由6个数字组成：k_1、k_2、k_3、k_4、m_1和m_2，所有的数值都在1和26之间。同样地，只要行列式$k_1 k_4 - k_2 k_3$与26之间的最大公因数是1，这个密钥就是个好密钥。（新的密钥数值m_1、m_2可以是任意值。）要解密信息，鲍勃只需要将m_1从C_1中减去，将m_2从C_2中减去，然后像前面那样解方程组就好了。

面对多字密码，字母频率分析就再也派不上用场了，原因正如我们在前面例子中看到的，明文中同样的字母在密文中并不总是变成

同样的字母。这样一来，要猜出来哪个字母是e的整个思路就都没用了。但换个角度想想，我们同样也看到了同样的明文模块总会变成同样的密文模块，而在模块大小为2或3时，我们还是有可能对此加以利用的。比如说，最常见的两个字母的组合或者说模块是th，根据某项研究，这个组合出现的频率大概有2.5%。最常见的三个字母的组合或者说模块是the，根据同样的那项研究，这个组合出现的频率略小于1%。伊芙可以利用这样的数据来进行双字或三字的频率分析，说不定就能破解了双字或三字的替换密码。然而，对于更大的模块尺寸，这种办法很快就会难以为继，因为有太多可能的模块，这些不同模块的出现频率彼此也没有很大的区别。早在1929年，希尔就设计了一台机器，用一组齿轮来对文本进行机械加密，模块大小是6，这样对频率分析方法来说就已经牢不可破了。但可惜的是，希尔的机器从来没能大受欢迎。

希尔密码也从来没有得到广泛应用：用手工计算的话过于繁重，而通过机器设备来加密的技术则在向着多表替换的方向发展。随着数字计算机进入密码学领域，希尔运用方程组的思路重新变得极为重要。但从现代观点来看，单用这种密码也存在一个问题，那就是面对某种攻击时毫无招架之力，这种攻击跟我们之前说到过的都有很大不同。

1.7　已知明文攻击

到目前为止，所有我们讨论过的密码分析攻击都是唯密文攻击，其中伊芙已有的全部信息就是她拦截到的在爱丽丝和鲍勃之间传递的密文。但是设想一下，如果伊芙设法把爱丽丝发送的某些信息（或是信息中的一部分）的明文和密文都弄到了，那她就可以试试已知明文攻击了。在这种攻击方法中，她既知道明文也知道密文，目标就是搞到密钥。一旦破解出密钥，她就不但能读出她手上信息的内容，而且对用同一密钥发送的其他信息或是信息片段也都能一目了然。

在模块大小为2的原始希尔密码中，假设伊芙发现了四个明文字

母 P_1、P_2、P_3 和 P_4，以及相应的密文字母 C_1、C_2、C_3 和 C_4。这样她就知道了

$$C_1 \equiv k_1 P_1 + k_2 P_2 \pmod{26},$$

$$C_2 \equiv k_3 P_1 + k_4 P_2 \pmod{26},$$

$$C_3 \equiv k_1 P_3 + k_2 P_4 \pmod{26},$$

$$C_4 \equiv k_3 P_3 + k_4 P_4 \pmod{26}.$$

从伊芙的角度来看，只有密钥数字是未知的。于是她得到的是含有四个方程和四个未知数的方程组，而且也能解出方程组发现密钥。

在前面的例子中，如果伊芙设法搞到了最后两个模块的明文，她就能知道

$$21 \equiv k_1 5 + k_2 22 \pmod{26},$$

$$0 \equiv k_3 5 + k_4 22 \pmod{26},$$

$$5 \equiv k_1 5 + k_2 24 \pmod{26},$$

$$2 \equiv k_3 5 + k_4 24 \pmod{26}.$$

这实际上是两组方程：

$$21 \equiv k_1 5 + k_2 22 \pmod{26},$$

$$5 \equiv k_1 5 + k_2 24 \pmod{26},$$

25

以及

$$0 \equiv k_3 5 + k_4 22 \pmod{26},$$

$$2 \equiv k_3 5 + k_4 24 \pmod{26}.$$

在前面的章节中鲍勃用了克拉默法则来解自己的方程组，在这里伊芙可以用同样的方法来解每一组方程。对第一组方程，通过克拉默法则可以得到：

$$k_1 \equiv \overline{(5 \times 24 - 22 \times 5)} (24 \times 21 - 22 \times 5) \pmod{26},$$

$$k_2 \equiv \overline{(5 \times 24 - 22 \times 5)} (-5 \times 21 + 5 \times 5) \pmod{26}.$$

如果把算术做完，就会看到：[11]

$$k_1 \equiv 3 \pmod{26},$$

$$k_2 \equiv 5 \pmod{26}.$$

同样，第二组方程可以告诉伊芙：

$$k_3 \equiv \overline{(5 \times 24 - 22 \times 5)} (24 \times 0 - 22 \times 2) \pmod{26},$$

$$k_4 \equiv \overline{(5 \times 24 - 22 \times 5)} (-5 \times 0 + 5 \times 2) \pmod{26}.$$

最后得到的就是后两个密钥数值：

---

[11] 原书此处有误。$5 \times 24 - 22 \times 5 = 10$，与26并非互质，因此不存在逆元，无法得出这里的结果，必须换用其他模块。此处如果换成第一个和最后一个模块，就可以解出正确结果。——译者注

$$k_3 \equiv 6 \ (\text{mod} \ 26),$$

$$k_4 \equiv 1 \ (\text{mod} \ 26).$$

　　一般来讲，在一个模块中有多少个字母，伊芙就只需要知道多少个模块的明文。因此使用已知明文攻击来破解希尔密码就跟用希尔密码来加密一条信息一样简单。这可实在是令人难以接受，因此希尔密码从未以原始形式得到过应用。但运用方程组进行多字母加密的思路，倒是催生了多种现代密码。

1.8　展望

　　我在本书前言中告诉过大家，本书谈到的某些密码现在已经乏人问津，其中包括本章提到的全部密码，后两章要说到的那些多少也算。原因之一是，这些密码都是针对字母表中的字母进行加密，而现代世界想要的是加密数字、图像、声音以及各种各样别的数据。当然这也不是多么大的问题，因为我们知道如何将所有这些形式的信息用数字表示出来，将我们的密码从使用字母调换成使用数字也十分容易。加法密码和乘法密码面对蛮力攻击都毫无招架之力，因为密钥实在太少了，而只要有电脑帮助破解密码，仿射密码的密钥也一样算不上很多。或许更重要的原因是，所有的单表单字替换密码面对字母频率攻击都不堪一击。单表替换密码是我们将在第二章进行讨论的多表替换密码的基础，因此在现代也仍然极为重要。要读懂第二章，你先得弄懂这一章才行。多表替换密码也不再被认为是安全领域的最先进技术了，但在下一章的结尾我们还是会认识一下这种密码。

　　只要模块足够大，多字替换密码在字母频率分析面前就能固若金汤。实际上，现代密码中最主要的两种之一的分组密码（我们会在第五章讲到），有时会被看作在仅有0和1两个字母的字母表中进行操作的多字替换密码的一种形式。但从前面的例子可以看到，希尔密码和仿射希尔密码在已知明文攻击面前不堪一击。因此人们不再认为这些

26

特定的多字替换密码是安全的。但是我也提到过，这两种密码是现代分组密码的构成要素，这里面就有美国政府的分组密码现行标准，我会在第四章对此进行描述。所以要弄懂现代分组密码，你得先搞懂仿射希尔密码；而要真正搞懂仿射希尔密码，你又得先知道加法密码、乘法密码和仿射密码才行。

需要指出的是，本章论及的密码分析技术虽然并不是目前最先进的，但要理解现代密码分析技术，这些仍然不可或缺。字母频率对现代分组密码来说无关紧要，但频率攻击肯定是密切相关。比如第四章就要讲到的差分攻击，就极大依赖于与字母频率攻击如出一辙的统计频率计算，但是要应用在密文之间的差别上，而不是密文本身。与此类似，我会在第四章提到的线性攻击，也是我给你们看过的针对希尔密码的已知明文攻击的更复杂形式。现代密码不会仅仅由像是希尔密码和仿射希尔密码那些类型的方程组构成，但有时可以由这些方程近似得到。线性密码分析就利用了这一点。

最后你可能会想，模运算的概念和符号是不是真的那么有必要，或者是否有更简单的方法来描述本章说到的这些密码。在任何人想到可以用模运算来描述它们之前，加法密码、乘法密码以及仿射密码实际上就已经应用得风生水起，也分析得头头是道了。但是，希尔密码和仿射希尔密码是有了模运算打底才发明出来的，没有这些概念的话要搞定这些计算也要困难得多。更重要的是，对于理解第六、第七、第八章的指数密码和公钥密码来说，模运算不可或缺。

第二章

多表替换密码

2.1　同音密码

要让密码能扛住简单粗暴的字母频率分析，多字密码是一种方法，也就是一次替换不止一个字母。前面我们已经看到，要用手算破解这种密码，就算模块大小只是3个字母也会非常困难，甚至不可能解出来，而且就算用机器运算也还是会有些繁杂。另一种方法是多表密码，一次仍然只替换一个字母，这点跟单表密码一样，但是会逐字更换替换规则。最简单的例子就是，加密者爱丽丝手上的部分或全部明文有不止一种备选密文，她可以从中随意选择进行加密。这种密码叫作同音密码。在语言学当中，同音是指两个字母或字母组写法不一样但读音一样，而在密码学中，同音是指字母或字母组在密文中写法不一样但解密后得到的明文一样。

跟密码学中其他很多部分的内容一样，同音密码背后的思路似乎首先也是由阿拉伯人开始研究的。然而现在知道的可以确认是以同音为中心思想的密码，最早却是出现在意大利，是1401年由曼托瓦公国的一位密码文员预备的。这种密码看起来只是埃特巴什码的一种简单变体，额外增加了12个符号，给15世纪意大利语中的高频字母a、e、o、u各分配了3个。如果用现代英语字母和印刷符号来表示这个思路，就会是这个样子：

明文	a	b	c	d	e	f	g	h	i	j	k	l	m
密文	Z	Y	X	W	V	U	T	S	R	Q	P	O	N
	!				@								

%				&									
)				—									
明文	n	o	p	q	r	s	t	u	v	w	x	y	z
密文	M	L	K	J	I	H	G	F	E	D	C	B	A
#				$									
*				(									
=				+									

你大概会怀疑：这么简单的密码，这样做到底有没有极大提高其安全性？但这个思路还是挺可靠的：如果对应高频明文字母的密文字母在多个选项之间随机分配，简单粗暴的字母频率分析就变得十分困难了。好好利用这个方法的话，这里显示的密码所生成的密文中，任何字母的出现频率都会与 13% 相去甚远，也就无法预计哪个密文字母对应着明文字母 e 了。取而代之的是会有四个不同的符号（V、@、& 以及—），每一个的出现频率都是略高于 3%[12]。还有很多别的字母出现频率也是 3% 左右，因此这对密码分析可没有什么帮助。这个方法要能奏效，爱丽丝就只有在这四个符号中真的做随机选择才行。一种常见错误就是加密时敷衍了事，主要只用其中一个字符（比如说 V，在键盘上比别的字符敲起来方便得多）进行加密，其他字符只是偶尔用到，那就完全破坏了同音密码的用处。

这个时代的欧洲对字母频率分析究竟知道多少，现在还说不清楚。曼托瓦密码只给元音字母分配了同音符号，而元音字母正是高频字母，这一事实令人怀疑，关于字母频率分析他们多少还是知道点什么。在阿拉伯世界中，密码学主要是学术事务；文艺复兴时期的欧洲则与此不同，密码学是外交领域极为重要的一部分，因此其秘密重门深锁，

---

[12] 原文为 4%，但 4 个字符均分 12.7% 的频率，每个字符应该是略高于 3%。——译者注

详情我们也就无法确知了。一直要到1466年或1467年这一状况才发生改变，这时候欧洲出现了描述频率分析的印刷品，作者是莱昂·巴蒂斯塔·阿尔伯蒂（Leon Battista Alberti），我们很快就会再见到他。也许正是拜外交人员的墨守成规所赐，第一个同音既有元音也有辅音的密码要到16世纪中期才出现。

30

2.2 纯属巧合还是处心积虑?

到目前为止，在论及伊芙的角色时，我们未加深思熟虑就引入了柯克霍夫原则。然而，伊芙往往甚至都不需要窃取系统就能猜到系统是如何工作的。比如说，伊芙怎么猜到正在使用的是同音系统呢？当然，同音系统一般都有不止26个字符。但也有可能这条信息不是用英语写的，或者并非所有可能的密文字符都在信息中出现了。我们能弄清楚到底是怎么回事吗？

就密文中每个字母的出现频率做一张表格是事半功倍的第一步。假设伊芙截获了下面这段密文：

QBVDL	WXTEQ	GXOKT	NGZJQ	GKXST	RQLYR
XJYGJ	NALRX	OTQLS	LRKJQ	FJYGJ	NGXLK
QLYUZ	GJSXQ	GXSLQ	XNQXL	VXKOJ	DVJNN
BTKJZ	BKPXU	LYUNZ	XLQXU	JYQGX	NTYQG
XKXQJ	KXULK	QJNQN	LQBYL	OLKKX	SJYQG
XNGLU	XRSBN	XOFUL	YDSXU	GJNSX	DNVTY
RGXUG	JNLEE	SXLYU	ESLYY	XUQGX	NSLTD
GQXKB	AVBKX	JYYBR	XYQNQ	GXKXZ	LNYBS
LRPBA	VLQXK	JLSOB	FNGLE	EXYXU	LSBYD
XWXKF	SJQQS	XZGJS	XQGXF	RLVXQ	BMXXK
OTQKX	VLJYX	UQBZG	JQXZL	NG	

爱丽丝从密文中去掉了单词之间的空格，然后每5个字母分成一组，这样对伊芙来说，想要观察到任何简短、常见的单词就难上加难了。这里一共有322个字母，伊芙首先数出每个字母出现了多少次，以及其次数在整个密文中占多大比例，见表2.1。

表2.1 从密文观察到的字母频率

字母	出现次数	频率（%）
A	3	0.9
B	14	4.3
D	6	1.9
E	6	1.9
F	5	1.6
G	23	7.1
J	22	6.8
K	19	5.9
L	30	9.3
M	1	0.3
N	20	6.2
O	7	2.2
P	2	0.6
Q	30	9.3
R	9	2.8
S	17	5.3
T	9	2.8
U	13	4.0
V	8	2.5
W	2	0.6

续表

字母	出现次数	频率（%）
X	47	14.6
Y	21	6.5
Z	8	2.5

密文中只出现了23个不同的字母，这就意味着要么伊芙面对的是少于26个字母的一种语言，要么爱丽丝用的是某种不需要用到全部字母的多字系统，再或者是有些字母在明文中就没有出现。

拿伊芙的这张表跟英语文本的预期频率做个比较会怎样？看一下表2.2。

表2.2 英语文本中的字母频率，与此处密文相比较

字母	英语文本中的频率（%）	字母	密文中的频率（%）
e	12.7	X	14.6
t	9.1	L	9.3
a	8.2	Q	9.3
o	7.5	G	7.1
i	7.0	J	6.8
n	6.7	Y	6.5
s	6.3	N	6.2
h	6.1	K	5.9
r	6.0	S	5.3
d	4.3	B	4.3
l	4.0	U	4.0
c	2.8	R	2.8
u	2.8	T	2.8
m	2.4	V	2.5
w	2.4	Z	2.5

续表

字母	英语文本中的频率（%）	字母	密文中的频率（%）
f	2.2	O	2.2
g	2.0	D	1.9
y	2.0	E	1.9
p	1.9	F	1.6
b	1.5	A	0.9
v	1.0	P	0.6
k	0.8	W	0.6
j	0.2	M	0.3
x	0.2		
q	0.1		
z	0.1		

看起来有理由相信，我们面对的是简单替换密码，只不过刚好有些频率最低的字母在密文中没有出现罢了。如果这里用的是同音密码，可以预期会看到更多低频字母，而高频字母就算有，也会更少。不过，要是我们的观察还可以进一步量化，结果也会更加确定。

进一步量化的工具叫作重合指数，其发明者威廉姆·弗里德曼（William Friedman）无疑是20世纪初密码学领域中最重要的人物之一。弗里德曼从未打算成为密码学家，他在大学和研究生院学的都是遗传学，还受邀加入了河岸实验室（Riverbank Labrotaries）的遗传学系，这个组织是由伊利诺伊州一位古怪的百万富翁组建和运营的。弗里德曼会身陷密码学，是因为有个尝试从莎士比亚作品中找出隐藏密码的团队请他在摄影方面伸出援手。尽管他的最终结论是没有这样的密码存在，他却在这个河岸密码学小组中既找到了未来的妻子，也找到了未来的职业。第一次世界大战期间，弗里德曼离开河岸实验室加入了美国军队，最后进了第二次世界大战之后成立的国家安全局。

与此同时他的妻子伊丽莎白（Elizebeth）也有杰出的职业成就，为美 33
国海岸警卫队、财政部以及其他一些政府机构破译密码。

在发明重合指数时，弗里德曼考虑的是如果你随机选出两个字母，
这两个字母会是一样的概率是多少。首先假定你是从一大堆随机分布
的英文字母中选取，那么每个字母出现的机会都是一样的。这样一来，
你选中的第一个字母会是a的概率就是 1 / 26，而你第二次选中的字
母仍然是a的概率也还是 1 / 26。在概率论中，要是想知道两起独立事
件全都发生的概率，就把每件事情发生的概率相乘。因此，你选中的
两个字母都是a的概率就是（1 / 26）×（1 / 26）= $1/26^2$。同样，你选出的
两个字母都是b的概率也是 $1/26^2$，你选出的两个字母都是c的概率还
是 $1/26^2$，等等。那么，不考虑究竟是哪个字母，你会选出两个相同字
母的概率是多少呢？要是你想知道两起互斥事件总有一件会发生的概
率，就把每件事情发生的概率相加。因此，你会选出相同字母的概率
就是

$$\underbrace{\frac{1}{26^2}}_{\text{两个都是“a”}} + \underbrace{\frac{1}{26^2}}_{\text{两个都是“b”}} + \underbrace{\frac{1}{26^2}}_{\text{两个都是“c”}} + \cdots + \underbrace{\frac{1}{26^2}}_{\text{两个都是“z”}} = 26 \times \frac{1}{26^2} = \frac{1}{26} \approx 0.038.$$

从一段文本中选出两个相同字母的概率就叫作该文本的重合指数。
因此，由英文字母组成的随机文本，其重合指数就大约是0.038，也
就是3.8%。

现在我们假定要从大量真实的英语文本中选择。我们知道，你会
选到字母a的概率大约是8.2%，也就是0.082。因此，你选到的两个字
母都是a的概率就是 0.082^2。你选到的两个字母都是b的概率大约会是
0.015^2，而选到两个c的概率大约是 0.028^2，等等。选中的两个字母会
一样的总的概率就是

$$\underbrace{(0.082)^2}_{\text{两个都是“a”}} + \underbrace{(0.015)^2}_{\text{两个都是“b”}} + \underbrace{(0.028)^2}_{\text{两个都是“c”}} + \cdots + \underbrace{(0.001)^2}_{\text{两个都是“z”}} \approx 0.066.$$

也就是说，真实英语文本的重合指数大约是 0.066，亦即 6.6%。

34　　弗里德曼首先意识到的是，如果将简单替换密码应用于文本，这个重合指数是不会变的 ——这些相加数字的顺序会发生变化，但总和不会变。因此，如果我们的密文是用简单替换密码加密的，就可以预期重合指数大约是 0.066，而如果密码有同音符号，就可以预期重合指数有显著不同。实际上，因为字母频率很少会有变化，我们可以预期重合指数会在 0.038 到 0.066 之间。0.038 是所有字母频率都一样时的重合指数，可以证明对 26 个字母的字母表来说这是重合指数可以取到的最小值。

　　现在我们来算一下前面的密文的重合指数。我们会选到字母 A 的概率，根据表 2.1 是 3 / 322，因为在总数 322 个字母中有 3 个是 A。对第二次选取，可以假定我们不会去再次选中同一个 A 字母，但是我们可以从剩下的两个 A 字母中选一个。于是第二次选到字母 A 的概率是 2 / 321，因为这时候剩下的总共是 321 个字母，而其中有两个是 A。因此，选到的两个字母都是 A 的概率就是 (3/322) × (2/321)。同样，选中的两个字母都是 B 的概率是 (14/322) × (13/321)，依此类推。对这段密文来说，重合指数就是

$$\frac{3}{322} \times \frac{2}{321} + \frac{14}{322} \times \frac{13}{321} + \cdots + \frac{8}{322} \times \frac{7}{321} \approx 0.068.$$

　　这个数字跟 0.038 可以说完全不沾边，但是跟 0.066 亲近得很，因此可以放心大胆地说，这是个简单替换密码。为了跟另一些我们很快就会碰到的应用重合指数的检验区分开，弗里德曼将这种检验命名为 φ 检验。你要是想消遣一下，也可以试试用 1.5 节介绍过的方法来解一下这个密码。

　　另外，对下面的密文可以计算出其重合指数大致为 0.046，这个数没有随机文本那么低，但又比世界上最主要的、说得最多的那些语言（尽管不

是全部）中的简单替换密码要低得多 [13]。

IW*CI	W@G*L	&H&L(	ASN*A	E)U&V	$CNPC
SIW*E	DDSA@	LTCIH	!(A#C	V%EIW	*!#HA
*IW@N	TAEHR	$CI(C	JTS!C	SHDS#	SIW@S
DVW@R	G$HH*	SIW*W	)JH@(	CUGDC	IDUIW
*&AIP	GWTUA	TLS$L	CIW*D	IWTG!	#HATW
TRG$H	H*SQT	U$G*I	W@S)D	GHWTR	APBDG
*S%EI	W@WDB	@HIG@	IRWWX	H&CV+	XHWVG
*LLXI	WW#HE	G)VG@	HHI#A	AEGTH	@CIAN
W*L!H	Q%I!L	)DAAN	R)BTI	B)K#C	VXC#I
HDGQX	ILXIW	IW@VA	*&B!C	SIWTH	E**S$
UA(VW	I				

你同样可以试一下对此进行密码分析，我甚至还可以给你一点提示。这是个加法密码，结合了加在元音上的同音密码，跟曼托瓦密码非常像。因此你应该可以找找跟明文中高频辅音字母相对应的密文字母。

2.3 阿尔伯蒂密码

带有同音字符的密码中，部分或全部字母有不止一种替换规则，在这种意义上同音密码可以看成是多表替换密码。然而，"多表"这个名称似乎表明，应当有不止一种完整的密文"字母表"用于加密。要让多表密码运作起来，同时也不要有一大堆字符出现，爱丽丝就得有

---

[13] 原文此处最后一句 "even despite having more than 26 characters，which tends to raise the index" 并不准确，经与作者商榷后，作者已将此处改为 "in the majority (though not all) of the world's most commonly spoken languages"。——译者注

更加系统性的办法,而不是从列表中随机挑选密文字母。莱昂·巴蒂斯塔·阿尔伯蒂是意大利文艺复兴时期的作家、艺术家、建筑师、运动健将、哲学家,是个通才型的"文艺复兴人",他写了一本能让爱丽丝做到这一点的著作,是已知描述这种方法的开山之作。

阿尔伯蒂的《论密码》一书写于1466年或1467年早期,这25页手稿是欧洲已知最早的关于密码学和密码分析的学术著作。该书在欧洲第一次阐释了如何进行字母频率分析,讨论了空白符号和同音手法的运用,并介绍了阿尔伯蒂的密码盘,可以看成是第一个真正的多表密码,同时也是用于替换密码的第一部密码机。

36

密码盘由两个圆形盘面组成(在阿尔伯蒂的例子中是用铜做的),较大的盘是固定的,较小的可以转动,两个圆盘的中心钉在一起,如图2.1所示。每个圆盘的外缘分成了与字母表中字母数量一样多的格子。这里我们用英语字母表举例,因此每个圆盘会有26个格子,而圆盘的设计让人一眼就能看见所有的52个格子。明文字母以正常顺序写在外面那圈圆盘上,密文字母表则写在内圈,"不像静止的那圈字母一样是正常顺序,而是随机分布"。如果内圈不动,我们得到的就是经典的单表替换密码。

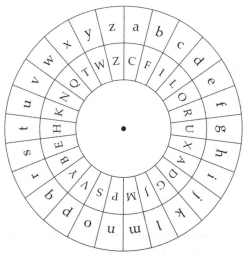

图 2.1　阿尔伯蒂密码盘

阿尔伯蒂阐释了如何使内外圆盘的运动相配合来产生新的字母表用于加密。爱丽丝和鲍勃先约定以某个明文字母或密文字母作为"指针"，爱丽丝的信息以另一个字母表中的字母起头，用来表示密码盘应该被旋转到指针跟这个字母挨着的位置。

是时候拿个例子出来了。假设密文字母按以下顺序编排：

密文　C　F　I　L　O　R　U　X　A　D　G　J　M

.　　　P　S　V　Y　B　E　H　K　N　Q　T　W　Z　　　37

如果C是指针字母，那把a作为密钥字母写在开头的信息就表示，密码盘要旋转成像图2.1那样。

爱丽丝现在可以将明文Leon Battista Alberti加密成

aJOSPFCHHAEHCCJFOBHA

阿尔伯蒂说，在加密三四个单词之后应当旋转密码盘，并用新的密钥字母在密文中给出指示。例如，爱丽丝可以选择e作为下一个密钥字母，也就是说她（还有鲍勃）会将密码盘旋转成图2.2所示的位置。

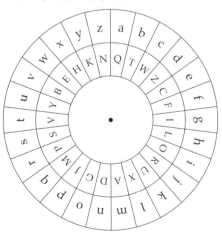

图2.2　旋转到不同位置的阿尔伯蒂密码盘

于是，完整的明文"Leon Battista Alberti,Father of Western Cryptography"（莱昂·巴蒂斯塔·阿尔伯蒂，西方密码学之父），就会被加密成这样：

aJOSPFCHHAEHCCJFOBHAeFQVLCPGFECSVCPDWPKJVGIPQJLK

鲍勃必须有一个一模一样的密码盘，解密这条消息时，先要用到C挨着a的情况，接着要用C挨着e的情况。

如果伊芙想对这个密码进行分析，就面临一个问题。甚至就算她知道用的是阿尔伯蒂系统，而且还知道小写字母是密钥字母，只要她不知道密文字母表的顺序，她就没办法像鲍勃那样进行解密。如果爱丽丝更换密码盘位置的操作够频繁，而且信息也不是太长，不用经常重复使用密码盘的某些位置，那么对密码盘的任何位置伊芙都无法得到足够多的文本来进行频率攻击。但是，如果伊芙知道密钥字母指的是将密码盘旋转多少位，她也许能先补足旋转的位数，然后用频率攻击来破解密码。此外，如果爱丽丝依从阿尔伯蒂的建议，每三四个单词就旋转一次密码盘，那么单词内重复字母的规律所包含的大量信息就会保留下来，而伊芙也可以对此加以利用。更好的密码仍然会经常更换字母表，但是更换的位置和方法不会那么明显。

在我们继续之前，我忍不住想要指出，在我们这个例子中模运算又一次得到了应用，尽管这都已经过时了。旋转密码盘等价于用加法密码进行加密，因此这个操作可以看成是加法密码和任意一种密码的结合，正是后一种密码产生了内圈的字母表。在我们这个例子中，内圈是个乘法密码，因此我们得到的是加法密码和乘法密码的结合，就像我们在1.4节中已经见过的 $kP+m$ 型密码一样。但跟那里不一样的是，这里是先做加法，后做乘法。

明文	a	b	c	d	e	f	g	h	i	j	...	y	z
数字	1	2	3	4	5	6	7	8	9	10	...	25	26

加 22	23	24	25	26	1	2	3	4	5	6	...	21	22
旋转后明文	w	x	y	z	a	b	c	d	e	f	...	u	v
旋转后数字乘以3	17	20	23	26	3	6	9	12	15	18	...	11	14
密文	Q	T	W	Z	C	F	I	L	O	R	...	K	N

2.4 我好方：表格法，又称维吉尼亚方阵密码

虽然写出欧洲第一本关于密码学的著作要归功于阿尔伯蒂，第一部印刷出来的关于建筑学的著作也要记在他名下，但第一部关于密码学的印刷品却是由另外的人写出来的。这个人叫约翰尼斯·特里特米乌斯（Johannes Trithemius），也可以叫他"特里腾海姆（Trittenheim）的约翰尼斯"。他是斯彭海姆（Sponheim）本笃会修道院的院长，这个地方今天位于德国的莱茵兰–普法尔茨州。特里特米乌斯是15世纪末到16世纪初的重要作家，是密码学在欧洲的创立者，[39]也是图书馆学在欧洲的奠基人。他同样对炼金术、占星术、恶魔、精灵以及其他神秘的事物有浓厚兴趣，其程度在当时就已让人议论纷纷，今天的我们甚至也会觉得是离经叛道。很多时候都没法说清楚特里特米乌斯到底是在写密码学还是写黑魔法，又或是兼而有之，而他的很多著作都因为脱离现实而被禁了好几个世纪。最近有证据表明，特里特米乌斯那些奇怪的作品中，有很多（如果不是全部）实际上都涵盖了密码学以及其他隐写术的更多例子。

就像这样，今天特里特米乌斯最响亮的名头是在密码学的行家里手中间，他最响亮的成就是表格法（tabula recta），或者叫"规规矩矩的表格"，有时候也会叫作方阵表、字母方阵，或是就叫作表格（tableau）。首先假设有一个阿尔伯蒂密码盘，密码字母表和明码的顺序是一样的。我们先让密码盘旋转一个格子得到一个加法密码：

明文	a	b	c	d	e	f	g	...	t	u	v	w	x	y	z
密文	B	C	D	E	F	G	H	...	U	V	W	X	Y	Z	A

随后旋转两个格子，再然后转三个格子，四个格子，…… 直到最终回到起点。

明文	a	b	c	d	e	f	g	…	t	u	v	w	x	y	z
密文	B	C	D	E	F	G	H	…	U	V	W	X	Y	Z	A
密文	C	D	E	F	G	H	I	…	V	W	X	Y	Z	A	B
密文	D	E	F	G	H	I	J	…	W	X	Y	Z	A	B	C
⋮								⋮							
密文	Y	Z	A	B	C	D	E	…	R	S	T	U	V	W	X
密文	Z	A	B	C	D	E	F	…	S	T	U	V	W	X	Y
密文	A	B	C	D	E	F	G	…	T	U	V	W	X	Y	Z

这张表格跟密码盘所含有的信息是一样的，但这是表格的形式，能将所有信息都一览无余。更重要的是，特里特米乌斯运用他这张表格的方式跟阿尔伯蒂大异其趣。爱丽丝会在她选定的时机将密码盘旋转到她选定的新位置，特里特米乌斯跟她不一样，他建议爱丽丝每个字母都更换一次密文字母表，按照行列顺序一直往下进行，到字母表底部之后又翻回上面重新开始。这叫作逐行系统。逐行系统有好些长处：它消除了像是attack（攻击）、meeting（会议）这样的单词中重复字母的规律，也不会在密文中留下暴露实情的密钥字母。换句话说，这种系统压根儿就没有密钥。用现在的行话来说这是"江湖大忌"，就像我们在1.2节看到的那样。特里特米乌斯认识到，字母表可以排成很多种不同的顺序。在表格法之外，他还提出了一种"反转表格"，其中的字母表跟正常的顺序相反；还有很多别的以不同顺序排列的表格。不过，这些系统里面没有一个看起来是有密钥的。

要搞清楚怎么把密钥加进这个系统里面，我们还得回到意大利去看看。这种做法最早似乎是由吉奥万·巴蒂斯塔·贝拉索（Giovan

Battista Bellaso）提出来的，关于此人我们所知甚少。很明显，他是天主教会某个红衣主教的秘书，这肯定给他带来了研究密码和隐写术的机会。他依次在1553年、1555年和1564年出版了三本关于密码学的小册子，每本都含有各式各样的多表密码。贝拉索不是以标准顺序使用字母表，而是用了交互字母表，也就是说加密字母表和解密字母表可以互换而不改变密码。这样一来，解密跟加密的过程是一样的，应用起来十分方便。1.4节介绍过的埃特巴什密码就是这样一个例子，特里特米乌斯的反向表格也是。

　　为了简单一点，我们还是接着用特里特米乌斯的表格法来说事儿。贝拉索的革新之处，本质上是在表格旁边加了一列密钥字母：

41

	a	b	c	d	e	f	g	⋯	t	u	v	w	x	y	z
A	B	C	D	E	F	G	H	⋯	U	V	W	X	Y	Z	A
B	C	D	E	F	G	H	I	⋯	V	W	X	Y	Z	A	B
C	D	E	F	G	H	I	J	⋯	W	X	Y	Z	A	B	C
⋯								⋯							
X	Y	Z	A	B	C	D	E	⋯	R	S	T	U	V	W	X
Y	Z	A	B	C	D	E	F	⋯	S	T	U	V	W	X	Y
Z	A	B	C	D	E	F	G	⋯	T	U	V	W	X	Y	Z

　　爱丽丝和鲍勃约定好密钥单词或是密钥短语，爱丽丝将其写在明文上方，有必要的话重复书写：

密钥短语　T R E T E S T E D I L E O N E T R E
明文[14]　s p o r t i n g h i s c l o t h e s

---

[14] 此处明文即为下文的"穿着他的衣服招摇过市"。——译者注

然后爱丽丝用对应于密钥字母的密文字母表给明文的每一个相应字母加密：

密钥短语	T	R	E	T	E	S	T	E	D	I	L	E	O	N	E	T	R	E
明文	s	p	o	r	t	i	n	g	h	i	s	c	l	o	t	h	e	s
密文	M	H	T	L	Y	B	H	L	L	R	E	H	A	C	Y	B	W	X

请注意，就像在 1.6 节见过的多表密码一样，明文中同样的字母会根据位置的不同在密文中变成不同的字母。例如，明文中的三个 s 分别变成了 M、E 和 X。我们把这种多表密码的形式叫作重复密钥密码，原因是显而易见的。密钥不一定非得是单词或短语，不过单词和短语是用得最多的。

我前面提到过，贝拉索用过更为复杂的形式，密文和密钥字母有各种各样的顺序。但从数学的角度来看，像我这样设计表格法还有一个好处，就是很容易用模运算表示出来：

密钥短语	T	R	E	T	E	S	T	E	D	I	L	E	O	N	E	T	R	E
数字	20	18	5	20	5	19	20	5	4	9	12	5	15	14	5	20	18	5
明文	s	p	o	r	t	i	n	g	h	i	s	c	l	o	t	h	e	s
数字	19	16	15	18	20	9	14	7	8	9	19	3	12	15	20	8	5	19
密文	M	H	T	L	Y	B	H	L	L	R	E	H	A	C	Y	B	W	X
数字	13	8	20	12	25	2	8	12	12	18	5	8	1	3	25	2	23	24

可以看到，密文数字只不过是密钥数字与明文数字相加模 26。这个思路预示了现代数字序列密码，我们会在第五章讲到。

贝拉索也挺可怜的，他的发明很快名满天下，但他自己却从未因此得到认可。早在 1564 年，贝拉索自己就写道，某人"穿着他的衣服招摇过市，掠走了他的劳动成果和荣誉"。这里说的"某人"似乎就是乔瓦尼·巴蒂斯塔·德拉·波塔（Giovanni Battista Della Porta），他在1563年出版了一本书，实际上是跟贝拉索1553年的书中一样的密码，却半个字都没提到贝拉索的贡献。研究密码学的学者似乎忽略了贝拉索1553年的著作，或是将这本著作与他1564年的著作搞混了，因此将重复密钥密码归功于德拉·波塔，这个错误直到最近才被澄清。更糟糕的是，19世纪有一段时间，重复密钥表格密码还被归功于布莱斯·德·维吉尼亚（Blaise de Vigenère），我们会在5.3节再说到这个人。1586年，维吉尼亚撰文描述了表格法、重复密钥密码以及二者的结合，但从未声称有任何内容是自己发明的。尽管如此，贝拉索密码的这一简化版本到今天仍然以维吉尼亚密码的名字广为人知，表格法也往往被叫作维吉尼亚方阵。

2.5　多少才算多？确定字母表数量

我们已经提到过的多表密码最主要的共同点就是重复密码：系统用到的只有这么多字母表，最终在或多或少的字母之后总要开始重复。这里字母的数量就叫密码的周期，比如在贝拉索密码中，密码周期就刚好是密钥短语的长度。在我们考察如何破译重复密钥系统之前，我们也可以先问问，如何确定我们要处理的是不是重复密钥密码。好在我们可以用在同音密码上用过的同样的工具，也就是重合指数。先来看看我们的重复密钥表格密码，假设用到的密钥很短：[15]

密钥	L	E	O	N	L	E	O	N	L	E	O	N	L	E	O
明文	t	h	e	c	a	t	o	n	t	h	e	m	a	t	b
密文	F	M	T	Q	M	Y	D	B	F	M	T	A	M	Y	Q

密钥	N	L	E	O	N	L	E	O	N	L
明文	a	t	t	e	d	a	g	n	a	t
密文	O	F	Y	T	R	M	L	C	O	F

43

---

[15] 此处明文为the cat on the mat batted a gnat，意为"垫子上的猫拍到一只蚊子"，各词押韵，类似于中文的绕口令。——译者注

那我们来预测一下，这里重合指数会是多少呢？现在我们假定密钥字母是随机选定的，如果这些字母可以组成英语单词或短语，就会有点影响计算。

假设密码的周期为 ℓ，这样我们就可以将密文排成 ℓ 列，每一列都对应密钥中的一个字母。如果密文一共有 n 个字母，每列就会有大约 n/ℓ 个字母。比如在上面的例子中，我们就有

列	I	II	III	IV
密钥字母	L	E	O	N
密文	F	M	T	Q
	M	Y	D	B
	F	M	T	A
	M	Y	Q	O
	F	Y	T	R
	M	L	C	O
	F			

其中 $n=25$，$\ell=4$。如果我们从同一列中选出两个字母，这两个字母是以同样的方式加密的，因此两个字母相同的概率应当是 0.066 左右。另外，如果从不同列中选出两个字母，用两个随机选定的不同的密码加密，那么两个字母相同的概率就应该是 0.038。[16] 选出第一个字母的方式有 n 种。如果第二个字母来自同一列，就有 $(n/\ell-1)$ 种选择，而两个字母一样的概率就是 0.066；如果第二个字母来自其他列，那就有 $(n-n/\ell)$ 种选择，而两个字母一样的概率就是 0.038。选出两个字母一共有 $n \times (n-1)$ 种方式，因此两个字母相同的概率，也就

---

[16] 原书此处前一个数字为 0.038，后一个数字为 0.066，下文也有多处用反了这两个数字，是作者笔误。下文译本已改，不再说明。——译者注

是重合指数应当是

$$\frac{n\times(n/\ell-1)\times0.066 + n\times(n-n/\ell)\times0.038}{n\times(n-1)}$$

$$=\frac{n/\ell-1}{n-1}\times0.066+\frac{n-n/\ell}{n-1}\times0.038$$

　　经验应该能让你相信，这个值实际上应该在0.038到0.066之间。如果$\ell=1$，这就是一个单表密码，重合指数就是0.066。而要是$\ell=n$的话，重合指数就是0.038：每个密文字母都经随机选定的不同字母表加密，密文字母实际上也是随机的。在我们的例子中$n=25$，$\ell=4$，因此可以预期重合指数大约是$5.25/24\times0.066+18.75/24\times0.038$，也就是0.044左右。只不过密文这么短，这个值可能未必那么准确。

　　一旦我们知道我们要对付的是有重复密钥的多表密码，破译的第一步就是确定其周期，通常情况下都会这样，更别说是在如此充满秘密的领域。用来找出周期的最常用的技术是由两个不同的人在几乎同一时间独立发明的 —— 这个例子是在19世纪中叶。其中之一是查尔斯·巴贝奇（Charles Babbage），他广泛涉猎了科学、数学乃至工程学的多个方面，但今天最为知名的是提出了可编程计算机的想法。遗憾的是，尽管巴贝奇想要发表他在多表密码方面的工作，却一直没有抽出时间来践行。真正发表了这一方法的人是弗里德里希·卡西斯基（Friedrich Kasiski）。与巴贝奇不同，卡西斯基在这一重要贡献之外似乎再无其他建树。他是普鲁士军中一名少校，但在服役时似乎也没有特别参与多少密码学工作。从现役退下来后，他写了本小书，主要讨论这一特别技术。

　　那么，现在人们基本上都称之为卡西斯基检验的这一技术究竟是什么呢？其中心思想是：如果重复密钥与重复出现的明文字母恰好对齐，就会在密文中也出现重复。我们还是拿前面的例子来说明一下：

44

45

密钥	L E O N L E O N L E O N L E O
明文	t h e c a t o n t h e m a t b
密文	F M T Q M Y D B F M T A M Y Q
密钥	N L E O N L E O N L
明文	a t t e d a g n a t
密文	O F Y T R M L C O F

明文字母 at 出现了四次。头两次恰好对应了密钥的同一位置，但后两次跟前两次对到的位置并不一样。这样一来，头两次 at 出现的时候都被加密成了 MY，后两次则都被加密成了 OF。

现在我们假设，伊芙手里只有密文。卡西斯基检验首先要查找重复出现的字母组，在这个例子中伊芙会看到 FMT、MY 和 OF。接下来，她会看一下对于重复出现的字母组，从第一次出现的起点到第二次出现的起点有多少个字母。在这个例子中，所有三组字母都是 8 个字母之后再次出现。由此伊芙可以得出，周期是 8 的一个因数。（本例中周期为 4，确实是 8 的因数。）

对于更长的密码，这一检验更加复杂也更加有效。我们来看一个密文的例子：

HXJVX	DMTUX	NUOGB	USUHZ	LFWXK	FFJKX
KAGLB	AFJGZ	IKIXK	ZUTMX	YAOMA	LNBGD
HZEHY	OMWBG	NZPMA	PZHMH	KAPGV	LASMP
POFLA	LTBWI	LQQXW	PZUHM	OQCHH	RTFKL
PEUXK	DMTKX	HPJGZ	IGUBM	OMEGH	WUDMN
YQTHK	JAOOX	YEBMB	VZTBG	PFBGW	DTBMB
ZFIXN	ZQPYT	IAPDM	OAVZA	AMMBV	LIJMA
VGUIB	JFVKX	ZASVH	UHFKL	HFJHG	

假设这是由我们迄今为止了解过的所有系统之一加密而成，伊芙可能首先要问：这是单表密码还是多表密码？密文的重合指数为0.044，正好介于0.038和0.066之间。此外，没有哪个密文字母的频率高于8％，而且用到的密文字母也恰好是26个，因此，这要么是一种非常少见的同音密码，要么就是重复密钥密码。上面的密文中，加了下画线的字母是伊芙在卡西斯基试验中发现的重复字母。看起来有大量两个字母的组合重复出现，因此伊芙打算暂时忽略这些。

46

伊芙将这些重复字母组的位置及其间距制成如下表格：

重复字母	首次出现位置	再次出现位置	间距
DMT	6	126	120
JGZI	38	133	95
FKL	118	228	110
BMB	163	178	15
MBV	164	203	39

除了1，再没有别的数能作为所有这些间距的共同因数而可能成为周期了。不过，除了最后一个，别的间距都有因数5。事实上，5是120、95、110和15的最大公因数，因此有非常大的可能这个密码的周期就是5。最后一个重复出现的字母组MBV，似乎刚好是机缘巧合，而非我们前面讨论过的过程所致。

如果伊芙对卡西斯基检验的结果并不满意，她还可以试试别的几个招数。其中之一是将她算出来的重合指数与我们前面见过的公式对应起来：

$$0.044 = \frac{235/\ell - 1}{234} \times 0.066 + \frac{235 - 235/\ell}{234} \times 0.038$$

解这个关于ℓ的方程就可以得到

$$\ell = \frac{235 \times 0.028}{234 \times 0.044 - 0.038 \times 235 + 0.066} \approx 4.6 \ .$$

这个解给卡西斯基检验得到的5打了包票。仅仅从方程的解出发，也许可以推断出周期是4或5，或者你运气实在太糟糕，也有可能是3或者6 —— 我不会完全依赖于方程的解，但如果有大量密文又另当别论。另一方面，如果你不确定该不该将卡西斯基方法中的某些重复考虑进来，这个解就非常有用了 —— 在本例中，方程的解清楚地指出，你得把39这个间距扔在一边，否则你就只能考虑周期是1。撇开39之后，你大概会想真正的密钥长度是卡西斯基试验结果的某个因数，就跟54页的例子一样。实际上，这两项检验合起来十分好用 —— 卡西斯基试验可能会得出一个整数的因数，重合指数也只能告诉你一个大致的尺寸，而两个方法一起用通常就能得到板上钉钉的结果。

最后伊芙还可以试一下 κ 检验，也就是弗里德曼最开始的重合指数检验。κ 检验用来检查两条密文是否用了同一个多表密码进行加密，而不必考虑密钥是否重复。我们先来看看两条明文的例子：[17]

例1	h	e	r	e	i	s	e	d	w	a	r	d	b	e	a	r	c
例2	t	h	e	p	i	g	l	e	t	l	i	v	e	d	i	n	a
例1	o	m	i	n	g	d	o	w	n	s	t	a	i	r	s	n	o
例2	v	e	r	y	g	r	a	n	d	h	o	u	s	e	i	n	t
例1	w	b	u	m	p	b	u	m	p	b	u	m	p	o	n	t
例2	h	e	m	i	d	d	l	e	o	f	a	b	e	e	c	h

如果随机选出一个位置，明文一中该位置的字母与明文二中相应位置的字母相同的概率，你觉得应该是多少？仍然是两个字母都是a的概率加上两个字母都是b的概率等，因此如果明文来自常见的英语文本，你可以预期概率跟之前一样，是0.066左右。所以，如果每个例子中都有50个字母，可以预计有大约 $0.066 \times 50 = 3.3$ 次重合。（实际上是有3次，也就是加了下画线的那些字母。）

---

[17] 此处截取的明文并不完整，只是为了截取50个字母的明文长度。明文一意为"这里有只爱德华熊，蹦啊蹦啊蹦啊下楼梯"，明文二意为"小猪仔住在山毛榉中间的大房子里"，两句均出自童话作品《小熊维尼故事集》。——译者注

现在假设有两组随机生成的字母：

例1	u	c	z	j	t	t	c	t	k	e	t	x	q	y	h	m	x
例2	q	h	e	a	w	y	a	o	r	l	q	e	q	e	k	w	z
例1	v	s	t	v	s	n	e	p	k	n	u	y	q	u	o	n	a
例2	i	e	i	e	o	j	s	u	n	v	b	q	z	q	z	w	i
例1	i	n	p	z	o	k	t	g	p	n	o	x	b	f	m	u
例2	h	o	t	e	d	q	f	g	e	b	e	k	a	t	i	k

现在可以预期重合的概率大概是0.038，因此应该有 $0.038 \times 50 = 1.9$ 次重合。实际上，明文中有2次。

现在假设我们用表格法加密第一组例子中的每一条明文，也用同样的重复密钥：

密钥	C	H	R	I	S	T	O	P	H	E	R	C	H	R	I	S	T
例1	h	e	r	e	i	s	e	d	w	a	r	d	b	e	a	r	c
密文1	K	M	J	N	B	M	T	T	E	F	J	G	J	W	J	K	W
例2	t	h	e	p	i	g	l	e	t	l	i	v	e	d	i	n	a
密文2	W	P	W	Y	B	A	A	U	B	Q	A	Y	M	V	R	G	U
密钥	O	P	H	E	R	C	H	R	I	S	T	O	P	H	E	R	C
例1	o	m	i	n	g	d	o	w	n	s	t	a	i	r	s	n	o
密文1	D	C	Q	S	Y	G	W	O	W	L	N	P	Y	Z	X	F	R
例2	v	e	r	y	g	r	a	n	d	h	o	u	s	e	i	n	t
密文2	K	U	Z	D	Y	U	I	F	M	A	I	J	I	M	N	F	W
密钥	H	R	I	S	T	O	P	H	E	R	C	H	R	I	S	T
例1	w	b	u	m	p	b	u	m	p	b	u	m	p	o	n	t
密文1	E	T	D	F	J	Q	K	U	U	T	X	U	H	X	G	N
例2	h	e	m	i	d	d	l	e	o	f	a	b	e	e	c	h
密文2	P	W	V	B	X	S	B	M	T	X	D	J	W	N	V	B

同样的重合仍然出现在密文中。因此，如果两段密文是用同一密钥加密得到的，我们仍然可以预期，重合的百分比约为6.6%。

另一方面，如果我们用不同的密钥来加密明文，那就没什么特别的理由说重合的机会不是随机的：

密钥1	C	H	R	I	S	T	O	P	H	E	R	C	H	R	I	S	T
例1	h	e	r	e	i	s	e	d	w	a	r	d	b	e	a	r	c
密文1	K	<u>M</u>	J	N	B	M	T	T	E	F	J	G	<u>J</u>	W	J	K	W
密钥2	E	E	Y	O	R	E	E	Y	O	R	E	E	Y	O	R		
例2	t	h	e	p	i	g	l	e	t	l	i	v	e	d	i	n	a
密文2	Y	<u>M</u>	D	E	A	L	Q	J	S	A	A	A	<u>J</u>	I	H	C	S

49

密钥1	O	P	H	E	R	C	H	R	I	S	T	O	P	H	E	R	C
例1	o	m	i	n	g	d	o	w	n	s	t	a	i	r	s	n	o
密文1	D	C	Q	S	Y	G	W	O	W	L	N	P	Y	Z	X	F	R
密钥2	E	E	Y	O	R	E	E	Y	O	R	E	E	E	Y	O		
例2	v	e	r	y	g	r	a	n	d	h	o	u	s	e	i	n	t
密文2	A	J	W	X	V	J	F	S	I	G	D	M	X	J	N	M	I

密钥1	H	R	I	S	T	O	P	H	E	R	C	H	R	I	S	T
例1	w	b	u	m	p	b	u	m	p	b	u	m	p	o	n	t
密文1	E	T	D	F	J	Q	K	U	U	T	X	U	H	X	G	N
密钥2	R	E	E	E	Y	O	R	E	E	E	Y	O	R	E	E	E
例2	h	e	m	i	d	d	l	e	o	f	a	b	e	e	c	h
密文2	Z	J	R	N	C	S	D	J	T	K	Z	Q	W	J	H	M

这里面重合概率确实是3.8%，也就是有两个随机字母重合了。

但伊芙要如何利用这一特点来确定密钥的长度？我们再来看一下

54页的例子，但是这次也将明文向右滑动4位：

密钥1	L E O N L E O N L E O N L E O
明文1	t h e c a t o n t h e m a t b
密文1	F M T Q M Y D B F M T A M Y Q

密钥2	L E O N L E O N L E O
明文2	t h e c a t o n t h e
密文2	F M T Q M Y D B F M T

密钥1	N L E O N L E O N L E O N L
明文1	a t t e d a g n a t t h e c
密文1	O F Y̱ T R M L C O F Y W S O

密钥2	N L E O N L E O N L E O N L
明文2	m a ṯ b a t t e d a g n a t
密文2	A M Y̱ Q O F Y T R M L C O F

我们通常会说文本迁移（displace）了而不是滑动了，说到下面那组文本时也会叫迁移，这是因为滑动（slide）和移位（shift）两词在密码学领域都有别的常见含义。我用两行列出了密钥的两种位置，把它们当成是两个密钥，但实际上完全一样。因此明文的两种不同的位置实际上是由相同的密钥加密，理应遵循上述规律，会有大约6.6%的重合概率。如果我进行的迁移操作是3位或者5位，就会变得像是密文经由不同密钥加密，而重合概率理应为3.8%。但是，如果迁移了8位、12位，密钥又会再次对齐，重合指数也应该再次回升。

现在我们回到前面54页看看那份高深莫测的密文。伊芙可以试一下κ检验，将密文移动不同的位数，再看看重合的百分比分别是多少，如表2.3所示。

50

表2.3 前述密文κ检验的结果

迁移位数	重合次数	指数
1	7	0.030
2	10	0.043
3	9	0.038
4	11	0.047
5	14	0.060
6	15	0.064
7	15	0.064
8	9	0.038
9	11	0.047
10	14	0.060
11	10	0.043
12	3	0.013
13	14	0.060
14	12	0.051
15	17	0.072

移动6位和7位都看起来像是那么回事，但不可能都是对的，而且5位也相去不远。如果密钥长度是6，那12位应该也有很高的重合次数，因此6肯定得出局了。如果密钥长度是7，14也应该有很高的重合次数，表中看起来不那么坏但也不算多好。但是，如果密钥长度是5，那10和15的重合次数都会很大，而15也确实高出天际。跟卡西斯基检验一样，κ检验可能会得出一个整数因数，将其与前面我们通过重合指数公式得到的4.6这个估值合起来看就有点意思了。这两个检验再次强烈表明，周期就是5。如果卡西斯基检验看起来不管用，κ检验51 会是很好的选择：就算爱丽丝能在明文中小心避开重复单词，她也不

可能避开重合指数。

2.6　超人留下吃晚餐：叠置与还原

　　继续讨论我们的例子。现在伊芙知道了，密钥每5个字母重复一遍，那然后呢？这就是说她可以将54页的密文字母拆分成不同的5列，每一列用的是不同的密钥，因此是由不同的字母表进行加密的，如表2.4所示。

表2.4　密文叠置

I	II	III	IV	V	I	II	III	IV	V
H	X	J	V	X	P	E	U	X	K
D	M	T	U	X	D	M	T	K	X
N	U	O	G	B	H	P	J	G	Z
U	S	U	H	Z	I	G	U	B	M
L	F	W	X	K	O	M	E	G	H
F	F	J	K	X	W	U	D	M	N
K	A	G	L	B	Y	Q	T	H	K
A	F	J	G	Z	J	A	O	O	X
I	K	I	X	K	Y	E	B	M	B
Z	U	T	M	X	V	Z	T	B	G
Y	A	O	M	A	P	F	B	G	W
L	N	B	G	D	D	T	B	M	B
H	Z	E	H	Y	Z	F	I	X	N
O	M	W	B	G	Z	Q	P	Y	T

续表

I	II	III	IV	V	I	II	III	IV	V
N	Z	P	M	A	I	A	P	D	M
P	Z	H	M	H	O	A	V	Z	A
K	A	P	G	V	A	M	M	B	V
L	A	S	M	P	L	I	J	M	A
P	O	F	L	A	V	G	U	I	B
L	T	B	W	I	J	F	V	K	X
L	Q	Q	X	W	Z	A	S	V	H
P	Z	U	H	M	U	H	F	K	L
O	Q	C	H	H	H	F	J	H	G
R	T	F	K	L					

像这样排列密文就叫不同行列的叠置。这里每一列都应当是用同一个密码表单表加密的，我们可以用φ检验来确认这一点。实际上，每一列对应的重合指数依次为0.054、0.077、0.057、0.093和0.061，对现有的密文数量来说已经足以说明问题了。

现在伊芙将密文还原成了单表加密的几项。如果她有足量的密文，她可以分别攻击每一列。假设伊芙知道爱丽丝和鲍勃用的是我们这种重复密钥密码的特殊形式，其中每个密钥字母代表特定的加法密码。那接下来她只需要确认每一列中对应字母e的密文字母是哪个就行了。在第一列中，最常出现的字母是L，第二列是A，第三列是J，第四列是M，第五列是X。据此计算出移位，得到的密钥字母是GVEHS，用这个密钥解密得到的则是

abene	wqome	gyjyi	nwpzg	ejrpr	yjece
debdi	tjeyg	bodpr	syoee	rejeh	erwyk
adzzf	hqrtn	gdkeh	idceo	dekyc	eenew
isadh	exwop	eulpd	idpzt	huxzo	kxacs
iippr	wqoce	ateyg	bkptt	hqzyo	pyyeu
ruozr	cejge	riwei	odotn	ijwyd	wxwei
sjdpu	sukqa	bekvt	heqrh	tqhtc	emeeh
okpai	cjqce	senno	nlacs	ajezn	

显然这不是正确的明文。伊芙也可以成体系地将部分列转向第二常见的字母，直到看起来有点儿像那么回事，但她也还可以试试另一些更简单的办法。首先要看清楚，如果每一列都正确解密，明文中更常见的应该是那些高频字母而不是低频字母 —— 好歹高频字母就是这么定义的。弗里德曼提出了一种测算频率的方式，就是将每一列字母的频率都加起来[18]。求和结果最高的列也最可能是解密正确的。这里对每一列，我们得到的结果依次近似为 2.9、1.9、2.1、2.4 以及3.1。因此，第一列和第五列很可能是对的。在中间的三列我们会看到低频字母比如 q、x 和 z 全都出现了，同样说明这三列有问题。

对这些列现在伊芙可以试试别的选项了，但每一列的字母数量略有点少，她可能要试个三四回才能匹配出每一列的高频字母。如果她怀疑这些列是用仿射密码加密的，每一列都需要匹配上两个字母[19]才解得出来，那她可能想接着按这个思路往下走。但是，既然她知道这些列是用加法密码加密的，那就算用蛮力搜索来破解也不是什么

53

[18] 此处是说将明文中每个字母在真实英语文本中的出现频率（例如 e 字母是 0.13）相加。解密正确的明文中高频字母也最多，因此求和结果应该最高。——译者注

[19] 原文为"two pairs of matching letters"，但仿射密码只需要两个字母对应上就可以解出，不需要两对字母，可能是作者笔误。——译者注

难事：用每一个可能密钥解密，看看哪些能得到最高频率的明文。就
是在电脑出现之前，这么算也已经很行得通了，更别说现在有了电脑，
简直易如反掌。表2.5给出了每个可能密钥对应的明文字母频率之和。

表2.5　将所有可能的密钥应用于第二列密文，得出的明文字母频率之和

密钥字母	频率之和
A	2.2
B	1.7
C	1.2
D	1.5
E	1.9
F	1.8
G	1.9
H	2.2
I	1.6
J	1.0
K	1.6
L	3.3
M	2.0
N	1.6
O	1.4
P	1.6
Q	1.5

续表

密钥字母	频率之和
R	2.1
S	2.1
T	1.6
U	1.7
V	2.0
W	2.0
X	1.8
Y	1.8
Z	2.0

可以看到密钥字母 L 得到的频率之和最高，远高于其他值，因此 L 很可能就是第二个密钥字母。用同样的方法继续进行，就能得出所有五个密钥字母为 GLASS。伊芙对这个结果应该会感觉好受得多，要不她还得想半天 GVEHS 究竟是什么鬼。当然，只有在解密时你才能尝到个中滋味 —— 试一下，看看你的答案对了没！

2.7 多表密码的乘积

对重复密钥的多表密码用第二个密钥再次加密，能提高其安全性吗？根据 1.4 节中的经验，你可能会觉得做不到。假定爱丽丝在用密钥 GLASS 对她的信息加密之后，她决定用密钥 QUEEN 再次加密。

密钥	G L A S S G L A S S G L A S S G L A S
明文	a l i c e w a s b e g i n n i n g t o
第一道密文	H X J V X D M T U X N U O G B U S U H

密钥	Q U E E N Q U E E N Q U E E N Q U E E
第一道密文	h x j v x d m t u x n u o g b u s u h
第二道密文	Y S O A L U H Y Z L E P T L P L N Z M

这仍然是用长度为5的重复密钥多表密码进行的加密，而运用2.5节和2.6节介绍过的方法，这段密文也一样能化解成5个单表密码来破解，问题只在于这里用的是哪些类型的单表密码。如果二者都是加法密码，就像我们的例子中用到的重复密钥表格法密码一样，结果得到的也会是加法密码。在我们的例子中，用密钥GLASS加密一次然后再用密钥QUEEN加密一次的结果，就跟只用下面得到的密钥加密一次的结果一模一样：

密钥1	G	L	A	S	S
数字	7	12	1	19	19
密钥 2	Q	U	E	E	N
数字	17	21	5	5	14
求和（模26）	24	7	6	24	7
最终密钥	X	G	F	X	G

如果用的单表密码都是乘法密码或都是仿射密码，那结果就会是乘法密码或仿射密码。因此，用密钥长度相同的两个重复密钥密码得到的乘积密码，安全性只增加了一点点，就是密钥变得更难猜了（比如像XGFXG这样的）。这恐怕有点不值得小题大做。

那如果用密钥长度不同的两个重复密钥密码来构造乘积密码呢？这一回兴许爱丽丝首先用密钥RABBIT（兔子）加密，接着用密钥CURIOUSER（更好奇）再次加密：

密钥1	R A B B I T R A B B I T R A B B I T R
明文	a l i c e w a s b e g i n n i n g t o
第一道密文	S M K E N Q S T D G P C F O K P P N G
密钥2	C U R I O U S E R C U R I O U S E R C
第一道密文	s m k e n q s t d g p c f o k p p n g
第二道密文	V H C N C L L Y V J K U O D F I U F J

仍然是重复密钥密码，但它多久重复一次呢？只有在两个密钥单词在同一个位置结束的时候才会重复，在上面的例子中你会看到每18个字母就会重复一次，原因就在于，18是6和9的最小公倍数（LCM）。最小公倍数和最大公因数之间的关系有一个很漂亮的公式：

$$\text{LCM}(a,b) = \frac{a \times b}{\text{GCD}(a,b)}.$$

在上面的例子中，

$$\text{LCM}(6,9) = \frac{6 \times 9}{\text{GCD}(6,9)} = \frac{54}{3} = 18.$$

因此如果你已经知道两个数字的最大公因数，比如说用欧几里得算法得到的，要求得最小公倍数就很简单了。

这里的密码都是加法密码，因此跟前面一样，我们能算出来与之等价的18个字母的密钥是怎样的：

密钥1	R	A	B	B	I	T	R	A	B
数字	18	1	2	2	9	20	18	1	2
密钥2	C	U	R	I	O	U	S	E	R
数字	3	21	18	9	15	21	19	5	18
求和（模26）	21	22	20	11	24	15	11	6	20
最终密钥	U	V	T	K	X	O	K	F	T

密钥 1	B	I	T	R	A	B	B	I	T
数字	2	9	20	18	1	2	2	9	20
密钥 2	C	U	R	I	O	U	S	E	R
数字	3	21	18	9	15	21	19	5	18
求和（模 26）	5	4	12	1	16	23	21	14	12
最终密钥	E	D	L	A	P	W	U	N	L

　　我们密码的安全性在此取得了一些进步。爱丽丝把6个字母的单词和9个字母的单词合起来用，仅用了15个字母，只要伊芙猜不出来爱丽丝干了啥，这15个字母就达到了18个字母的密钥才能具备的安全性。实际上，我们甚至还能做得更好一点：仅用2个字母和9个字母的两个单词，也能成为18个字母的重复密钥密码，因为18也是2和9的最小公倍数：

$$LCM\,(2,9)=\frac{2\times9}{GCD(2,9)}=\frac{18}{1}=18$$

　　在16世纪到19世纪之间，重复密钥加密的手段被多次发明，用不同长度的两个密钥来构造乘积密码的手法多半也是如此。特别是在1854年，一位名叫约翰·霍尔·布鲁克·斯韦茨（John Hall Brock Thwaites）的人满怀希望向查尔斯·巴贝奇公开挑战，让他破译的密码结果是用密钥单词TWO和COMBINED（联合的）一起加密的重复密钥表格法密码。在小儿子的帮助下，巴贝奇成功破译了这个密码。57 尽管他并未公开他所用方法的完整记录，其中也显然用到了模运算的原理，这让他成为第一个运用模运算的人。

2.8　转轮机和转子机

　　将机器用于执行或协助加密的历史极为漫长，也许可以一直上溯到古希腊的斯巴达密码棒，我们会在3.1节仔细说说这个玩意。这段历史在莱昂·阿尔伯蒂和莱斯特·希尔身上发扬光大，并一直延续到今天。在这条路上出现过很多杰出人物，美国第三任总统托马斯·杰弗逊（Thomas Jefferson）就是其中之一，还有查尔斯·惠斯通爵士（Sir Charles Wheatstone）——英国科学家、工程师、发明家，但在今天他最为知名的成就是惠斯通电桥，这种电桥可用于测量电阻。密码机的鼎盛时期是20世纪中叶，大致从第一次世界大战结束到发明现代计算机的这段时间。希尔就处于这个时期，但我们已经看到，他的思想并未得到多少实际应用。有另外两种机器比希尔的重要得多，不过和希尔的机器一样，也是用齿轮驱动加密的。

　　跟我们迄今为止见到过的密码机最像的那种密码机比较晚才发明出来。这就是转轮机，使用了大量或多或少独立转动的齿轮，每一个齿轮上都有间隔不规则的销钉，转轮的名字就是这么来的。用机械或电动的方法，可以产生与重复密钥多表替换密码等价的密码。每个转轮的周期都不一样，整个机器的设计使之可以产生非常大的联合周期。

　　第一台转轮设备似乎是由鲍里斯·哈格林（Boris Hagelin）发明的。他是一位瑞典工程师，伊曼纽尔·诺贝尔（Emanuel Nobel）的雇员，而后者是诺贝尔奖创始人的侄子。1922年，哈格林被分派到瑞典的密码打字机有限公司管理诺贝尔家族的财产，并于1925年发明了第一台以转轮为基础的密码机，即B-21，这一路线后来大获成功。这条线上广为人知的产品型号还有：法国军方在第二次世界大战战前和第二次世界大战中使用的C-36；美国武装部队在第二次世界大战期间大规模用于战略目的的M-209，直到朝鲜战争时也还在使用；以及冷战期间有超过60个国家在用的C-52/CX-52。

59

图2.3　C–36型

C–36（图2.3）是这一系列中的绝佳例子。这种机型有五个转轮，转轮上分别有25、23、21、19和17个销钉。注意一下这些数字中每两个的最大公因数都是1，因此联合周期是 $25 \times 23 \times 21 \times 19 \times 17 = 3900225$。每根销钉都可以突出指向转轮右侧处于活跃状态，或是指向左侧，这样就是不活跃，参看图2.4。每个转轮上也都有一个位置的销钉（叫作"基准销钉"）控制着一根扁平的杆，又叫作"导杆"，也会被推到活跃或不活跃的位置。还有一个"笼子"，由25根横杆组成，设置成了水平放置的旋转的圆柱体。每根横杆都在七处位置之一有凸起，在原始的C–36中这些位置是固定的，但在改进过的C–362中可以移动。七处位置有五处与转轮一一对应，另外两处则不活跃。

图2.4　左侧：处于不活跃位置的销钉与导杆；
右侧：处于活跃位置的销钉与导杆

要加密一个字母，可以将明文设置在指示盘上，推动一个手柄，使轮子转动。横杆上活跃的凸起与活跃的导杆相啮合，使相应的横杆向左伸出，见图2.5。这样激活的每根横杆都会使最终密文的转轮转动一位。结果得到的最终密文字母就是

$$C \equiv 1 + (ax_1 + bx_2 + cx_3 + dx_4 + ex_5) - P \;(\mathrm{mod}\; 26) \;,$$

其中x_i是第i个转轮上有多少根横杆的凸起在起作用，而a、b、c、d和e是0或1，取决于对应这个字母的基准销钉是否在活跃状态。

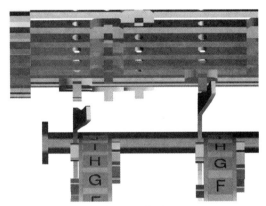

图2.5 左侧：不活跃的导杆；
右侧：活跃的导杆与凸起相啮合

密文字母打出来之后，每个转轮都向前旋转一个销钉，导杆与横杆则复位，为下一个字母做好准备。将转轮的旋转考虑进来，第n个字母根据如下公式进行替换加密：

$$C_n \equiv 1 + (a_n x_1 + b_n x_2 + c_n x_3 + d_n x_4 + e_n x_5) - P_n \;(\mathrm{mod}\; 26),$$

其中x_i已如上述。这里a_n是0或者1，取决于第一个转轮中对应n模17的销钉是否设置在活跃状态；b_n则取决于第二个转轮中对应n模19的销钉是否设置在活跃状态，依此类推。可以看到，这个系统等价于一个周期为17的重复密钥替换密码后面紧跟着一个周期为19的，

60　前者的"密钥单词"是

$$a_1x_1, \ a_2x_1, \ a_3x_1, \ \dots \ , \ a_{17}x_1,$$

而后者的密钥单词是

$$b_1x_2, \ b_2x_2, \ b_3x_2, \ \dots, \ b_{17}x_2, \ b_{18}x_2, \ b_{19}x_2,$$

等等。

举个例子，我们来看表 2.6 所示的凸起和销钉设置。这些设置会
61　产生表 2.7 所示的密钥单词（竖着读）以及最终密文数字。

表2.6　凸起与销钉设置示例

横杆	凸起位置	销钉编号	转轮	销钉位置				
				1	2	3	4	5
1	1	1		0	1	0	0	1
2	2	2		0	1	0	1	1
3	2	3		0	0	1	0	0
4	3	4		1	0	0	1	1
5	3	5		0	0	1	1	0
6	3	6		1	0	1	0	0
7	4	7		1	1	0	0	0
8	4	8		1	1	1	1	1
9	4	9		0	0	1	1	1
10	4	10		1	1	0	0	1
11	4	11		1	0	0	0	0
12	4	12		1	1	0	0	0
13	4	13		0	1	1	1	1
14	5	14		0	1	1	1	0

续表

				销钉位置				
横杆	凸起位置	销钉编号	转轮	1	2	3	4	5
15	5	15		1	0	0	0	1
16	5	16		0	0	1	1	0
17	5	17		1	0	0	0	1
18	5	18		0	1	0	0	
19	5	19		1	1	1	1	
20	5	20		0	1	1		
21	5	21		1	1	1		
22	5	22		1	0			
23	5	23		1	1			
24	5	24		1				
25	5	25		0				

表2.7 由表2.6中的设置产生的密钥单词和最终密文

位置	ax_1	bx_2	cx_3	dx_4	ex_5	活跃横杆总计	密文（模26）
1	0	2	0	0	12	14	$15 - P_1$
2	0	2	0	7	12	21	$22 - P_2$
3	0	0	3	0	0	3	$4 - P_3$
4	1	0	0	7	12	20	$21 - P_4$
5	0	0	3	7	0	10	$11 - P_5$
6	1	0	3	0	0	4	$5 - P_6$
7	1	2	0	0	0	3	$4 - P_7$
8	1	2	3	7	12	25	$26 - P_8$
9	0	0	3	7	12	22	$23 - P_9$
10	1	2	0	0	12	15	$16 - P_{10}$
11	1	0	0	0	0	1	$2 - P_{11}$

续表

位置	ax_1	bx_2	cx_3	dx_4	ex_5	活跃横杆总计	密文（模26）
12	1	2	0	0	0	3	$4 - P_{12}$
13	0	2	3	7	12	24	$25 - P_{13}$
14	0	2	3	7	0	12	$13 - P_{14}$
15	1	0	0	0	12	13	$14 - P_{15}$
16	0	0	3	7	0	10	$11 - P_{16}$
17	1	0	0	0	12	13	$14 - P_{17}$
18	0	2	0	0	12	14	$15 - P_{18}$
19	1	2	3	7	12	25	$26 - P_{19}$
20	0	2	3	0	0	5	$6 - P_{20}$
21	1	2	3	7	12	25	$26 - P_{21}$
22	1	0	0	0	0	1	$2 - P_{22}$
23	1	2	0	7	0	10	$24 - P_{23}$
24	1	2	3	7	0	13	$14 - P_{24}$
25	0	2	0	0	12	14	$15 - P_{25}$

因此，用这些设置进行的简单加密就会是这个样子：

密钥数字	15	22	4	21	11	5	4	26	23	16	2	4
明文	b	o	r	k	b	o	r	k	b	o	r	k
明文数字	2	15	18	11	2	15	18	11	2	15	18	11
密钥减明文	13	7	12	10	9	16	12	15	21	1	10	19
密文	M	G	L	J	I	P	L	O	U	A	J	S

C–36上的密钥设置包括转轮上活跃销钉的选择、凸起的位置（对于凸起可移动的型号而言）以及开始加密时转轮的初始位置。

应用更为广泛的M-209型有所改进，包含了6个转轮而不是5个，总的周期就成了 $26 \times 25 \times 23 \times 21 \times 19 \times 17 = 101405850$，横杆数量也变成了27根而非25根。此外，每根横杆不是1个凸起而是2个，可以设置成与任意0、1或2个转轮相对应的位置。不过，当同一根横杆上的凸起都与活跃销钉相啮合时，效果跟仅有一个凸起啮合是一样的。这些改进让加密方程变得更加复杂了。

62

　　在哈格林系列之外，知名度最高的转轮机要数电传打字机，我们会在4.6节见到跟这种机器相关的内容。这种机器也囊括了德国在第二次世界大战中使用的大部分密码机，英国人称其为"金枪鱼"（Fish），例如洛仑兹SZ 40和SZ 42，以及西门子和哈斯克公司的"秘密书写员"T52。

　　哈格林密码机基本上执行的是多重多表重复密钥加密操作，因此2.7节中的密码分析方法也与此相关。其他有所帮助的技术来自极长的周期，以及每个密钥单词仅有两个不同的字母这一事实。对每个密文位置而言，5个基准销钉中的每一个要么活跃要么不活跃，因此一共有 $2^5 = 32$ 种不同的位置。如果我们只着眼于其中的一个转轮，比如说1号转轮，那么当销钉处于活跃状态时的位置就会由 $2^4 = 16$ 个字母表中的一个加密，这16个字母表未必个个不同。而销钉处于不活跃状态时的位置也会由另一组 $2^4 = 16$ 个字母表之一加密。1号转轮每25个字母转一圈，这一规律就会重复一次。因此，如果我们将密文每25个字母一行叠置起来，各列就会分为不同的两组，通常都能在统计上加以区分。另外，这两组一旦区分开来，对应的两种字母频率模式应当是恰好移动了 x_1 位，也就是有凸起对应于第一个转轮的横杆的数目。按这种方式进行下去，我们就能确定每个转轮的销钉及凸起设置。针对哈格林机器的已知明文攻击也同样值得考虑，因为要找到几条销钉和凸起设置相同而转轮起始位置不同的消息恐怕会相当容易。给定信息中第 n 位的明文和密文，通过如下方程就能很容易地找出相应的密钥数字：

$$C_n \equiv k_n - P_n \ (\bmod\ 26)$$

由于周期极长，我们可能需要找出销钉与凸起的设置以便解密用其他转轮起始位置加密的消息。在这种情况下，我们可以叠置密钥数字而不是实际密文。现在，相对于用不活跃基准销钉加密的那些列来说，用活跃基准销钉加密的列，其密钥数字会更大，我们也可以多多少少进行一些唯密文情况下的操作。

20世纪发明的另一种齿轮驱动的密码机用的是一组叫作转子的圆盘。在20世纪初，转轮机似乎被独立发明了至少3次，甚至很可能多至5次 —— 到现在也还没完全弄清楚，哪些发明者是真正独立完成了工作，哪些是借鉴了甚至可能是直接窃取了别人的想法。最近的研究表明，首要功劳应该归于荷兰海军的两名中尉西奥·凡·亨格尔（Theo A. van Hengel）和R.P.C.斯宾格勒（R.P.C. Spengler），他们在第一次世界大战期间被派驻荷兰东印度公司。但对两位中尉来说很不幸的是，荷兰海军似乎耽误了他们的专利申请，原因到现在还是不清楚。在尘埃落定之前，亨格尔和斯宾格勒被另外四人抢了先机，这就是于1917年在美国开始致力于转子机，并于1921年申请了专利的爱德华·赫伯恩（Edward Hugh Hebern），1918年在德国递交专利申请的亚瑟·谢尔比乌斯（Arthur Scherbius），1919年在荷兰申请了专利的雨果·科赫（Hugo Alexander Koch），以及同样于1919年在瑞典提交专利申请的阿尔维德·格哈德·达姆（Arvid Gerhard Damm）。有证据表明，科赫搞到过亨格尔和斯宾格勒的专利申请早期的一份草稿，而且还可能给谢尔比乌斯看过，这两个人后来有密切的业务往来。赫伯恩、达姆，可能还有谢尔比乌斯，似乎是独立于荷兰发明家提出了自己的发明。

转子机的思路是通过导线以电动方式实现单表替换。圆盘的每一面跟字母表中的每一个字母都有一个接触点，导线的某种复杂设置则将左面和右面的接触点 ——联接，如图2.6所示。目前为止这只是阿尔伯蒂密码盘的电子版本。不同之处在于转子旋转时的行为。

图 2.6 拆开的转子，可以看到其中的接线

举个例子，假设转子的导线设置成以3为密钥的乘法密码，就可以得到表格：

明文	a	b	c	d	e	f	g	h	i	j	...	y	z	
数字	1	2	3	4	5	6	7	8	9	10	...	25	26	
乘以3	3	6	9	12	15	18	21	24	1	4	...	23	26	
密文	C	F	I	L	O	R	U	X	A	D	...	W	Z	64

同样也可以得到公式：

$$C \equiv 3P \pmod{26},$$

以及如图2.7所示的原理图。

现在假设我们将转子旋转一位，如图2.8所示。注意在这里明文字母和密文字母都没有动，动的只有导线。这一操作我们可以理解成做了一次移位加密，然后是乘法加密，再然后是又移位回来。这个移位回来的操作就是与阿尔伯蒂密码盘有所不同之处。[20]

―――――――――――

[20] 原书下表有两处错误，分别是倒数第二行的第四个和第六个数字，此处已直接改为正确数字。――译者注

明文	a	b	c	d	e	f	g	h	i	...	x	y	z
数字	1	2	3	4	5	6	7	8	9	...	24	25	26
移位后明文	b	c	d	e	f	g	h	i	j	...	y	z	a
数字加1	2	3	4	5	6	7	8	9	10	...	25	26	1
乘以3	6	9	12	15	18	21	24	1	4	...	23	26	3
移位后密文	F	I	L	O	R	U	X	A	D	...	W	Z	C
减1	5	8	11	14	17	20	23	26	3	...	22	25	2
最终密文	E	H	K	N	Q	T	W	Z	C	...	V	Y	B

从这个过程中可以得到公式

$$C \equiv 3(P + 1) - 1 \pmod{26}.$$

通常情况下，当转子旋转 k 位之后，公式将变成

65

$$C \equiv 3(P + k) - k \pmod{26}.$$

这样倒腾似乎有点儿意思，但还说不上是改天换地。就算我们将转子连上机械装置，使它能对每一个明文字母都自动旋转一格，也不过是得到了特里特米乌斯逐行密码的版本之一。这里比特里特米乌斯的系统要好那么一丁点，因为密钥是转子的导线决定的，但转子每26个字母就回到开头，也就是说周期为26，这一事实让这个密码破解起来易如反掌。

如果再加进来一个以不同速度旋转的转子，那就开始有意思了。这个思路可以有好多种不同的安排，不过最常见的可能是每当第一个转子转了一整圈的时候，就让第二个转子转上1格。我们这个例子中，66 第二个转子就会每26个字母转上1格。

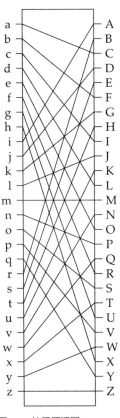

图 2.7　转子原理图

第二个转子又做了一遍替换，如图 2.9 所示。举个例子，如果第二个转子的导线设置等价于以 5 为密钥的乘法密码，那么对头 26 个字母来说，最终的替换规则就是

$$C \equiv 5(3(P + k) - k) \pmod{26}.$$

图 2.9 与图 2.10 给出了示例。对接下来的 26 个字母来说，最终的替换规则将是

$$C \equiv 5((3(P + k) - k) + 1) - 1 \pmod{26}.$$

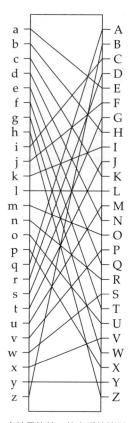

图 2.8　同一个转子旋转一位之后的情形

如图 2.11 和图 2.12 所示。数学家用符号 $\lfloor x \rfloor$ 来表示将 x 向下取最近的整数。采用这个符号，在给第 k 个字母加密时第二个转子就旋转了 $\lfloor k/26 \rfloor$ 格，替换规则为

$$C \equiv 5((3(P + k) - k) + \lfloor k/26 \rfloor) - \lfloor k/26 \rfloor \pmod{26}.$$

有了两个转子，两个都转完整圈回到开头之前就能加密 $26^2 = 676$ 个字母，因此周期是 676。跟一个转子的情况相比，这个密码要安全得多。还可以加进去第三个转子，每当第二个转子转完一整圈的时候就转动一格。这样一来，到加密第 k 个字母时，第一个转子转了 k 格，

第二个转了$\lfloor k/26 \rfloor$格，第三个则转了$\lfloor k/26^2 \rfloor$格。我们加进去的转子越多，密码的周期就会越长，而替换规则的公式也会越复杂。如果有s个转子，周期就会是26^s，而公式也会嵌套有s层那么深。

68

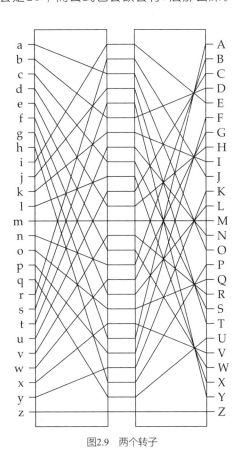

图2.9 两个转子

就算是这样，要破解转子系统也还是有章可循的。最早成功破解的技术是由盟军的密码学家在第二次世界大战前和第二次世界大战期间做出来的，特别是在波兰被入侵之前的波兰密码局，以及后来的布莱切利庄园，那里是英国政府开设的密码与代码学校。波兰人发现，德国军方采用了一种叫作"恩尼格玛"的密码机。这是由谢尔比乌斯发明的转子系统的改进版，也由他的公司进行商业销售。军用的基础版本有三个转子，可以任何顺序插入。在这三个转子的远端还有

一个反射器转子，这个转子会再进行一次替换，并通过前面三个转子

69 把电流又传回去，这样总共就有了7次替换。反射器也使密码可以互换。最后，在键盘和转子之间还有个插板，这又增加了一次替换。在图2.13中可以看到整个系统。恩尼格玛的密钥设置包括转子的顺序、每个转子的初始位置、每个转子上使下一个转子转动一格的位置，以及插板上的设置。

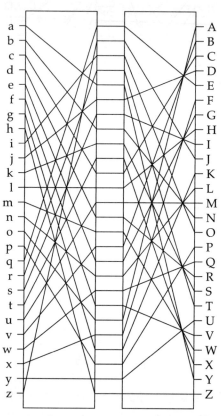

2.10　同样的两个转子，第一个转子旋转了一格，以便加密第二个字母

　　破解转子系统的第一步是搞清楚转子是怎么布线的。早期的努力利用了德国人使用的密钥指示器加密后的特殊性来确定转子的初始位置，恩尼格玛操作员犯的错误，以及从德国线人那里秘密购得的信息。

70 后来，缴获的密码机、转子以及操作说明也在确定转子布线上起了一

些作用。一旦搞清楚了转子的布线，再要确定关键设置基本上就是运用加密过的指示器和可能的字词来排除一些不可能的设置，并对剩下的部分发起蛮力攻击。对转子系统的布线和关键设置更为现代的攻击手段会用到已知明文攻击，以及对于给定转子的位置我们还可以选出一组加密设置完全相同的字母来这一事实。

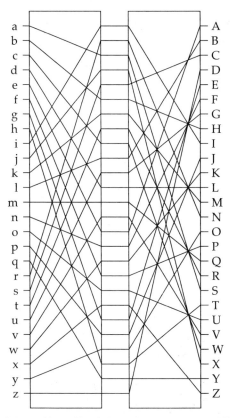

图 2.11　同样的两个转子，第二个转子旋转了一格，以便加密第 26 个字母

在我们前面提到过的跟发明转子机有关的六个人里面，没有一个人真正从销售这一发明中获利。凡·亨格尔和斯宾格勒对科赫的专利提出了质疑，直到 1923 年他们的最终申诉也被否决。申诉委员会的主席与他们最开始申请专利却被搁置时的海军部长是同一个人，这不能不令人疑窦丛生。赫伯恩组建了一家公司来推销他的机器，并在 20

71

世纪20年代后期和30年代前期成功地向美国海军销售了小部分产品。见过赫伯恩机器的政府密码技术员随后开发出了自己更加安全的版本，也就是得到广泛应用的西加巴（SIGABA）密码。赫伯恩的贡献没有得到补偿。他的诉讼到1958年在遗产中才得到解决，但对他应得的补偿来说只是聊胜于无。科赫从未基于他自己的设计造出一架机器来，最后他将自己的专利权卖给了谢尔比乌斯，而在恩尼格玛成功之前，他就已经辞世。谢尔比乌斯自己成立了一家公司，卖出去了几台商用的恩尼格玛，也卖了几台给德国军方，但他也是在希特勒大肆扩张德国军队之前就去世了，没能看到后来出现的对恩尼格玛的广泛需求。

72

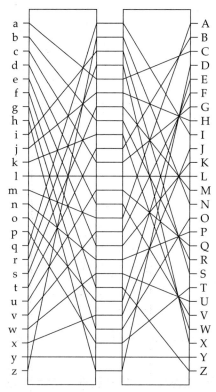

图 2.12　同样的两个转子，各自旋转了一格，以便加密第 27 个字母 [21]

---

[21]　第一个转子一整圈应该是加密了26个字母，图2.11和图2.12应该分别对应第27个和第28个字母才对，不过此处不影响理解。——译者注

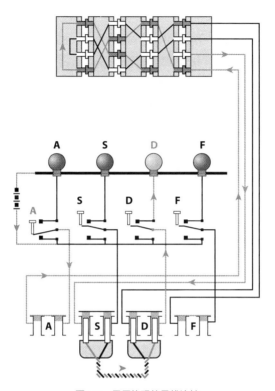

图2.13 恩尼格玛的导线连接

阿尔维德也成立了一家公司，但也在公司取得成功之前就与世长辞。他这家公司实际上跟密码打字机有限公司是同一家，后来由鲍里斯、哈格林接管。我们在前面已经看到，哈格林放弃了转子机，转而致力于转轮机。哈格林和他的这家公司，通过第二次世界大战前后售出的商用机器、德国入侵之前卖给法国军方的机器，当然还有美国军方的M–209型机器，挣了好几百万美元。

2.9 展望

在第一章结尾时我说过，到第五章我们会将现代密码分为两种类型，即分组密码和序列密码。其中，分组密码可以看成是多字密码的一种形式。与此类似，将序列密码说成是一种多表密码也不能算是

夸大其辞。实际上，自动密钥密码是最早可以称为序列密码的，其发明与本章说到的多表密码[22]是在同一时代，也是由同样的人发明的。本章提及的密码基本上都有一个重复密钥，周期或长或短。我们会看到，现代序列密码的目标是周期非常长，理想情况下则是完全不重复。跟现代分组密码一样，现代序列密码使用的"字母表"也是由0和1组成，而不是人类用于书写的那些字母。

作为本章的特别密码，同音密码挺有意思，因为这是概率加密的一种早期形式，在这里同样的明文和密钥可能得出不同的密文，这取决于某些随机因子。在第八章，我们会谈到概率加密的另一个例子。我也跟大家介绍了阿尔伯蒂密码，主要是为了将同音密码和表格法密码串联起来。每一个字母都换一次密码字母表，只比按随机间隔更换字母表安全点。

逐行系统同样十分重要，因为这是重复密钥表格法密码的先声。转轮机和转子机只是周期极长的重复密钥密码，并被普遍认为在安全性方面最为先进，直到20世纪中期发明出现代电子设备。即便如此，73 最早的电子密码设备仍然基本上是在尝试生成周期极长的重复密钥，并使之与由0和1组成的字母表相结合。

就密码分析而言，本章最重要的思想肯定得算是重合指数。φ检验与κ检验都是对字母表中的字母及其频率有效，因此不能直接应用于现代密码。然而，重合指数是相关性思想在密码分析领域的最早运用，因此至关重要。为了运用相关性，密码分析人员将两组不同的频率进行统计比较，或是将一组频率与其自身的变化后的形式进行统计比较。目标是能够找出规律，得到关于加密过程的信息。在第五章，我会讲到一种攻击，是将密码中的中间值频率分布与密文值相比较，以期得出与密钥有关的信息，这就是相关攻击，其在密码分析人员中间赫赫有名。相关性的思路在别的领域也同样风生水起。比如说，由

---

[22] 原文此处为"多字密码"，但据文意，似乎应该是多表密码。——译者注

序列密码产生的密钥流必须能通过一些特定的随机性检验，才能保证对密码分析来说够难。检验之一是自相关，也就是密钥流与其自身移位后的形式之间的相关性越小越好。同一想法的其他应用还有，拿明文频率与密文频率相比较，或是不同密文频率之间互相比较。在这些比较中找出规律，是用于攻击现代密码的重要手段之一。

　　卡西斯基检验很少用于攻击现代序列密码，原因正如我所说，现代序列密码的目标是很少甚至根本不重复。但是，有的时候周期结果并没有应有的那么长。也有可能尽管整个密钥并没有重复，密钥中间却有大段重复。在这些情况下，卡西斯基检验也能在现代密码面前大显神威，就像在表格法密码面前一样。出于类似的原因，本章中用到的通过叠置将密文还原成单表密码的手法，也很少用于攻击现代密码。不过，我们会在第五章看到叠置的其他形式，那些形式会在攻击序列密码时成为强大工具，尤其是在密码使用不当的时候。可悲的是，使用不当的事仍然时常发生。　74

第三章

换位密码

3.1　这就是斯巴达！密码棒

到目前为止我们见过的所有密码都是替换密码，也就是一个字母或字母组被替换成另一个字母或字母组。现在我们来看看另一种思路：跟换掉字母不一样的是，我们"只是"把这些字母搬来搬去。

跟替换密码一样，这一思路也至少可以追溯到古典时代[23]。有记载的第一个例子可能是斯巴达密码棒（Scytale，这个词的读音来自意大利语，然而这是个希腊语词汇而不是意大利语。这个c字母在英语中通常不发音，但对这个古希腊词来说，skytale大概才是更准确的音译写法）。这种密码设备应当是古代斯巴达人用的，至少可以上溯到斯巴达将军吕山德（Lysander）那个时候，但这整个思路是不是更晚近的时候才成型，还是个略有争议的问题。

Scytale字面上的意思是拐杖或者棍子，至于怎么把这么一根棍子当成加密设备来用，最早的描述来自罗马历史学家普鲁塔克（Plutarch），晚于吕山德好几个世纪：

这种发送出去的卷轴有以下特征。每当五督政官（多多少少相当于斯巴达市政议会）外派一位将领的时候，他们就会找来两根圆木棍，长短和

---

[23]　"古典时代"是对希腊罗马世界（以地中海为中心，包括古希腊和古罗马等一系列文明）长期文化史的一个广义称谓。通常认为古典时代开始于古希腊最早的文字记录并一直延伸到基督教出现以及罗马帝国的衰落。在这段时期，古希腊、古罗马文明十分繁荣，对欧洲、北非、中东等地区有巨大影响。——译者注

粗细都完全一样，也就是说这两根木棍的尺寸完全相同。五督政官会留下一根在自己手里，另一根交给外派的人。这种木棍就叫"密码棒"。只要想发送秘密而重要的信息，他们就会做出一卷又细又长的羊皮纸来，有点像一条皮带，然后将纸卷绕着这根密码棒卷起来，每圈之间不留任何空隙，完全用这卷羊皮纸把密码棒严严实实裹住。卷好之后，他们会在上面写下 75 想要发出去的信息，写的时候一直就这样裹着。写好信息之后，再将羊皮纸卷取下来，派人送给将领，不带这根木棍。然而在将领收到纸卷的时候，他也没办法从中看出任何含义，这是因为字母打乱重排了，相互之间毫无关联。只有当他拿出自己的密码棒，并将羊皮纸卷绕着密码棒卷起来的时候，只有绕着圈儿卷的这个过程做到位了，而且下一圈都跟前面一圈紧密相连，他才能把这段内容绕着棍子读出来，并发现信息是连着的。这卷羊皮纸跟这根棍子一样，也叫作密码棒，因为被测量的东西也会有测量工具的名字。

　　我们最好还是用图像来描述这个系统，就像图3.1那样。

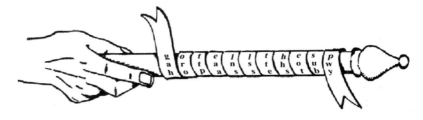

图 3.1 斯巴达密码棒

　　当然，就算不用那么一根木棍，爱丽丝和鲍勃多少也能完成同样的过程。假设木棍的一圈仅够容纳3个字母，长度也仅够缠上11圈纸条，那爱丽丝实际上就有了一个3×11的网格，她可以在网格中写下明文字母。如果信息未能填满网格，她可以在剩下的格子里写上空白

符号。[24]

```
→  g  o  t  e  l  l  t  h  e  s  p  →
→  a  r  t  a  n  s  t  h  o  u  w  →
→  h  o  p  a  s  s  e  s  t  b  y  →
```

76 　　请注意，如果爱丽丝真的是在一根密码棒上写，那这里的每一列就都是纸条上不同的一圈。接下来爱丽丝顺着每一列往下读而不是横着读，也不要把纸条展开，就能得到如下密文：

```
↓  ↓  ↓  ↓  ↓  ↓  ↓  ↓  ↓  ↓  ↓
g  o  t  e  l  l  t  h  e  s  p
a  r  t  a  n  s  t  h  o  u  w
h  o  p  a  s  s  e  s  t  b  y
↓  ↓  ↓  ↓  ↓  ↓  ↓  ↓  ↓  ↓  ↓
```

也就是：

GAHOR OTTPE AALNS LSSTT EHHSE OTSUB PWYAZ

　　用这样的矩形来得出斯巴达密码的方法，通常叫作纵行换位。传统上还会将密文随意分为五个字母一组，就像在2.2节那样。最后一组还会填上空白符号，以便隐去信息的真实长度。在后面几章中我们还会看到，不能让伊芙一眼就能看出哪些字母是空白符号。

　　这种密码有密钥吗？按照普鲁塔克的说法，我们需要"两根圆木棍，长短和粗细都完全一样"，一根给爱丽丝一根给鲍勃。就目前我们所知道的来说，对长短的要求并不需要像对粗细那样严格。如果伊芙

---

[24] 此处明文意为"路过的异乡人啊，请带话给斯巴达人"，是温泉关铭文中的一句。——译者注

想用比如说一圈有四个而不是三个字母的木棍来解密这道密文，那当她把纸条缠起来就会得到

$$
\begin{array}{ccccccccc}
\downarrow & \downarrow & \downarrow & \downarrow & \downarrow & \downarrow & \downarrow & \downarrow & \downarrow \\
G & R & P & L & S & E & E & U & Y \\
A & O & E & N & S & H & O & B & A \\
H & T & A & S & T & H & T & P & Z \\
O & T & A & L & T & S & S & W & \\
\downarrow & \downarrow & \downarrow & \downarrow & \downarrow & \downarrow & \downarrow & \downarrow & \downarrow
\end{array}
$$

换句话说，密文是竖着按列写横着按行读的。你也能看到，这里伊芙要是横着读，什么都读不出来。

但是，如果鲍勃用正确的木棍或是网格来解密这道密文，竖着按列写下密文之后就可以得到

77

$$
\begin{array}{cccccccccccc}
\downarrow & \downarrow & \downarrow & \downarrow & \downarrow & \downarrow & \downarrow & \downarrow & \downarrow & \downarrow & \downarrow & \downarrow \\
G & O & T & E & L & L & T & H & E & S & P & A \\
A & R & T & A & N & S & T & H & O & U & W & Z \\
H & O & P & A & S & S & E & S & T & B & Y & \\
\downarrow & \downarrow & \downarrow & \downarrow & \downarrow & \downarrow & \downarrow & \downarrow & \downarrow & \downarrow & \downarrow &
\end{array}
$$

最后一列并不完整，因此鲍勃可以知道，这一列肯定是空白符号。鲍勃将这一列丢开之后就可以横着按行读出明文，毫无压力。

所以，斯巴达密码棒的密钥就是木棍的周长，也就相当于网格中有多少行，在本例中就是 3。请注意，如果爱丽丝没有在信息中填充空白符号，对伊芙来说要猜出密钥来就太容易了。伊芙会知道，密文中的这 33 个字母能完全填满一个矩形网格，因此一共就只有四种可能：1×33，3×11，11×3，以及 33×1。其中第一个和最后一个不足挂齿，因此对伊芙来说简直就是小儿科。

3.2　栅栏与路径：几何换位密码

　　当然，一旦想到可以在矩形中按行书写信息，那除了仅仅按列读出来，你还有很多其他的事情可以做。帕克·希特（Parker Hitt）上校是第一次世界大战期间美国军中一本密码学手册的作者，他列举了以下可以从矩形中读出信息的方法，请注意每一种方法都可以从四个角中的任意一角起头：普通水平法（其中包括了无用密码，就是从左上角开始）、普通竖直法（其中包括了斯巴达密码棒，也是从左上角开始）、交替水平法（从左到右和从右到左交替读取）、交替竖直法、普通对角线法、交替对角线法、顺时针螺旋法、逆时针螺旋法，等等。这些方法都可以在取自希特手册的图3.2中看到。

(a) 普通水平法
```
ABCDEF  FEDCBA  STUVWX  XWVUTS
GHIJKL  LKJIHG  MNOPQR  RQPONM
MNOPQR  RQPONM  GHIJKL  LKJIHG
STUVWX  XWVUTS  ABCDEF  FEDCBA
```

(b) 普通竖直法
```
AEIMQU  DHLPTX  UQMIEA  XTPLHD
BFJNRV  CGKOSW  VRNJFB  WSOKGC
CGKOSW  BFJNRV  WSOKGC  VRNJFB
DHLPTX  AEIMQU  XTPLHD  UQMIEA
```

(c) 交替水平法
```
ABCDEF  FEDCBA  XWVUTS  STUVWX
LKJIHG  GHIJKL  MNOPQR  RQPONM
MNOPQR  RQPONM  LKJIHG  GHIJKL
XWVUTS  STUVWX  ABCDEF  FEDCBA
```

(d) 交替竖直法
```
AHIPQX  DELMTU  XQPIHA  UTMLED
BGJORW  CFKNSV  WROJGB  VSNKFC
CFKNSV  BGJORW  VSNKFC  WROJGB
DELMTU  AHIPQX  UTMLED  XQPIHA
```

(e) 普通对角线法
```
ABDGKO  GKOSVX  OKGDBA  XVSOKG
CEHLPS  DHLPTW  SPLHEC  WTPLHD
FIMQTV  BEIMQU  VTQMIF  UQMIEB
JNRUWX  ACFJNR  XWURNJ  RNJFCA
```
```
ACFJNR  JNRUWX  RNJFCA  XWURNJ
BEIMQU  FIMQTV  UQMIEB  VTQMIF
DHLPTW  CEHLPS  WTPLHD  SPLHEC
GKOSVX  ABDGKO  XVSOKG  OKGDBA
```

(f) 交替对角线法
```
ABFGNO  GNOUVX  ONGFBA  XVUONG
CEHMPU  FHMPTW  UPMHEC  WTPMHF
DILQTV  BEILQS  VTQLID  SQLIEB
JKRSWX  ACDJKR  XWSRKJ  RKJDCA
```
```
ACDJKR  JKRSWX  RKJDCA  XWSRKJ
BEILQS  DILQTV  SQLIEB  VTQLID
FHMPTW  CEHMPU  WTPMHF  UPMHEC
GNOUVX  ABFGNO  XVUONG  ONGFBA
```

(g) 顺时针螺旋法
```
ABCDEF  LMNOPA  IJKLMN  DEFGHI
PQRSTG  KVWXQB  HUVWXO  CRSTUJ
OXWVUH  JUTSRC  GTSRQP  BQXWVK
NMLKJI  IHGFED  FEDCBA  APONML
```

(h) 逆时针螺旋法
```
APONML  NMLKJI  IHGFED  FEDCBA
BQXWVK  OXWVUH  JUTSRC  GTSRQP
CRSTUJ  PQRSTG  KVWXQB  HUVWXO
DEFGHI  ABCDEF  LMNOPA  IJKLMN
```

图 3.2　运用矩形进行换位的各种方法

除了基于矩形的换位，弗里德曼1941年的手册还添加了基于梯形、三角形、十字架乃至之字形等形状的换位密码。你可能自己也曾见过其中一些，比如说栅栏密码，就是将信息沿着之字形写成两条（或更多条）线，然后按行读取。

78

明文[25]

t e a l p i t r o p e i e t

h r i s l t e f r r s d n

密文：TEALP ITROP EIETH RISLT EFRRS DN

希特注意到，栅栏密码"不允许有任何变形（也就是说，不存在密钥），因此只要知道加密方法，读起来就几乎跟直接读明文一样简单"。实际上，希特还指出纯粹的几何密码没有一个是十分安全的，因为"这些密码完全不依赖密钥，因此无法随时随地做出改变"。

79

矩形密码有一种稍微复杂一点同时也更安全一点的变形，就是路径密码。在路径密码中，某种密钥可以告诉你如何从矩形中读出你所需要的信息。在历史上，这种密码常常作为一种代码－密码的混合形式来使用，完整的单词写在矩形网格的格子里。据说阿盖尔伯爵（Earl of Argyll）1685年起义反抗国王詹姆斯二世时用过这种密码，但对美国人来说最有名的是南北战争期间联邦军队曾经将这种密码用于电报系统。下面这个例子是1863年6月1日由亚伯拉罕·林肯发送的：

GUARD ADAM THEM THEY AT WAYLAND BROWN FOR

---

[25] 此处明文意为"劈开木头的人竞选总统"，是亚伯拉罕·林肯参加1860年总统竞选时的宣传语之一，因为林肯早年曾做过伐木工人。——译者注

KISSING VENUS CORRESPONDENTS AT NEPTUNE ARE OFF
NELLY TURNING UP CAN GET WHY DETAINED TRIBUNE
AND TIMES RICHARDSON THE ARE ASCERTAIN AND YOU
FILLS BELLY THIS IF DETAINED PLEASE ODOR OF LUDLOW
COMMISSIONER

根据当时战争部门在用的密码密钥，密钥单词 GUARD 意味着这些单词应该在网格中写成七行，每行五个单词，而书写的路径是：第一列往上写，第二列往下写，第五列往上写，第四列往下写，第三列往上写，而且每一列的结尾都有一个空白符号。这样我们就得到

	~~kissing~~	~~Commissioner~~		~~Times~~
For	Venus	Ludlow	Richardson	and
Brown	correspondents	of	the	Tribune
Wayland	at	odor	are	detained
at	Neptune	please	ascertain	why
they	are	detained	and	get
them	off	if	you	can
Adam	Nelly	this	fills	up
			belly	turning

相信你也可以看出来，空白符号往往经过选择，使之与前后的单词连起来看也有意义，或者很搞笑。这个密码的特殊之处还在于，Venus是Colonel的代码，Wayland意思是captured，odor 意思是Vicksburg，Neptune 代表 Richmond，Adam是美国总统，而Nelly则表示本条消息发送于下午四点半。一旦网格填好了，也应该能清楚地看到最后一行的最后三个单词也是空白符号，这样一来就可以得到以下明文：

For Colonel Ludlow. Richardson and Brown, correspondents of the Tribune, captured at Vicksburg, are detained at Richmond. Please ascertain why they are detained and get them off if you can. The President, 4:30 p.m.

明文大意:

致拉德洛上校:理查德森和布朗是《论坛报》的两位记者,他们在维克斯堡被俘,并关押在里士满。请查明他们为何被关押,如有可能,请予释放。总统,下午四点半

3.3 排列与排列密码

除了主要基于二维或三维的几何图形或物件的密码之外,换位密码还有别的类型。成百上千年以来的抄写员可能都会通过将单词中的字母打乱来自娱自乐,但最早对不使用几何方法的换位进行系统描述的,似乎跟我们在1.5节提到过的肯迪是同一个人,他介绍了在单词之内乃至一行之内进行换位的多种方法。

伊本·杜拉辛(Taj ad-Din Ali ibn adDuraihim ben Muhammad ath-Tha'alibi al-Mausili)由此发散出了更多方法。他描述了换位密码的24种变化形式,包括将所有单词反向书写,将信息中的相邻字母互换等。后一种方法用英语来示例的话,爱丽丝可以将明文"Drink to the rose from a rosy red wine(为玫瑰红葡萄酒中的玫瑰干杯)"写成下面的样子:

明文	dr	in	kt	ot	he	ro	se	fr	om	ar	os	yr	ed	wi	ne
密文	RD	NI	TK	TO	EH	OR	ES	RF	MO	RA	SO	RY	DE	IW	EN

这样做有什么重大意义吗？我们看到的是第一个排列密码的明确范例。在数学中，排列是指以任意特定方式对某些集合中的元素重新排序。举个例子，考虑能将

81

ruby wine（红葡萄酒）

变成

UYBR IENW

的密码。每四个字母为一组，每组中第一个密文位放的是第二个明文字母，第二位密文放第四位明文，第三位保持不变，而第四位密文那里放的是明文字母中的第一个。数学家需要用符号表示这一排列时有多种方法，不过以下这种极为常见：

$$\begin{pmatrix} 1 & 2 & 3 & 4 \\ 2 & 4 & 3 & 1 \end{pmatrix}.$$

按同样的思路，伊本·杜拉辛的排列可以写成：

$$\begin{pmatrix} 1 & 2 \\ 2 & 1 \end{pmatrix}.$$

排列密码的密钥就是所用到的排列。通常我们会选一个密钥单词用于记住这个排列。爱丽丝在明文上方写下密钥单词中的字母，就像在2.4节的表格法密码中那样：[26]

密钥单词	TALE	TALE	TALE	TALE	TALE	TALE	TALE	TALE	TALE	TALE
明文	theb	attl	eand	thes	word	thep	aper	andt	hepe	nllu

---

[26] 此处明文是阿拉伯历史上最伟大的诗人穆太奈比（Al-Mutanabbi，915~965 C.E.）的诗句，大意为"战斗与宝剑、纸与笔"，在此略同于"留取丹心照汗青"之意。——译者注

接下来，爱丽丝按照字母顺序将密钥单词中的字母写成数字：

	4132	4132	4132	4132	4132	4132	4132	4132	4132	4132
密钥单词	TALE	TALE	TALE	TALE	TALE	TALE	TALE	TALE	TALE	TALE
明文	theb	attl	eand	thes	word	thep	aper	andt	hepe	nllu

请注意，4132这组数字给了我们另一种方法来表示这一排列。

密钥单词的长度决定了每个分组的长度（在本例中为4个字母）以及在每个分组中，密文字母以跟密钥字母所对应数字一样的顺序读取。

82

	4132	4132	4132	4132	4132	4132	4132	4132	4132	4132
密钥单词	TALE	TALE	TALE	TALE	TALE	TALE	TALE	TALE	TALE	TALE
明文	theb	attl	eand	thes	word	thep	aper	andt	hepe	nllu
密文	HBET	TLTA	ADNE	HSET	ODRW	HPET	PREA	NTDA	EEPH	LULN

爱丽丝在将信息发给鲍勃之前，还可以去除空格或是改变字母分组的长度，这样伊芙就更难猜出来排列的长度了。因此，最终密文就成了这样：

HBETT LTAAD NEHSE TODRW HPETP REANT DAEEP HLULN

那解密如何进行呢？要解密，你就得将密文字母"反排列"。这里应该能让你想起我们在1.3节末尾提到过的关于逆元的思路。实际上，每个排列都有自己的逆排列可以抵消排列产生的影响。这里有一种方法可以找出逆排列。如果鲍勃有以下加密排列：

$$\begin{pmatrix} 1 & 2 & 3 & 4 \\ 2 & 4 & 3 & 1 \end{pmatrix}.$$

首先鲍勃将两行对调：

$$\begin{pmatrix} 2 & 4 & 3 & 1 \\ 1 & 2 & 3 & 4 \end{pmatrix}.$$

随后按照上面那行重新排序各列：

$$\begin{pmatrix} 1 & 2 & 3 & 4 \\ 4 & 1 & 3 & 2 \end{pmatrix}.$$

因此，以下排列

$$\begin{pmatrix} 1 & 2 & 3 & 4 \\ 2 & 4 & 3 & 1 \end{pmatrix}$$

的逆排列就是，第一个位置放入原来的第四个字母，第二个位置放原来的第一个字母，第三个位置保持不变，而第四个位置放入原来的第二个字母。

你可以通过解密下面的密文来练习一下：[27]

83

HDETS REEKO NTSEM WELLW

这道密文也是用跟前面一样的密钥（对应于密钥单词 tale）来加密的哟。

排列密码有没有坏密钥？思考一番这个问题也是值得的。考虑如下排列：

$$\begin{pmatrix} 1 & 2 & 3 & 4 \\ 4 & 1 & 1 & 3 \end{pmatrix}.$$

---

[27] 若正确解密将发现此处明文出自穆太奈比的同一首诗，是前面那句明文的上一句，大意为"只有沙漠最懂得我"。——译者注

这里似乎说的是，第一个密文位置得到的是第四个明文字母，第二个和第三个位置都是第一个字母，第四个位置得到第三个字母，而第二个字母看来是被弃置一旁了。用这个密码加密的话，以下明文[28]

garb agei ngar bage outx

就会变成

BGGR IAAE RNNA EBBG XOOT.

学术上我们不能称其为排列，更一般地，数学家会称之为从位置映射到字母的函数。这个函数没有反函数，因为一旦我们扔掉了第二个字母，通常就没办法再找回来了。好在很容易就能说清楚哪些函数是排列哪些又不是排列，只需要确保每个字母都刚好用到一次就行了。

那么，如果所有排列都是好密钥，一共会有多少个呢？如果我们用的是4个字母一组，那将第一个字母放在第一、第二、第三或是第四个位置都可以。第二个字母可以放到剩下三个位置中的任意一个，第三个字母还剩下两个去处，而最后一个字母就只剩下唯一的选择了。因此，4个字母为一组共有 $4 \times 3 \times 2 \times 1 = 24$ 种排列。一般来讲，如果是 n 个字母为一组，总的排列数目就是

$$n \times (n-1) \times (n-2) \times \cdots \times 3 \times 2 \times 1$$

其中包括无用排列，自然就是会产生无用密码的那种排列。数学家用符号 $n!$ 来表示上面这个总数，并称之为 n 的阶乘。阶乘增大得非常快，比如 $12! = 479\,001\,600$，因此如果以12个字母为一组，就

---

[28] 此处明文意为"废料进，废品出"，最后一位是空白符号。这句话是计算机科学与信息通信技术领域的一句习语，说明了如果将错误的、无意义的数据输入计算机系统，计算机自然也一定会输出错误、无意义的结果。——译者注

84　会有479 001 600种不同的排列密码。也跟我们前面已经讨论过的密码一样，要破解排列密码，有比蛮力攻击要好得多的办法，我们会在3.6节和3.7节中介绍一些。

前面似乎说到不是排列的那些函数并不好用于加密和解密，但是我得说这也不是那么绝对。无论如何，有的字母被弃置一旁，针对这一点我们得做点什么。解决方法就是用扩展函数加密，这个函数带给我们的字母比一开始的要多，这样就算有些字母在加密时被丢开，也还是无伤大雅。比如说，考虑能将下列明文

$$westw\ ardho$$

变成以下密文

$$SEWTEW\ DROHRA$$

的密码。用我们前面的符号来写，这个密码对应的函数就是

$$\begin{pmatrix} 1 & 2 & 3 & 4 & 5 & 6 \\ 3 & 2 & 5 & 4 & 2 & 1 \end{pmatrix}.$$

请注意，在上一行中对应于每一个密文字母都必须有一个数字，因此上一行的数字比明文要多。上一行的数字会有一个或多个不出现在下一行中，但对应于明文中的每一个数字，下一行都必须有一个数字与之对应。数学家通常将这样的函数叫作满射函数，但在密码学中还是叫成扩展函数更恰如其分一些。如果爱丽丝出于某些原因需要以特定数目的字母为一组，比如构造乘积密码中的某一步，这时候这种扩展函数加密就能大显神威了，再或者就是爱丽丝想要迷惑伊芙，但又不想用过于随机的空白符号来糊弄。

那鲍勃又要怎么解密这种密码呢？在解密的时候，鲍勃可就真的想扔掉一些字母了，因为有些字母是副本。例如，他可以用如下函数

解密前面的密码： 85

$$\begin{pmatrix} 1 & 2 & 3 & 4 & 5 \\ 6 & 2 & 1 & 4 & 3 \end{pmatrix}.$$

这回对应于明文的每个字母，在上一行都有一个数字，而下一行可以跳过密文中某些数字。然而，在下一行中确保没有数字重复出现很重要，要不然密文中某些字母我们就得用两次了。数学家把这样的函数叫作单射函数，密码学家则称之为压缩函数。如果注意到第二个位置和第五个位置的密文字母总是一样的，鲍勃用如下函数解密也会有相同的结果：

$$\begin{pmatrix} 1 & 2 & 3 & 4 & 5 \\ 6 & 5 & 1 & 4 & 3 \end{pmatrix}.$$

因为扩展函数并不是排列，也并不真正存在逆运算，所以这里会得出两个解密函数。在下一节讨论过排列的乘积密码之后，我们再回到这个话题稍微多说一点。

3.4 排列乘积

我希望到现在你们多少能够猜出来，要是我们用两个不同的排列密码加密两次会出现什么结果。我们来看看会发生什么：如果爱丽丝先用密钥单词tale来加密自己的信息，也就是用下面的排列

$$\begin{pmatrix} 1 & 2 & 3 & 4 \\ 2 & 4 & 3 & 1 \end{pmatrix},$$

随后她接着用密钥单词poem再加密一次，也就是用下面的排列

$$\begin{pmatrix} 1 & 2 & 3 & 4 \\ 3 & 4 & 2 & 1 \end{pmatrix}.$$

86

	4132	4132	4132	4132	4132
密钥单词	TALE	TALE	TALE	TALE	TALE
明文	theb	attl	eand	thes	ward
第一道密文	HBET	TLTA	ADNE	HSET	ODRW

	4312	4312	4312	4312	4312
密钥单词	POEM	POEM	POEM	POEM	POEM
第一道密文	hbet	tlta	adne	hset	odrw
第二道密文	ETBH	TALT	NEDA	ETSH	RWDO

	4132	4132	4132	4132	4132
密钥单词	TALE	TALE	TALE	TALE	TALE
明文	thep	aper	anst	hepe	nllu
第一道密文	HPET	PREA	NTDA	EEPH	LULN

	4312	4312	4312	4312	4312
密钥单词	POEM	POEM	POEM	POEM	POEM
第一道密文	hpet	prea	ntda	eeph	luln
第二道密文	ETPH	EARP	DATN	PHEE	LNUL

如果伊芙既能看到密文也能看到明文，她很快就会发现这就跟爱丽丝只用下面的密钥加密一次是一样的：

$$\begin{pmatrix} 1 & 2 & 3 & 4 \\ 3 & 1 & 4 & 2 \end{pmatrix}.$$

数学家通常用乘积符号来表示上述关系：

$$\begin{pmatrix} 1 & 2 & 3 & 4 \\ 2 & 4 & 3 & 1 \end{pmatrix} \times \begin{pmatrix} 1 & 2 & 3 & 4 \\ 3 & 4 & 2 & 1 \end{pmatrix} = \begin{pmatrix} 1 & 2 & 3 & 4 \\ 3 & 1 & 4 & 2 \end{pmatrix}.$$

既然已经进入这个话题，我们不妨注意一下，

$$\begin{pmatrix} 1 & 2 & 3 & 4 \\ 2 & 4 & 3 & 1 \end{pmatrix} \times \begin{pmatrix} 1 & 2 & 3 & 4 \\ 3 & 4 & 2 & 1 \end{pmatrix}$$

与

$$\begin{pmatrix} 1 & 2 & 3 & 4 \\ 3 & 4 & 2 & 1 \end{pmatrix} \times \begin{pmatrix} 1 & 2 & 3 & 4 \\ 2 & 4 & 3 & 1 \end{pmatrix}$$

87

是不一样的。也就是说，排列的乘积不满足交换律。你要是不相信，可以试试将前面的明文先用密钥单词poem加密，再用密钥单词tale加密，你应该会得到不一样的密文。这个特点让排列密码的联合使用跟我们前面研究过的别的密码有了点区别。

我们还可以思考一下，一个排列密码与其逆排列的乘积会是什么。举个例子，

$$\begin{pmatrix} 1 & 2 & 3 & 4 \\ 2 & 4 & 3 & 1 \end{pmatrix} \times \begin{pmatrix} 1 & 2 & 3 & 4 \\ 4 & 1 & 3 & 2 \end{pmatrix} = \begin{pmatrix} 1 & 2 & 3 & 4 \\ 1 & 2 & 3 & 4 \end{pmatrix}.$$

一般来讲，排列与其逆排列的乘积是无用排列。这也合情合理，因为加密继之以解密当然应该使信息恢复本来面目。同样，

$$\begin{pmatrix} 1 & 2 & 3 & 4 \\ 4 & 1 & 3 & 2 \end{pmatrix} \times \begin{pmatrix} 1 & 2 & 3 & 4 \\ 2 & 4 & 3 & 1 \end{pmatrix} = \begin{pmatrix} 1 & 2 & 3 & 4 \\ 1 & 2 & 3 & 4 \end{pmatrix}.$$

这样也是合情合理的，因为我们会觉得逆排列的逆排列就应该是原来的排列。在这种情况下排列的乘积是满足交换律的。

扩展函数和压缩函数的表现就没有这么漂亮了。先加密再解密确实会带来无用排列：

$$\begin{pmatrix} 1 & 2 & 3 & 4 & 5 & 6 \\ 3 & 2 & 5 & 4 & 2 & 1 \end{pmatrix} \times \begin{pmatrix} 1 & 2 & 3 & 4 & 5 \\ 6 & 2 & 1 & 4 & 3 \end{pmatrix} = \begin{pmatrix} 1 & 2 & 3 & 4 & 5 \\ 1 & 2 & 3 & 4 & 5 \end{pmatrix}.$$

但这回交换顺序之后就不是那么回事了：

$$\begin{pmatrix} 1 & 2 & 3 & 4 & 5 \\ 6 & 2 & 1 & 4 & 3 \end{pmatrix} \times \begin{pmatrix} 1 & 2 & 3 & 4 & 5 & 6 \\ 3 & 2 & 5 & 4 & 2 & 1 \end{pmatrix} = \begin{pmatrix} 1 & 2 & 3 & 4 & 5 & 6 \\ 1 & 2 & 3 & 4 & 2 & 6 \end{pmatrix}.$$

这儿你也应该自己拿条信息试一试。技术性的区别在于扩展和压缩函数只是单向逆元关系而非真正双向互为逆元。在3.3节我们已经看到，对于同一个加密函数会有两个不一样的解密函数，反之亦然，都是出于同样的原因。对实际操作的影响就是，你只能用扩展函数进行加密，用压缩函数进行解密，而不能把顺序反过来。

但是要回答我们这一节一开始的问题，答案就是：就跟将两个重复密钥多表密码结合起来一样，结合起两个分组长度一样的排列密码，你只会得到同样这个长度的另一个排列密码。那如果结合两个分组长度不一样的排列密码呢？比如说，在用密钥单词TALE加密信息之后，爱丽丝还可以用密钥单词POETRY再次加密。

	4132	4132	4132	4132	4132	4132
密钥单词	TALE	TALE	TALE	TALE	TALE	TALE
明文	theb	attl	eand	thes	ward	thep
第一道密文	HBET	TLTA	ADNE	HSET	ODRW	HPET

	321546	321546	321546	321546
密钥单词	POETRY	POETRY	POETRY	POETRY
第一道密文	hbettl	taadne	hsetod	rwhpet
第二道密文	EBHTTL	AATNDE	ESHOTD	HWREPT

	4132	4132	4132	4132	4132	4132
密钥单词	TALE	TALE	TALE	TALE	TALE	TALE
明文	aper	anst	hepe	nllu	xgar	bage
第一道密文	PREA	NTDA	EEPH	LULN	GRAX	AEGB

	321546	321546	321546	321546
密钥单词	POETRY	POETRY	POETRY	POETRY
第一道密文	preant	daeeph	lulngr	axaegb
第二道密文	ERPNAT	EADPEH	LULGNR	AXAGEB

在这个例子中，爱丽丝得额外再加一些空白符号，好让结果对得上。

这跟就用一个排列来加密的结果是一样的吗？如果你仔细观察，你会发现这不可能是4个字母一组的排列，因为有些字母从其中一组"漏"到了别的组。对6个字母一组的排列来说同样如此。不过，既然这两个密钥单词每12个字母对齐一次，这样操作实际上相当于一个以12个字母为一组的排列。实际上，我们也可以把两个密钥单词的排列都写成12个字母的排列。对于密钥TALE，相应的排列密码是

$$\begin{pmatrix} 1 & 2 & 3 & 4 \\ 2 & 4 & 3 & 1 \end{pmatrix},$$

同样也可以写成

$$\begin{pmatrix} 1 & 2 & 3 & 4 & 5 & 6 & 7 & 8 & 9 & 10 & 11 & 12 \\ 2 & 4 & 3 & 1 & 6 & 8 & 7 & 5 & 10 & 12 & 11 & 9 \end{pmatrix}.$$

而对应于密钥POETRY，通常我们会将排列密码写成

89

$$\begin{pmatrix} 1 & 2 & 3 & 4 & 5 & 6 \\ 3 & 2 & 1 & 5 & 4 & 6 \end{pmatrix},$$

这个排列同样也可以写成

$$\begin{pmatrix} 1 & 2 & 3 & 4 & 5 & 6 & 7 & 8 & 9 & 10 & 11 & 12 \\ 3 & 2 & 1 & 5 & 4 & 6 & 9 & 8 & 7 & 11 & 10 & 12 \end{pmatrix}.$$

这样一来，乘积密码的密钥将是两个排列的乘积，也就是说

$$\begin{pmatrix} 1 & 2 & 3 & 4 & 5 & 6 & 7 & 8 & 9 & 10 & 11 & 12 \\ 2 & 4 & 3 & 1 & 6 & 8 & 7 & 5 & 10 & 12 & 11 & 9 \end{pmatrix} \times$$

$$\begin{pmatrix} 1 & 2 & 3 & 4 & 5 & 6 & 7 & 8 & 9 & 10 & 11 & 12 \\ 3 & 2 & 1 & 5 & 4 & 6 & 9 & 8 & 7 & 11 & 10 & 12 \end{pmatrix}$$

$$= \begin{pmatrix} 1 & 2 & 3 & 4 & 5 & 6 & 7 & 8 & 9 & 10 & 11 & 12 \\ 3 & 4 & 2 & 6 & 1 & 8 & 10 & 5 & 7 & 11 & 12 & 9 \end{pmatrix}.$$

分组长度不同的排列密码仍然跟重复密钥密码的表现一样，其中乘积密钥的长度就是初始密码长度的最小公倍数。也正如 2.7 节所说，只要伊芙没有猜到爱丽丝是怎么操作的，爱丽丝就相当于只用 10 个字母就达到了 12 个字母的密钥单词所具备的安全性。伊芙可能会意识到，用这样的乘积密码加密，比起真正用密钥单词有 12 个字母的排列密码加密，结果中的字母并没有混杂得那么厉害。当然也可以接着交替使用 4 个字母的密码和 6 个字母的密码来继续加密，直到字母混杂到你想要的任意程度，但真要是那样的话，爱丽丝和鲍勃也许还是直接用 12 个字母的密钥单词更好。

3.5 带密钥的纵行换位密码

到现在我们已经花了不少时间研究换位密码以及带密钥单词的换位密码。我得告诉你们，似乎并没有多少记录表明有谁在实践中运用这些密码。原因可能是，就算有人开始拟出一个带密钥单词的排列密码，他也马上会发现把排列密码和纵行换位密码结合起来至少跟前者一样安全，而后者并不需要他花更多气力。

我们再来看看前面用排列密码加密的一个例子，不过这次将文本用稍微有点不一样的方式排列起来：

明文	密文
4132	
TALE	
theb	HBET
attl	TLTA
eand	ADNE
thes	HSET
word	ODRW
thep	HPET
aper	PREA
andt	NTDA
hepe	EEPH
nllu	LULN

对爱丽丝来说，用这种方式来跟踪自己在明文中的位置似乎很方便。她只需要将密钥单词写出来一次，而如果她按行读取表格右侧，得到的就是跟之前一样的密文。不过，既然密文字母现在写成了矩形，那么将纵行换位应用于此并按列读取密文也是水到渠成的事情。这样就会得到下面的密文：

HTAHO HPNEL BLDSD PRTEU ETNER EEDPL TAETW TAAHN　91

也许你已经注意到，爱丽丝其实并不需要上面展示的表格中右侧的那些列。实际上她只需要直接按列往下读取左侧的内容，但顺序要根据密钥来定。她首先要读取的是标号为 1 的列，之后依次为标号 2、

3、4的列。这种乘积密码叫作带密钥的纵行换位密码，很显然是在约翰·福尔科纳（John Falconer）的一部密码学著作中首次出现的。福尔科纳是英国的密码学家，17世纪活跃于詹姆斯二世的宫廷，关于他我们所知甚少。他的著作在他死后的1685年才得以出版。在那之后，至少部分基于带密钥的纵行换位的密码在世界上某些地方得到重用，一直延续到了20世纪50年代。

鲍勃如果想快速解密信息，可以从在一张空白表格上方写下密钥单词和各列数字开始。将字母总数除以密钥长度，就能得出正确的行数。之后他可以按照密钥决定的顺序按列向下写出密文，最后再按行读出明文。

从安全性的角度来讲，带密钥的纵行换位密码并不真的比排列密码安全得多。纵行换位密码的关键是行数，或者是列数，因为只要知道信息的大致长度，通过行数或列数就都可以算出另一个。在带密钥的纵行换位密码中，列数仅仅取决于排列密码的密钥长度。因此，带密钥的纵行换位密码的数量，就完全跟排列密码一样多。在3.6节和3.7节我们还会看到，还有其他针对排列密码的攻击可以在带密钥的纵行换位密码上得到同样好的应用。

不过比起排列密码，带密钥的纵行换位密码还是有一大优势的。你应该还记得，两个加法密码的乘积是另一个加法密码，两个乘法密码得到的也是一个乘法密码，两个仿射密码还是带来一个仿射密码，而两个排列密码最终仍然生成一个排列密码，虽说结果的密钥长度可能不大一样。但是，两个带密钥的纵行换位密码的乘积却不再是带密钥的纵行换位，而且比起一次换位，这样换位两次一般来说更难破解。

想知道为什么，我们就来看一个非常简短的例子。其中的信息只
92 有9个字母，密钥也只有3位。[29]

---

[29] 此处明文意为"一场大战"。——译者注

3	1	2
a	g	r
e	a	t
w	a	r

我们首先应用下面的排列：

密钥	312	312	312
明文	agr	eat	war
第一道密文	GRA	ATE	ARW

上面也可以看成是将这样的排列

$$\begin{pmatrix} 1 & 2 & 3 & 4 & 5 & 6 & 7 & 8 & 9 \\ 2 & 3 & 1 & 5 & 6 & 4 & 8 & 9 & 7 \end{pmatrix}$$

用于9个字母。然后应用纵行换位：

第一道密文	第二道密文
GRA	GAA
ATE	RTR
ARW	AEW

这次换位同样也可以看成是对9个字母的如下排列：

$$\begin{pmatrix} 1 & 2 & 3 & 4 & 5 & 6 & 7 & 8 & 9 \\ 1 & 4 & 7 & 2 & 5 & 8 & 3 & 6 & 9 \end{pmatrix}.$$

注意到因为刚好是一个正方形，将换位进行两次就会自己抵消掉。这个排列密码的逆元刚好就是它本身。

现在继续我们的例子。让我们用另一个纵行换位来加密，密钥是前面那个的逆元。这回我要压缩一下步骤，因为你应该已经有点概念了。

2	3	1
G	A	A
R	T	R
A	E	W

记住我们在做的是什么操作：我们应用了两次互为逆元的排列，还交替使用了两次同样互为逆元的纵行换位。你大概会觉得，这些操作应该全都互相抵消。但事实并非如此。最后得到的密文是

ARW GRA ATE

这跟一开始的明文可不一样。

怎么会这样呢？还记得吧，我们结合两个排列密码的时候，顺序不同结果也会不同，这一点跟加法密码、乘法密码都不一样。因此，我们交替应用带密钥的排列密码和纵行换位时，实际上什么都不会抵消掉，结果反而会得到更加复杂的换位密码，要是两个矩形大小不一样，结果还会更复杂。（要了解更多细节，可参看补充阅读3.1。）

补充阅读3.1 实用虚无主义

如果仔细观察，你可能会注意到虽然我们的例子中两次将带密钥的纵行换位应用于3×3的方阵并没有得到明文，实际上却产生了不用纵行换位就能读出来的内容。在4.3节我会用最简单的方式解释一下为什么这里会用到函数的符号，因此，本篇补充阅读你留到4.3节之后再读也未尝不可。

首先，我们会用希腊字母来表示排列，因为数学家也经常这样干。

特别是，因为 π 是跟 ρ 相对应的希腊字母，所以经常会用来表示排列，这里 π 跟圆周率 3.14159 … 可没有丝毫关系。我们也会用 σ 表示与斯巴达密码棒对应的排列，因为 σ 是"斯巴达密码棒"一词的首字母。

现在我们用 π_n 表示密钥长度为 n 的排列密码，密钥究竟是什么无关紧要。例如，我们用于 3×3 方阵的排列密码就可以记为 π_3。同时，我们用 σ_{mn} 表示将明文写成 m 行，并通过 n 列读出密文的斯巴达密码。94 密钥长度为 n 的排列密码，其逆元会是另一个密钥长度为 n 的排列密码，我们可以记为 π_n^{-1}。根据"鞋袜"原则，将明文写成 m 行并从 n 列读出密文的密码，其逆元是首先将密文写成 n 列，再从 m 行读出明文，但这也跟写成 n 行再读成 m 列是一回事。因此，σ_{mn} 的逆元就是 σ_{nm}，而 σ_{33} 的逆元，或者说任何可以写成方阵的斯巴达密码的逆元都是它本身。之前我们还没引入函数符号的时候就已经看到这一点了。

现在来看一下我们的例子。首先，我们将明文按行写出来，并应用 π_3 排列。随后按列读出来，也就是应用 σ_{33}。接着我们再次将信息写成行，并应用 π_3^{-1}。最后，还要再应用一次 σ_{33}。因此，最终密文应该是

$$C_1 C_2 \cdots C_9 = \sigma_{33}\, \pi_3^{-1}\, \sigma_{33}\, \pi_3\, (P_1 P_2 \cdots P_9)$$

上面的式子能告诉我们什么呢？有一点我们已经很明确了，就是 $\pi_3^{-1}\, \sigma_{33}$ 与 $\sigma_{33}\, \pi_3^{-1}$ 并不一样，也正是因此两个斯巴达密码和两个排列密码没有相互抵消。不过，让我们多想一想 σ_{33}。还记得吧，σ_{33} 可以看成是写成三列读成三行，或者是写成三行读成三列。所以我们真正在做的，只不过是在把行和列颠来倒去而已。从这个角度去想，我们就能发现

$$\sigma_{33}\, \pi_3^{-1}\, \sigma_{33}$$

意味着我们要将行和列交换，对列进行排列，然后再次交换行和列。

如果这样操作,那么很清楚最后结果就应该是对这个文本的行与行进行交换。因此,

$$C_1 C_2 \cdots C_9 = \sigma_{33} \, \pi_3^{-1} \, \sigma_{33} \pi_3 \, (P_1 P_2 \cdots P_9)$$

就意味着对列应用 π_3 排列,然后再对行应用 π_3^{-1} 排列。实际上,这样完全不是纵行换位的搞法。你可以用我们的例子试一下:

明文			密文		
a	g	r	A	R	W
e	a	t	G	R	A
w	a	r	A	T	E

顺便提及,对矩形的行和列都进行排列操作的换位密码通常被叫作虚无主义者换位密码。按照柯克霍夫的说法,对一个方阵的行和列都用同一个密钥进行排列操作但并没有交换行和列的换位密码,是俄国虚无主义者在19世纪七八十年代用于发送秘密消息的方法之一。而对于更一般的形式,应用于任意矩形、有两个密钥、交换行和列,我们将称其为虚无主义者纵行换位。要是像我们前面那样进行分析就会发现,如果操作对象是同一个完全填满的正方形网格,那么两个虚无主义者纵行换位的乘积将是另一个虚无主义者纵行换位。对于两个不同的但都完全填满了的非正方形的矩形来讲,只要第一个矩形的列数与第二个矩形的行数一样,那么两个虚无主义者纵行换位的乘积也仍然是另一个虚无主义者纵行换位。就安全性而言,事实证明3.6节和3.7节的技术仍然能破解以上任何内容,只除了行的顺序,但只要得出了每一行的正确明文,要排列出行的顺序可以说不费吹灰之力。因此一般来讲,人们认为这种密码并不值得小题大作。

但要是第一个矩形的列数与第二个矩形的行数并不一样,那你得到的就是真正的双重纵行换位了,而这样的密码极难破解。

关于双重带密钥的纵行换位密码（通常简称为双重换位）的这一思路，似乎在第一次世界大战之前就已经得到了广泛应用。到3.7节我们会看到，这种密码尽管并非不可能破解，也还是常常被看作最安全的换位密码，完全靠手写就能一字不差地完成。因而，这种密码一直沿用到了第二次世界大战中，特别是战场上的盟军特工以及欧洲敌占区的抵抗力量。

96

3.6 决定矩形的宽度

对换位密码进行解密分析的步骤与我们前面讨论过的重复密钥密码的分析步骤极为相似：首先伊芙得确定她面对的到底是什么类型的密码，接下来她要找出密钥长度，最后用叠置将密钥本身找出来。好在这里的第一步容易得很，因为换位密码只是将字母搬来搬去，并不会改变字母，所以密文的字母频率应该与明文的是一样的。通常来讲这一点显而易见，要是有谁对此存疑，那他可以用我们在2.2节见过，也会在5.1节再次见到的各种重合指数检验来试试看。

斯巴达密码的密钥就是行数，或者也可以说是列数，毕竟有其一就很容易得出其二。我们在3.1节已经说过，要找出这个密钥十分容易。伊芙如果知道网格中所有方块的总数，就只需要找出所有能得到正确矩形的行和列的可能数字，并试着将密文按列写下，直到能够按行得出可读的明文。如果爱丽丝够聪明，在信息中安插了空白符号，伊芙就有可能卡住；卡住了的话，她可以去掉信息中最后一个字母再接着往下试，并依此类推。

如果伊芙面对的是排列密码，或者带密钥的纵行换位密码，她还是可以用同样的方法开始。她可以猜测行数和列数，并按行（对排列密码而言）或者按列（对带密钥的纵行换位密码而言）写下密文。列数就是排列的长度，或是用作密钥的单词的长度。在这种情况下，伊芙就没那么容易说清楚她的网格尺寸是不是正确的了。这时她可以利用一种检验，就是看看每行当中元音和辅音字母的比例是否大体正确。

假设我们从英语文本中随机选出一些字母。根据我们的字母频率表，其中大约有38.1%的会是元音字母。因此，如果你随机挑出10个字母，你能得到的元音字母的平均值就是3.81，而最可能的结果就是得到4个。当然并不总是这样，有时候会多一点，有时候会少一点。实际上，更大的可能性是我们不会刚好得到4个。那得到4个的可能性是多少呢？首先我们来列举一下，能得到的元音和辅音组合有多少种：

VVVVCCCCCC

VVVCVCCCCC

VVVCCVCCCC

VVVCCCVCCC

…

这样大概要花一点时间，不过如果你列完了的话，你会得到210种可能的组合。

现在考虑第一种组合，就是4个元音后面跟着6个辅音。选出第一个元音字母的可能性是0.381，后面几个也都是如此。选出第一个辅音字母的可能性是0.619，后面几个还是同样如此。因此，这一组合的总的可能性是

$$0.381×0.381×0.381×0.381×0.619×0.619×0.619×0.619×0.619×0.619$$
$$≈0.00119.$$

仔细想一想的话，你会发现第二个组合的可能性也是一样，后面的每一个组合也都是如此。因此，正好得到4个元音的总的可能性大约是

$$210×0.00119≈0.249.$$

也就是说，仅有四分之一的机会正好得到4个元音字母。但是我们会经常得到大约4个元音，那我们该怎样量化呢？

统计学家早就有一种方法来衡量，在这样的情况下我们可以期望得到的数据与平均值有多接近，现在我们把这种方法叫作方差。思路是这样的：我们会随机选出10个字母好些次，比如说100次，每一次都计算一下我们真正得到的数字与应该得到的平均值之间的差。有些差是正的，有些是负的，但我们并不想让这些差值互相抵消掉。密码学家刚开始会取这些差值的绝对值，但结果表明，如果将差值平方，要预计数学上会出现什么会容易得多。之后我们再求这些平方的平均值。通常情况下取平均值意味着要除以100，但在这种特殊情形下，结果再一次表明如果用减去1的数也就是99来除，预测结果要容易得多。这样除下来的结果就是方差。

元音字母的数量的方差会是多少呢？统计学表明，结果应该是元音字母的平均可能性乘以辅音字母的平均可能性，再乘以每次我们选取的字母数量，本例中就是

$$0.381 \times (1 - 0.381) \times 10 \approx 2.358.$$

98

只有字母选取真正随机的时候上面的式子才成立。如果我们实际选取的是100个长度为10个字母的英语单词，方差又会不一样。初学者只需要知道，如果我们随机选取10个字母，会有很小的概率（约0.8%）我们一个元音也拿不到，但是如果挑一个长度为10个字母的单词，其中不含有a、e、i、o、u中任意一个的概率实际上是零。一般来讲，真实英语文本的方差会比从英语文本中随机选取字母的方差要小得多。

这一点在伊芙对换位密码进行分析时能带来什么帮助呢？假设伊芙有如下密文：

OHIVR	SVAHT	BLRHL	HLBIT	MBETM	NOEIO
ITETK	ROWTN	ATHIG	NSDEN	UPBLN	TSEMA
TADAA	ERARI	AOWSA	YIAPT	NAEOW	BCDRE
WAHMT	GEDER	HFDDT	EAEHA	TEHME	IELBO
HIUSI	EKIUE	UHESL	MTKSE	CREP	

她怀疑这段密文出自带密钥的纵行换位。这里一共有144个字母，也就是说她可以尝试的因数有很多：1、2、3、4、6、8、9、12、16、18、24、36、48、72，以及144。但在这样的密码中，列数小于4或者大于20都极为罕见，尤其是密钥来一个密钥单词的话。因此，伊芙可以在一定程度上缩小范围。对密钥单词而言6看起来像是不错的字母数，所以我们就从这里开始。这样一来就有24行，于是伊芙按列写下密文得到一张表格，并数出每一行当中的元音字母数量。一共是有6列，而6个字母中元音数量的平均值是 $6 \times 0.381 \approx 2.286$，她再将每一行这两个数的差的平方记下来（表3.1）。

表3.1 计算密文中的方差

						元音数	期望值	方差
O	M	E	W	E	H	3	2.286	$0.714^2 \approx 0.510$
H	N	N	S	D	I	1	2.286	$(-1.286)^2 \approx 1.654$
I	O	U	A	E	U	6	2.286	$3.714^2 \approx 13.794$
V	E	P	Y	R	S	1	2.286	$(-1.286)^2 \approx 1.654$
R	I	B	I	H	I	3	2.286	$0.714^2 \approx 0.510$
S	O	L	A	F	E	3	2.286	$0.714^2 \approx 0.510$
V	I	N	P	D	K	1	2.286	$(-1.286)^2 \approx 1.654$
A	T	T	T	D	I	2	2.286	$(-0.286)^2 \approx 0.0818$
H	E	S	N	T	U	2	2.286	$(-0.286)^2 \approx 0.0818$
T	T	E	A	E	E	4	2.286	$1.714^2 \approx 2.938$

续表

						元音数	期望值	方差
B	K	M	E	A	U	3	2.286	$0.714^2 \approx 0.510$
L	R	A	O	E	H	3	2.286	$0.714^2 \approx 0.510$
R	O	T	W	H	E	2	2.286	$(-0.286)^2 \approx 0.0818$
H	W	A	B	A	S	2	2.286	$(-0.286)^2 \approx 0.0818$
L	T	D	C	T	L	0	2.286	$(-2.286)^2 \approx 5.226$
H	N	A	D	E	M	2	2.286	$(-0.286)^2 \approx 0.0818$
L	A	A	R	H	T	2	2.286	$(-0.286)^2 \approx 0.0818$
B	T	E	E	M	K	2	2.286	$(-0.286)^2 \approx 0.0818$
I	H	R	W	E	S	2	2.286	$(-0.286)^2 \approx 0.0818$
T	I	A	A	I	E	5	2.286	$2.714^2 \approx 7.366$
M	G	R	H	E	C	1	2.286	$(-1.286)^2 \approx 1.654$
B	N	I	M	L	R	1	2.286	$(-1.286)^2 \approx 1.654$
E	S	A	T	B	E	3	2.286	$0.714^2 \approx 0.510$
T	D	O	G	O	P	2	2.286	$(-0.286)^2 \approx 0.0818$

求和的最后结果约为41.387。将这个总和除以23（行数减1），得到的方差约为1.799。[30]这个结果的意义是什么呢？如果伊芙猜对了列数，那么按行读下来尽管还不是明文（因为各列并非按正确的顺序排列），但各行应该是明文中正确的字母，只不过顺序不对罢了。但是，如果她猜错了，那每一行就都是无可救药的混乱排列。如果伊芙猜错了，方差就会更像是6个字母随机组合的方差，也就是$0.381 \times (1-0.381) \times 6 \approx 1.415$，而如果伊芙猜对了，方差就会更像是真实英语文本的方差，结果要小得多。既然伊芙得到的方差甚至比随机组合的方差还要大，她可以下结论说自己猜错了。

99

---

[30] 原书此处三个数字分别是40.787、17、5.098，均误，已改。——译者注

伊芙再次尝试，这回用的是列表中的下一个因数，也就是8（表3.2）。这次我不讲那么多烦琐的细节了，直接告诉你她最后得到的方差大约为0.462，相比之下8个字母的随机组合的方差应约为 0.381 × （1−0.381） × 8 ≈ 1.887。这回有很大的可能伊芙找到了正确的列数，而各行就算直接去看，也确实看起来就像是打乱过的明文。

100

表3.2　开始关于方差的第二次尝试

I	II	III	IV	V	VI	VII	VIII
O	I	O	N	W	W	H	K
H	T	W	T	S	A	A	I
I	M	T	S	A	H	T	U
V	B	N	E	Y	M	E	E
R	E	A	M	I	T	H	U
S	T	T	A	A	G	M	H
V	M	H	T	P	E	E	E
A	N	I	A	T	D	I	S
H	O	G	D	N	E	E	L
T	E	N	A	A	R	L	M
B	I	S	A	E	H	B	T
L	O	D	E	O	F	O	K
R	I	E	R	W	D	H	S
H	T	N	A	B	D	I	E
L	E	U	R	C	T	U	C
H	T	P	I	D	E	S	R
L	K	B	A	R	A	I	E
B	R	L	O	E	E	E	P

3.7 拼字游戏

对排列密码或是带密钥的纵行换位密码进行密码分析的下一步是找出作为密钥的排列。要找出排列，我们得做一个拼字游戏 —— 是的，你没有看错，就是把字拼出来。在通常语境下，拼字游戏是指重新排列一个单词或短语中的字母从而得到另一个单词或短语，而在密码学中，拼字游戏是指重新排列密文字母以得到明文字母。这样操作之所以可行，是因为我们不只是重排个别字母，而是将整个列都重新排列。比如说，第二列跟在第一列后面基本上不太可能。第二行的 HT 是不大会出现的组合，但仍然有可能，尤其是如果 H 是上一个单词的结尾，同时 T 是下一个单词的开头的话。但无论如何，第四行的 VB 几乎不可能出现，因为 V 在英语中作为单词结尾乃至音节结尾的情况都极少见。对第七行的 VM 来说，情况同样如此。实际上，第七列和第八列是仅有的看起来能跟在第一列后面的（表3.3）。

101

表3.3 接触法

I	VII	频率	I	VIII	频率
O	H	0.0005	O	K	—
H	A	0.0130	H	I	0.0060
I	T	0.0100	I	U	—
V	E	0.0080	V	E	0.0080
R	H	0.0010	R	U	0.0015
S	M	0.0005	S	H	0.0050
V	E	0.0080	V	E	0.0080
A	I	0.0010	A	S	0.0080
H	E	0.0165	H	L	0.0005
T	L	0.0015	T	M	0.0005
B	B	–	B	T	0.0005

续表

I	VII	频率	I	VIII	频率
L	O	0.0020	L	K	—
R	H	0.0010	R	S	0.0045
H	I	0.0060	H	E	0.0165
L	U	0.0015	L	C	0.0020
H	S	–	H	R	0.0010
L	I	0.0045	L	E	0.0090
B	E	0.0055	B	P	—

那第七列和第八列究竟哪一列更适合呢？我们可以将第一列分别放到这两列旁边，看看哪一列能形成看起来更好的两字母组合。如果直接凭肉眼难以看出究竟，我们还可以将每一组两字母组合的频率放在旁边，这种方法有时候被叫作接触法。横线表示该组合的频率可以忽略，但未必就是零。

要对这两种排列比较优劣的话，弗里德曼建议的一种粗略方式是将每种情况下的频率加起来。这样算很简单，而且通常能奏效，但从数学上来讲是错的，弗里德曼接下来也指出了这一点。毕竟，如果想知道第一行以OH开头，第二行又以HA开头的概率，需要做的不是把这些概率加起来，而是乘起来。要把这么多小数目全都乘起来确实令人头大，不过，弗里德曼又建议了采用对数来计算，在进行乘法运算的数字很大时，这种算法是一种通用技巧，可以让运算变成加法，那就简单多了。相关的性质是这样的：

$$\log(x \times y) = \log x + \log y.$$

因此对于第一列，我们不用计算下列乘积

$$0.0005 \times 0.0130 \times 0.0100 \times 0.0080 \times \cdots$$

而只需要计算

$$\log 0.0005 + \log 0.0130 + \log 0.0100 + \log 0.0080 + \cdots$$

更加便利的是，这些频率的对数查表就可以得到，就跟我们查表就能得到原始的频率数值一样简单，因此，我们并不需要真的去算这些对数。对于可忽略的频率，我们取 $\log 0.0001$，因为 0.0001 比表格中别的数据都要小得多。最后得到的数字有时候会被叫作对数权重，这里第一列与第七列组合的对数权重约为 −49，而第一列与第八列组合约为 −51。两个数都是负值，因为对于 0 到 1 之间的数，比如概率，其对数值就是负数。对数权重越是接近 0，就意味着该组合为正确明文的概率越大。因此，我们推测跟在第一列后面的应该是第七列。按这个思路进行下去，我们既可以考虑从第七列开始的可能的两字母组合，也可以考虑以第一列和第七列打头的三字母组合。三字母组合的频率比两字母的更不准确，但我们也许会注意到第十行的 TL 后面几乎肯定会跟着一个 E，而 E 只在第二列出现了。暂时将第二列放到后面试一下，就有了表 3.4。

表 3.4　开始对密文做拼字游戏

I	VII	II	III	IV	V	VI	VIII
O	H	I	O	N	W	W	K
H	A	T	W	T	S	A	I
I	T	M	T	S	A	H	U
V	E	B	N	E	Y	M	E
R	H	E	A	M	I	T	U
S	M	T	T	A	A	G	H
V	E	M	H	T	P	E	E
A	I	N	I	A	T	D	S
H	E	O	G	D	N	E	L

续表

I	VII	II	III	IV	V	VI	VIII
T	L	E	N	A	A	R	M
B	B	I	S	A	E	H	T
L	O	O	D	E	O	F	K
R	H	I	E	R	W	D	S
H	I	T	N	A	B	D	E
L	U	E	U	R	C	T	C
H	S	T	P	I	D	E	R
L	I	K	B	A	R	A	E
B	E	R	L	O	E	E	P

如果你打算把解密做完，也许接下来会注意到第三行的ITM基本上可以肯定会跟着一个元音，而倒数第三行的HST后头很可能要么是元音要么是个R。到这时候，也许就可以猜一下含有第五行开头那些字母的可能是什么单词，这样又是一条捷径。解密完成之后，每一列顶上的那些数字就会跟爱丽丝加密时用的数字一样，由此就能找出她用的是什么排列，或是猜出她用的密钥单词。

补充阅读3.2　然而一说到搅乱

要让纵行换位密码变得更复杂，有一种非常简便的办法就是在网格中某些位置留下空白来搅乱它，或者也可以不按顺序读取这些位置。对爱丽丝来说，要形成被搅乱的纵行换位密码，最简单的办法就是用没填满的矩形网格，也就是说在网格最后她只需要留下空格，而不是用空白符号来填充。这样做还有一个额外的好处，就是对伊芙来说要猜到矩形的宽度就更难了，因为这样一来就不再有任何理由说，宽度得是信息长度的因数。但是在鲍勃这边，因为他知道矩形的宽度，他需要做的就只是用信息长度除以矩形宽度，得到的商就是完全填满的行数，而余数就是最后一行填了多少格。鲍勃从密钥还能知道爱丽丝最后填的是哪些列，因此也能知道哪些列"短"了一截。

104

跟鲍勃不一样，伊芙有个大麻烦。假设伊芙正确推断出了矩形的宽度，比如说通过我们前面说的统计方法，这样也就知道了最后一行有多少个空格。但就算这样，她仍然无法说出来哪些列对应的是长列，而哪些列又短了一截。因此，她也就无法准确知道每一列从哪里开始，到哪里结束。这样一来，接触法尽管没有变得无能为力，但其复杂程度也大大增加了。爱丽丝和鲍勃还能通过在网格中间特别指定一些空格，来让伊芙的人生变得更艰难。空格弄多了以后，接触法就几乎没有用武之地了，只不过这样一来系统也会更加低效。但是，我们即将看到的多重拼字游戏的技术，在应对搅乱过的换位密码时与应对其他类型的换位密码一样能奏效。

如果伊芙要搞定的是双重换位，或是某些运用矩形以外的形状的换位系统，那她的任务就艰巨多了。如果是单个带密钥的纵行换位密码，明文矩形中同一行的字母到了密文中会以确定的距离散开，这样她就有办法检验自己是否猜到了正确的矩形。但如果是双重换位或不规则形状的换位，这一规律就不会出现，伊芙想做拼字游戏就非常困难了。然而，如果伊芙有使用同一密钥的多条信息，她还是有机会的。特别是，她需要有两条或多条长度相同并以同一密钥加密的信息。这样她就可以用我们在2.6节用过的将同一条信息的不同行叠置起来的方法，将这些信息叠置起来。既然两条信息中对应的字母是以完全相同的方式换位处理的，我们就能用接触法拼出那些列来。这就叫多重拼字游戏。

举个例子吧。假设伊芙有5条信息，并且相信每条信息的前12个字母都以同样的方式加密，如表3.5所示。第一列中的字母基本上可以肯定后面都会跟一个元音字母，因此第三、第十、第十一列均有可

105

能。但第三行的LN看起来不像那么回事儿，第五行的BN同样如此，于是只剩下第十列。这样就有了表3.6。

表3.5　叠置以同一密钥加密的多条密文

I	II	III	IV	V	VI	VII	VIII	IX	X	XI	XII
S	E	U	I	S	M	D	M	N	A	A	S
J	Y	I	N	B	N	D	H	N	O	A	L
L	L	N	A	A	U	E	L	C	U	I	D
J	E	E	I	P	K	D	C	N	A	A	E
B	A	I	Y	R	D	B	D	D	U	N	G

表3.6　对多条密文开始拼字游戏

I	X	II	III	IV	V	VI	VII	VIII	IX	XI	XII
S	A	E	U	I	S	M	D	M	N	A	S
J	O	Y	I	N	B	N	D	H	N	A	L
L	U	L	N	A	A	U	E	L	C	I	D
J	A	E	E	I	P	K	D	C	N	A	E
B	U	A	I	Y	R	D	B	D	D	N	G

接下来呢？嗯，第三行和第五行的U字母多半会跟着辅音字母，意味着第八、第九、第十二列可以入选。但第四行的JAE看起来不怎么像话，这就排除了第十二列。第八列和第九列看起来都有点意思，我们可以试着用两字母频率的方法来分出胜负，但是要记住频率检验给出的是每一种排列的可能性，并不总会告诉你正确答案。最终，我们可能不得不两个都试一下。要是你有兴趣的话，现在我让你自己去完成这个过程。作为提示我可以告诉你，明文中有大量的姓名，而且因为我们只有每条信息的前12个字母，这些信息会在单词的中间就截断。

3.8　展望

到第四章我们会看到，换位密码是现代密码极为重要的组成部分。所有形式的换位密码，包括纵行换位、几何换位、排列、扩展和压缩函数、上述密码的乘积，以及多种其他密码，在现代密码中都有一席之地。不过绝大多数时候，固定换位密码（无密钥）都是与带密钥的替换密码一起使用的，个中缘由部分是历史使然。在刚发明计算机的时候固定换位很容易实现，仅靠从一处连接到另一处的导线就能实施。带密钥的换位实现起来就要难一点。从那时候起，密码用导线或其他硬件来实现的情形逐渐减少，而用软件程序来实现的情形逐渐增加。因此，带密钥的换位密码越来越多，但仍然算是较为少见。

106

上述规则的部分例外是轮转，这是一种特定的简单排列。对 n 个字母以 k 为密钥进行的轮转是以下形式的排列：

$$\begin{pmatrix} 1 & 2 & \cdots & n-k & n-k+1 & n-k+2 & \cdots & n \\ k+1 & k+2 & \cdots & n & 1 & 2 & \cdots & k \end{pmatrix}.$$

也就是说，明文字母组轮转着变到密文位置，并没有真正被打乱。仅用这样一个密码并不怎么安全，但作为其他密码的组分出现就能大显神威了。此外，就算使用可变密钥，无论是用硬件还是软件，轮转密码都相对容易实现。

带密钥的轮转密码已用于某些现代密码中，包括马德里加（Madryga）、RC 5、RC 6以及"大聚会"（Akelarre）。但是，这些密码所取得的成功参差不齐。马德里加作为现有密码的备选发布于1984年，用软件能更快、更容易实现，但是现在被认为有严重缺陷。RC 5发布于1995年，同样着眼于用硬件和软件都能快速实现，在当时被认为很强大，不过现在也已经发现了一些攻击方法。这种密码没有得到广泛采用，很可能更主要是因为授权费，而非安全性。RC 6 则发布于1998年，是为了改进RC 5而特别设计的，也被认为很强大，但并不是特别常见。我们将在第四章见到的高级加密标准通常是首选，因为它的安全性大致相当，有政府的支持，而且不需要授权费。

"大聚会"的例子很有意思，这种密码发布于1996年，也是部分

107 基于RC 5，希望能够将RC 5的强度与另一种称为IDEA的密码的安全
特性结合起来。但是很不幸，很快就发现了针对"大聚会"的一些攻
击方式，其中一种基本上绕过了除了轮转之外的所有防线。这种攻击
表明，两道密文的结合可以表示为两道明文结合后的轮转密码。如果
有些明文是已知的，或者就是只知道不同种类的明文出现的某些频率，
就可以进行与拼字游戏十分类似的操作来确定哪种轮转是对的了。这
些经验恐怕并不能增强对带密钥的轮转密码的信心，但RC 6表明只要
108 使用得当，它们在现代密码设计中仍然能派上大用场。

第四章

密码与计算机

4.1　辛苦娘子磨豆腐[31]：多项密码与二进制数字

有时候我们得区分一下多字替换密码与多项（polyliteral）替换密码。我们在1.6节见过的多字替换密码，是将一组明文字母变成同样大小的一组密文字母。多项密码则是将一个字母变成一组字母或符号。要考察第一个例子，我们需要再次回到古希腊。公元前2世纪，希腊历史学家波利比乌斯（Polybius）写下了一部40卷的著作，主题不只是希腊罗马历史，还常常会离题万里，其中之一就是密码学。书中还特别提到了"烽火传信"，也就是用火炬或是灯塔的火光传递信号。波利比乌斯可能是最早区分代码和密码的作家，他还举了一些利用火炬传递代码信息的例子。不过，这里我们感兴趣的是密码。用波利比乌斯的话来讲：

密码如下：我们将字母表分成五部分，每部分含有五个字母。最后一部分会缺一个字母，不过这不会产生任何实际差别[32]。现在，准备互相发送信号的双方都必须备好五张表格，每张表格分别写上字母表的一部分。信息发送员先从左侧举起火炬打出第一组信号，指出应当查阅哪张表格，比如说一个火炬表示查看第一张，两个火炬表示第二张，等等。接下来发送员从右侧举火打出第二组信号，以同样的原则指出接收员应该在该表中写下哪个字母。

---

[31] 标题原文"bring home the bacon"意为养家糊口，同时bacon一词也双关本节将提到的弗朗西斯·培根。——译者注

[32] 波利比乌斯的希腊字母表有24个字母。——原注

这种方法的现代描述通常不再用五张表格，而是用一个五乘五的方阵来表示。这个系统也常常叫作波利比乌斯方阵，或是波利比乌斯棋盘。此外，由于现代英语字母表有26个字母，不像波利比乌斯的是24个，因此我们得留下一个字母在外面或是将两个字母放进同一个格子中——习惯上会将i和j放进同一格。这样一来，方阵就成了下面的样子：

	1	2	3	4	5
1	a	b	c	d	e
2	f	g	h	ij	k
3	l	m	n	o	p
4	q	r	s	t	u
5	v	w	x	y	z

因此，如果爱丽丝想要加密"I fear the Greeks（我害怕希腊人）[33]"，就会是这个样子：

明文	i	f	e	a	r	t	h	e	g	r	e	e	k	s
密文	24	21	15	11	42	44	23	15	22	42	15	15	25	43

更好的写法是

密文：24211 51142 44231 52242 15152 543

这是个双项密码，因为每个明文字母都变成了两个密文数字。跟大多数古代世界的密码一样，这个密码也没有密钥。当然，我们也可

---

[33] 全句为"I fear the Greeks, even when they bring gifts"，语出古罗马诗人维吉尔（Virgil）的史诗《埃涅阿斯纪》，是希腊人留下木马在特洛伊城外时，特洛伊人想要拉木马入城，祭司拉奥孔（Laocoon）劝阻特洛伊人所说的话。Greek Gift也因此成为英语习语，意谓"包藏祸心的礼物"。——译者注

以加个密钥进去，比如搅乱方阵中字母的顺序，对换顶上或是边上的数字顺序，或是都对换掉。

对英语字母表来说更合适一点的版本可能是这样：

110

	0	1	2	3	4	5	6	7	8
0		a	b	c	d	e	f	g	h
1	i	j	k	l	m	n	o	p	q
2	r	s	t	u	v	w	x	y	z

而适合29个字母的丹麦语或挪威语[34]字母表的版本大概长这样：

	0	1	2	3	4	5	6	7	8	9
0		a	b	c	d	e	f	g	h	i
1	j	k	l	m	n	o	p	q	r	s
2	t	u	v	w	x	y	z	æ	ø	å

你大概会觉得后面这个例子是画蛇添足，不过我想提醒你注意的是，在这个例子中变换是怎样进行的。

明文	a	b	c	d	e	f	g	h	i	j	k	l	...
密文	01	02	03	04	05	06	07	08	09	10	11	12	...

---

[34] 我得事先声明，在这个例子中29个字母的瑞典语字母表也同样适用。我在明尼苏达州长大，我可知道在挪威和瑞典之间选边站有多危险。——原注（明尼苏达州是美国中西部最大的州，按照当地传说，最早来到明尼苏达州的欧洲人是来自挪威和瑞典的维京人，传统上该州居民自视为斯堪的纳维亚人后裔。——译者注）

　　除开前面那些0，我们做的就是将字母都转成了数字！这是因为，如果我们将左上的格子空着，那么位于第r行第c列的就是字母表中第（$r×10+c$）个字母。不过，我们平常会将这个数字直接写成rc，也就是数字r后面跟着数字c。例如，第二行第三列的字母是w，也就是英语、丹麦语或挪威语[35]字母表中的第$2×10+3=23$个字母。

　　那这个表格的英文版是什么样子的呢？这时候的变换就是

明文	a	b	c	d	e	f	g	h	i	j	k	l	...
密文	01	02	03	04	05	06	07	08	10	11	12	13	...

　　现在第r行第c列的就是字母表中第（$r×9+c$）个字母。例如，第2行第7列的字母是y，也就是字母表里第$2×9+7=25$个字母。如果我们将这个数字写成27，那我们就是在以9为基数，也就是在使用九进制系统，而不是通常的以10为基数的十进制系统。

　　如果以很小的数为基数，比如说3（三进制），那两位数就不够用来表示所有的明文字母了。解决办法之一是引入多个表格，并将代表表格的数字放在表示行和列的数字前面：

表0	0	1	2
0		a	b
1	c	d	e
2	f	g	h

表1	0	1	2
0	i	j	k
1	l	m	n
2	o	p	q

表2	0	1	2
0	r	s	t
1	u	v	w
2	x	y	z

　　这样就有

---

[35] 或瑞典语。——原注

明文	a	b	c	d	e	f	g	h	i	j	k	l	...
密文	001	002	010	011	012	020	021	022	100	101	102	110	...

现在我们面前的就是一个三项系统。位于第 t 个表格第 r 行第 c 列的字母，就是字母表中第（$t \times 3^2 + r \times 3 + c$）个字母。例如，在第 2 个表格第 0 行第 1 列的字母是 s，也就是字母表中第 $2 \times 3^2 + 0 \times 3 + 1 = 19$ 个字母。要是觉得多个表格看起来太累赘，只使用一张表格也很常见，不过要将多位数合并起来放到行中或列中，或是兼而有之：

	00	01	02	10	11	12	20	21	22
0		a	b	c	d	e	f	g	h
1	i	j	k	l	m	n	o	p	q
2	r	s	t	u	v	w	x	y	z

在现代密码中，由于计算机的大量应用，以 2 为基数（二进制）的数字也用得非常多。这时候我们要么就得用到很多嵌套表格，要么就得将数位都合并起来。这里我们将数位合并，得到的就是

112

	000	001	010	011	100	101	110	111
00		a	b	c	d	e	f	g
01	h	i	j	k	l	m	n	o
10	p	q	r	s	t	u	v	w
11	x	y	z					

于是有

明文	a	b	c	d	e	...
密文	00001	00010	00011	00100	00101	...

这里像是 10010 这样的数字代表的是字母表中第

$1 \times 2^4 + 0 \times 2^3 + 0 \times 2^2 + 1 \times 2 + 0 = 18$ 个字母，也就是 r。可能你已经知道，在计算机中使用二进制数字十分方便，因为这两个数字能够用类似于电流开或关之类的信号来代表。

不过，二进制数字系统用于密码学却比数字计算机的发明要早得多。弗朗西斯·培根爵士（Sir Francis Bacon）于1605年在其著作《论神圣与世俗学术的精通与进展》中提到过这种密码，1623年还出版了该书扩充后的拉丁文版本《学术的进展》。实际上这是一种密码与隐写术相结合的形式，不只是信息的内容，就是信息本身也被隐藏在人畜无害的"迷彩文"中。跟前面一样，这里我们给出一个现代英语中的例子。

假设我们想将单词"not"加密到迷彩文"I wrote Shakespeare [36]"中。首先将明文转换为二进制数字：

明文	n	o	t
密文	01110	01111	10100

接下来将上面的数字串成一列：

011100111110100

现在我们需要一个培根所谓的"双格式字母表"，其中的每一个字母都既有"0格式"又有"1格式"。这里我们用罗马字母表示0格式，用斜体表示1格式。接下来对于迷彩文中的每一个字母，如果密文中对应位置的数字是0，就写成0格式，数字是1就写成1格式：

0   11100   111110100xx

I   *wrote*   *Shakespeare*

---

[36] 意为"莎翁剧作是我写的"。在西方，曾有人质疑莎士比亚剧作究竟是否为莎翁本人所写，质疑者提出的可能作者之一是弗朗西斯·培根。——译者注

剩下的任何字母都可以忽略，我们还保留了空格和标点，以便迷彩文看起来更加煞有介事。当然，有两种不同字体出现还是看起来很怪异。培根的例子更加精妙，尽管要找到两份字母表，既要足够相似以便愚弄碰巧看到的路人甲，又要有足够区别以便进行精确解密，实在是棘手得很。

使用二进制数字的密码在多年以后又被重新发明，先是用于电报，随后又用于远距离打印，也叫电传打字机。最早的这些理论上来讲不算是密码学范畴，因为其主要目标是便利而非保密。这种密码我们可以叫作无秘密码，不过出于历史原因，人们也常常称其为代码或是编码。从密码学意义上来讲，这些密码并非代码，因为是作用于字母或字符而非单词。为尽可能避免混淆，我打算称其为无秘编码。最有名的无秘编码可能莫过于用于电报和早期广播的摩尔斯电码，虽然这种电码并没有采用二进制数字。1833年，我们在第一章见过的那位高斯，跟物理学家威廉·韦伯（Wilhelm Weber）一起发明了很可能是最早的电报代码，他们用的实际上就是跟培根一样的5位二进制数字系统。1874年，埃米尔·博多（Jean-Maurice-Émile Baudot）在发明电传打字机系统时，也将同样的思路应用到了他的博多码中。而到了1917年，当吉尔伯特·韦尔纳姆（Gilbert S. Vernam）在美国电话电报公司（AT&T）的团队受命研究电传打字机通信技术安全性时，摆在他面前的正是这个博多码。

韦尔纳姆认识到，他可以用博多码产生一串二进制数字，并用我们在2.4节见过的表格法多表替换密码的某种形式对这串数字加密。明文中每一位数字都会以2为模加上密钥中的相应数字以生成密文。这一过程有时叫作不进位加法，因为每一位的加法都是独立的，并不向前一位进位。通常我们用符号 ⊕ 来表示这种加法。例如，数字 10010 通常代表的是18，将其与通常代表14的数字01110相加，就会是：

114

$$
\begin{array}{cccccc}
 & 1 & 0 & 0 & 1 & 0 \\
\oplus & 0 & 1 & 1 & 1 & 0 \\
\hline
 & 1 & 1 & 1 & 0 & 0
\end{array}
$$

得到的结果是11100，通常代表的是28，而不是18和14相加时一般会得到的结果。这里跟我们前面见过的表格法多表替换密码的最大差别是，这里做加法时的模数是2而不是26。

美国电话电报公司当时正在使用的有些系统可以用纸带自动发送信息，这些纸带能按5列打上孔 —— 在博多码中，有孔表示1，没有孔表示0。韦尔纳姆配置了电传打字机，将明文纸带代表的每位数字以2为模加上打有密钥字符的第二条纸带上相对应的数字，再将产生的密文像往常一样通过电报线路发送出去。

在另一端，鲍勃通过同样的线路输入与该纸带一模一样的副本。因为1≡−1 (mod 2)，以2为模数的减法和加法实际上是一回事。因此，在鲍勃这一端同样的操作减去了密钥，电传打字机就能打出明文。韦尔纳姆的发明及其后来的发展在现代密码学中变得极为重要，在4.3节和5.2节我们会与这些思路再次不期而遇。

一般来讲，多项密码的优点是不同的字符数更少，由此换来的缺点是信息更长。在某些情况下，像是举火炬、数字计算机、隐写术以及电报中，这种取舍的实用性十分明显。但在另一些情况下，为什么你会愿意忍受那么长的信息就不是那么显而易见了。不过在下一节，我们将看到多项加密能带来的巨大优势。

4.2 分馏密码

我们刚刚看到的多项密码跟简单替换密码比起来大同小异。要攻击这种密码，窍门只有一个，就是搞明白对应每个字母的有多少个字

符，只需要猜一下然后开始攻击就行，太容易了。只要猜得对，伊芙 115
就能进行跟针对简单替换密码一样的频率分析。要想这种密码变得安
全一点，就得加进去一些更别致的东西。一种可能性就是在信息中散
布一些空白符号，打乱密文有序的分组。这些符号可以放在预先指定
的位置，如果密码中本来完全没用到这些符号的话，爱丽丝也可以随
心所欲，随意安插，而鲍勃只需要视而不见就行了。后面这种技巧在
多项密码中十分管用，因为多项密码用到的符号数量要比原始信息中
的少很多。

　　另一种可能是使不同分组的长度不一样。这种方法的例子之一是
"劈腿棋盘"：

	0	1	2	3	4	5	6	7	8	9
				a	b	c	d	e	f	g
1	h	i	j	k	l	m	n	o	p	q
2	r	s	t	u	v	w	x	y	z	

　　第一行中的字母用一位数字加密，其他行中的数字则都用两位数
字加密。没有哪个两位数的密文是以3到9的数开头的，因此如果鲍勃
得从第一行而不是其他行捡取字母的话也不会弄混。

　　还有一种可能是将多项密码与别的密码相结合，使密文组分开。
这种方法常常叫作"分馏"。最简单的做法是对多项密码加以换位操
作，这样一来对应于一个明文字母的多个符号就不再相邻了。在这
些分馏乘积密码中，"最有意思也最实用"的可能要数（后来成了上
校的）德国中尉弗里茨·内贝尔（Fritz Nebel）发明的，德军在第一
次世界大战中也用到过。德国人管这种密码叫"无线电操作员密码
1918（Geheimschrift der Funker 1918）"，简称为GedeFu 18。法国
人看到的是一大堆只有字母A、D、F、G、V和X的密文，于是称之
为ADFGVX密码。这种密码首先是设计一个6×6版本的波利比乌斯
方阵，其中包括了杂乱无章的字母和数字，并在顶上和边上加上字母

116　ADFGVX作为标记。举个例子：

	A	D	F	G	V	X
A	b	5	x	q	j	c
D	6	y	r	k	d	7
F	z	s	l	e	8	1
G	t	m	f	9	2	u
V	n	g	0	3	v	o
X	h	a	4	w	p	i

因此，如果要加密一个名字Zimmermann [37]，爱丽丝会写下

明文	z	i	m	m	e	r	m	a	n	n
密文	FA	XX	GD	GD	FG	DF	GD	XD	VA	VA

后面再跟上一个带密钥的纵行换位。比如说，如果密码在这部分的密钥单词是GERMANY（德国），我们就会得到

第一道密文							第二道密文						
3	2	6	4	1	5	7							
G	E	R	M	A	N	Y							
F	A	X	X	G	D	G	G	A	F	X	D	X	G
D	F	G	D	F	G	D	F	F	D	D	G	G	D
X	D	V	A	V	A	X	V	D	X	A	A	V	X

最终密文就是

GFVAF DFDXX DADGA XGVGD X

---

[37]　这是德国常见姓氏之一，由职业转化而来，音译为"齐默尔曼"，字面意思为"木匠"。——译者注

破解这种密码的通用方法直到战争结束以后才发现，方法概述到1925年才第一次发表。尽管在战争期间，盟军的密码分析员如果能比较明文的开头或结尾完全一样的多条密文，或者很容易就猜到应该分成多少列，他们有时也能破解出来。这使得ADFGVX密码很容易就成了第一次世界大战期间最成功的密码之一，在实际应用的密码中，如果不使用任何机器，这也是最难破解的密码之一。

117

　　这种密码如此难以破解的原因，同时也是这种密码会在关于计算机密码的这一章里出现的原因是，其中包括了所有现代密码的两大核心原则之一。如今我们将这两大原则称为扩散和混淆，这两个词的现代意义是由克劳德·香农（Claude Shannon）赋予的。香农是一位工程师兼数学家，被认为是信息论领域的开创者。在定义这些原则时，他关心的是对密码的统计攻击。他有一篇写于1945年的文章，该文于1949年解密并发表。在这篇文章中，香农根据如下思路定义了扩散：明文中的统计结构，例如字母频率或双字母频率，原本由一次只观察少数几个字母来决定；在密文中，这种统计结构应该扩散到统计数据中，使得需要查看大串大串的字母才能得到。此外，香农关于混淆的定义则是，考虑到明文的统计数据很简单，找到密钥就必须很难。尤其是，密码必须能抵抗已知明文攻击，因为关于英文（或是其他任何人类语言）中的字母和单词频率的信息，通常都能让人准确猜出一部分明文。

　　在扩散这一点上，ADFGVX密码表现得相当漂亮。纵行换位通常将各自对应于明文字母的两个密文字母在最终密文中远远分开，因此运用字母频率信息来破解双项替换密码的任何尝试都无法成功，除非先完成大量密文的重新排列。另一方面，来自3.6节和3.7节的破解换位密码的通用技巧得有关于原始明文字母的信息才能奏效，比如是否为元音或辅音字母，以及哪些符合高频双字母特征等。在替换密码被破解之前，这些信息都很难得到。

　　但是，香农的目标还不能说是完美实现了，因为明文字母并非

真正扩散到了大量的密文字母中，只是分成了遥相呼应的两部分。ADFGVX密码同时也展现出了很好的混淆，如果密钥中波利比乌斯方阵这部分经过慎重选择，效果尤佳。如果小心避免了高频字母在方阵中聚在一起，已知明文攻击也会变得相当困难。

4.3　如何设计数字密码：SP网络与法伊斯特尔网络

　　香农自己并未发明任何密码，不过在他定义扩散和混淆的同一篇文章中，他确实概述了一种构建密码的方法，使之能够具备这些特征。为了讨论香农的思想，以及更一般地，讨论专为用于计算机而设计的密码，我们首先来讲讲数学家是怎么看待函数的，这能带来一些方便。关于函数，我们在3.3节已经有过一些初步认识了。

　　你可能会觉得，你早就知道什么是函数。毫无疑问，你很熟悉像是 $f(x) = x^2$ 以及 $f(x) = \sin x$ 这样的函数。当你看到这样的函数时，在你脑子里首先冒出来的可能是函数的图像，如图4.1所示。

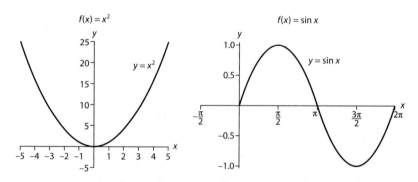

图4.1　$f(x)=x^2$ 以及 $f(x)=\sin x$ 的函数图像

　　你不是一个人：在初等代数和微积分中 —— 实际上在几乎所有于17 — 19世纪发展出来的数学领域中 —— 对函数的研究与对平面上（有时候甚至是三维或更高维度的曲面上）曲线的研究密切相关。但是到了19世纪末，数学家开始以某种程度上更普遍的方式看待函数。

简单来讲，函数只是根据某些确定的规则"吸入"某种类型的东西并"吐出"别的东西的过程，吐出的与吸入的可能是同一类型，也可能不同。规则可以是一个公式、一组指令、一张表格乃至一幅图画，只要规则没有歧义，同样的输入总是会得到同样的输出。

比如说，$f(x)=x^2$ 就是个函数，吸入的是实数，吐出的也还是实数，规则是一个公式。恺撒密码可以写成 $f(P)$ ="字母 P 在字母表中向后移动三位，到头绕回"，也是一个函数，吸入的和吐出的都是字母，规则是一组指令。博多码作为函数，吸入的是字母，吐出的是一串串的二进制数字，规则是一张表格。以下排列：

$$\begin{pmatrix} 1 & 2 & 3 & 4 \\ 2 & 4 & 3 & 1 \end{pmatrix}$$

也可以看成是函数，吸入的是 1 到 4 之间的数字（代表密文位置），吐出的还是 1 到 4 之间的数字（代表要将明文字母放到这些位置上），规则是一张表格，等等。

香农提出可以将混合函数用于密码来实现扩散和混淆。他承认，对于密码的这种思路没法精确定义出来。他说道："不过不用那么严谨，我们可以将混合变换看成是能把空间中任何相当整齐划一的区域十分均匀地分散到整个空间的函数。如果前一个区域能用简单术语来描述，那第二个区域就会需要用到十分复杂的术语。"比如说，如果这是一个简单替换密码，我们会希望靠近字母表开头的那些明文字母给出的密文字母能以十分复杂的方式散布在整个字母表中，也会希望高频率的明文字母能以很复杂的方式分散，等等。另一方面，要实现扩散，我们会希望函数能作用于更大的字母模块。香农提出了如下形式的函数：

$$F(P_1 P_2 \cdots P_n) = H(S(H(S(H(T(P_1 P_2 \cdots P_n)))))).$$

如图 4.2 所示，T 代表某种作用于 n 个字母一组的换位密码，H 是

某种模块长度为n的不太复杂的希尔密码，而S是应用于模块中每个字母的简单替换密码。每一步都很简单，但是完全可以相信，联合与重复能带来很好的混合特性。

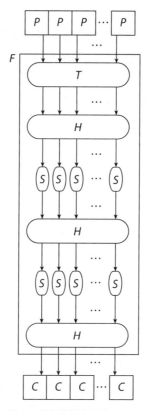

图 4.2 香农的混合函数 F

我们还没说到密钥的作用。在香农的理念中，F不是什么秘密，不涉及密钥，因此在这里并没有什么安全性。不过，这让F用计算机或别的机器执行起来特别容易，由于 F 是这个密码中最复杂的部分，简便易行十分重要。香农接着说道，优质的混合函数也能带来上好的扩散，我们还可以通过将函数扩展为如下形式来把混淆也加进去：

$$V_k(F(U_k(P_1 P_2 \cdots P_n))).$$

如图4.3所示，U_k 和 V_k 是相对不那么复杂的密码，比如说简单替换密码，由密钥k决定。思路是这样的：某些密钥信息马上得到应用，随后通过混合函数使之"鱼目混珠"，加进去的既有扩散也有混淆，然后再将更多密钥信息应用于此。最后一步不会带来混淆，但为了让伊芙无法立即反解无秘函数F所进行的任何操作，这一步还是有必要的。如果伊芙能以这种方式对密文"披沙拣金"，那就只剩下一个非常简单的密码需要解决了。为得到更多保障，这一函数也可以通过多次重复进行扩展，成为

$$W_k(F_2(V_k(F_1(U_k(P_1 P_2 \cdots P_n))))),$$

如图4.4所示，并以此类推。

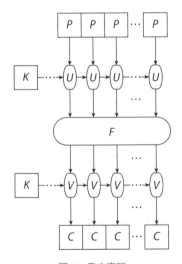

图4.3　香农密码

香农远远超出了他的时代。直到20世纪70年代，密码设计师才真正开始系统性地思考他的原则。也是到这个时候，人们才开始考虑计算机在军事和政府以外的应用，这当中有一个人名叫霍斯特·法伊斯特尔（Horst Feistel）。法伊斯特尔生于德国，但为了逃离纳粹军队征兵，于1934年来到了美国。1944年，他成为美国公民，并开始为美国

空军剑桥研究中心工作，致力于敌友身份识别（IFF）系统的研究。这个系统准确来讲并不算密码学，不过高度相关。此后，他在一些非营利研究中心做过一些防务外包工作，直到1967年加入国际商业机器股份有限公司（IBM）的沃森研究中心。在这期间，法伊斯特尔仍然在思考用于计算机的密码，但（很可能出于美国国家安全局的压力）未能继续致力于此。不过，他所加入的IBM与英国的劳埃德银行订有协议，要向该银行提供一批世界上最早的自动取款机。显然，很有必要对自动取款机和银行中心之间的通信进行加密，以防止发生未授权的交易。法伊斯特尔的团队最终给出了两种不同方案来创建安全的计算机密码，这两种都是香农方案的变体，也都直到今天仍在使用。

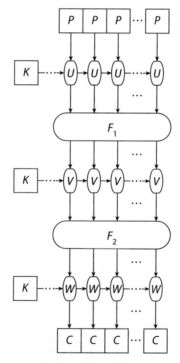

图4.4 更安全的香农密码

其中与香农的想法最接近的方案如今叫作替换-排列网络，也叫SP网络。与香农的方案类似，这种方案有一长串替换和换位（我们在

3.3节已经说过，换位实际上跟排列是一回事）。但跟香农不一样的是，SP网络并非交替使用简单多字替换（希尔密码）和更普通的单字替换再加一个大一点的换位密码，而是交替使用大型换位密码与较小但仍然足够复杂的多字替换，并且通常会附加一些像是多表替换这样的东西。当然，因为这些密码都是为用于计算机而设计的，所以都是作用于二进制数字（也可以叫比特或者位元），而不是字母。

　　要考察在现代计算机密码中到底是做了什么操作，最简单的办法通常是来一张示意图。现代SP网络的"标准"样式看起来可能就像图4.5的样子。现代密码非常典型的模块大小是128比特，因此我们可以假设就是输入了128比特的明文。密钥可以也是128比特，或者也可以更长一点。这一密钥会根据某种密钥规划分割成好几部分，这样的规划可以简单到只是先取前128比特，再取接下来的128比特并依此类推，也可以比这复杂得多。有的比特会不止用到一次，有的比特会被加起来，或是用别的什么方式进行转换之后再行利用。无论如何，一系列长度为128比特的逐轮密钥 K_0、K_1、K_2、… 就这样生成了。　124

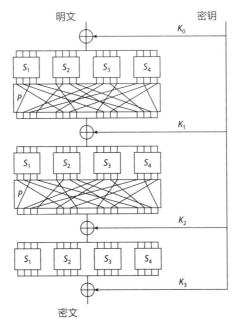

图4.5　SP网络结构示例

补充阅读4.1　明文数字化

你大概想知道，进入数字计算机的比特怎样才能代表明文。你可以用我们在4.1节提到过的5比特的博多码来做到这一点。更现代的方式是使用美国信息交换标准代码，简称ASCII，这是一种7比特的无秘编码方式，发明于20世纪60年代。5比特可以有$2^5 = 32$种可能性，而换成7个比特之后，就能给出$2^7 = 128$种可能了。这样一来，ASCII代码既能代表大写字母和小写字母，同时也能代表数字、标点以及其他符号。此外，还有一些比特组合是作为"控制字符"出现的，设计这些组合原本是用来让计算机完成某些事情，比如换行、响铃等，而不是在屏幕上显示出来。ASCII代码中的可显示字符见表4.1。

表4.1　ASCII代码的可显示字符

十进制数字	二进制编码	字符	十进制数字	二进制编码	字符	十进制数字	二进制编码	字符
32	0100000		64	1000000	@	96	1100000	`
33	0100001	!	65	1000001	A	97	1100001	a
34	0100010	"	66	1000010	B	98	1100010	b
35	0100011	#	67	1000011	C	99	1100011	c
36	0100100	$	68	1000100	D	100	1100100	d
37	0100101	%	69	1000101	E	101	1100101	e
38	0100110	&	70	1000110	F	102	1100110	f
39	0100111	,	71	1000111	G	103	1100111	g
40	0101000	(	72	1001000	H	104	1101000	h
41	0101001	)	73	1001001	I	105	1101001	i
42	0101010	*	74	1001010	J	106	1101010	j
43	0101011	+	75	1001011	K	107	1101011	k
44	0101100	,	76	1001100	L	108	1101100	l

续表

十进制数字	二进制编码	字符	十进制数字	二进制编码	字符	十进制数字	二进制编码	字符
45	0101101	–	77	1001101	M	109	1101101	m
46	0101110	.	78	1001110	N	110	1101110	n
47	0101111	/	79	1001111	O	111	1101111	o
48	0110000	0	80	1010000	P	112	1110000	p
49	0110001	1	81	1010001	Q	113	1110001	q
50	0110010	2	82	1010010	R	114	1110010	r
51	0110011	3	83	1010011	S	115	1110011	s
52	0110100	4	84	1010100	T	116	1110100	t
53	0110101	5	85	1010101	U	117	1110101	u
54	0110110	6	86	1010110	V	118	1110110	v
55	0110111	7	87	1010111	W	119	1110111	w
56	0111000	8	88	1011000	X	120	1111000	x
57	0111001	9	89	1011001	Y	121	1111001	y
58	0111010	:	90	1011010	Z	122	1111010	z
59	0111011	;	91	1011011	[	123	1111011	{
60	0111100	<	92	1011100	\	124	1111100	|
61	0111101	=	93	1011101	]	125	1111101	}
62	0111110	>	94	1011110	^	126	1111110	~
63	0111111	?	95	1011111	_			

　　现代计算机软件和硬件的设计人员会觉得7比特操作起来不大灵便，他们更喜欢2的幂，像是2、4、8、16、32这样的。因此，通常人们会在ASCII代码的开头多加一个比特，变成偶数的8比特。有时这个比特用于错误检查，有时用来表明该字符需要以某种特殊方式显示，有时也只是设置成0而已。因此，如果有一个作用于以ASCII代码表

示的明文的密码，其模块大小是128比特，则通常每个模块包含16个字符。

在我写下这些的时候，ASCII正处于逐渐被使用16比特甚至32比特的编码所取代的过程中，最终目标是能够对世界上所有仍在使用和已经消亡的语言的全部字母和符号进行编码。随着计算机变得越来越强大，密码的模块也在变得越来越大。到5.3节我们会看到，更重要的一点是，现代密码的应用方式会使每个模块所包含的字符数不再重要。

实际加密的第一步是应用我前面说过的多表替换。这一步替换将明文比特以2为模与第一轮密钥的比特相加，加法是不进位的，就跟4.1节中的电传打字机系统一样。随后这些比特被分成大量小组 —— 法伊斯特尔建议，可以分成32个4比特的组。每个4比特的组都要经过一个（无秘）替换盒，也叫S盒，就是对这4个比特进行多字替换，在数学描述上怎么复杂怎么来 —— 通常设计人员只是给出一张表，然后就摆在那儿了。所有的S盒可以都一样，也可以不一样，有时候S盒以某种方式依密钥而定，不过这不是必须的。经过S盒之后，这些比特再次合到一起，并经过一个（无秘）排列盒，也叫P盒，就是对整个模块进行某种很复杂的排列操作。请注意这个加密过程与ADFGVX密码的共通之处，后者同样是将较小的替换与较大的换位联合起来。

最后，这些比特再以2为模与逐轮密钥的下一部分相加，这一循环可以重复很多很多次 —— 也许10次也许20次，只看设计人员究竟想要这个密码有多安全以及多迅速。香农建议，第一次和最后一次操作都应当有加上密钥这一步，要不然伊芙只需要反解这些操作就行了，因为其他所有操作实际上都是无秘的。鲍勃在解密时，只需要将密码的每一步反向执行一遍。我们在4.1节已经看到，以2为模数减去密钥和加上密钥是一样的，因此这一步往前或往后操作起来都是起同样的作用。到4.5节考察高级加密标准时，我们还会看到替换-排列网络的例子。

125

126

替换－排列网络的思路是，用S盒每次提供4比特的混淆和扩散，再用P盒将其"散布"到整个128比特中。S盒中表达的复杂数学关系提供了混淆。为确保扩散，S盒经设计可以产生法伊斯特尔所谓的"雪崩效应"，也就是如果输入中的某个比特从0变成1，或是反之，就会有很高比例的输出比特发生变化。现代密码学家已经把这个效应量化为严格的雪崩标准：如果输入比特中有任意一个发生变化而其余的保持不变，则每一个输出比特对其他输入比特来讲将有一半发生变化，另一半保持不变。我们来看一个很小的3比特的例子：

输入	输出
000	110
001	100
010	010
011	111
100	011
101	101
110	000
111	001

127

　　例如，考虑输入比特的中间一位是0的情况，我们想知道输出比特的最后一位会发生什么变化。输入中有4例是这样的：000、001、100和101。下面的表格给出了每种情况下发生的变化，其中我们关注的比特以黑体显示：

输入	变为	输出	变为
00**0**	**0**1**0**	11**0**	01**0**
00**1**	**0**1**1**	10**0**	11**1**
10**0**	**1**1**0**	01**1**	00**0**
10**1**	**1**1**1**	10**1**	00**1**

你可以看到，有两种情形我们关注的输出比特变了，而另两种情形下没变。你可以检查一下，如果我们选取任意别的输入和输出比特，情况也仍然如此。

如果我们能只是创建一个128比特的S盒，使之在数学上足够复杂，并能表现出严格的雪崩标准，那我们就既有混淆也有扩散，齐活儿了。但就算采用现代技术，要这样做也还是不切实际。实际上，只要S盒中发生变化的比特不是1个而是多个，我们就可以用P盒将变化了的比特散布到整个模块中。跟S盒不一样，P盒很简单，尤其是在计算机芯片上——我们只需要将导线挪来挪去就够了。接下来，这些发生变化的比特经过更多S盒，改变更多比特，以此类推。如果严格的雪崩标准对每个S盒都适用，P盒也都是精心构建的，又使用了足够多遍，那么到最后，输入的明文改变一个比特，就会有50%的概率改变输出密文的每一位。

法伊斯特尔团队提出的另一种方案如今只是叫作法伊斯特尔网络。同样地，像图4.6那样的示意图可能是最有助于理解的。跟在SP网络中一样，有密钥规划用于决定逐轮密钥的序列。明文比特分成了两半，每一轮加密都用图中右边那一半输入比特来修饰左边那一半。首先，右半边的输入比特要通过一个逐轮函数 f，这个函数通常包含一个或多个S盒及/或P盒，并将这些比特与逐轮密钥以2为模数相加。逐轮函数输出的比特再与输入比特的左半边以2为模数加起来。随后，左右两部分交换位置。以上过程循环进行多次，典型的次数仍然是10到20轮。最后一轮结束时左右不再交换位置，不带这一步并不影响安全性，而且会让解密更加方便。

法伊斯特尔网络有一个很有意思的地方就是，解密实际上跟加密是一样的操作方向，不需要反向（除了密钥规划需要反向）。这是因为，逐轮函数的输出比特并非直接应用，而是以2为模加上去的，而以2为模的加法跟以2为模的减法是一样的。你可以看到，如果将图4.6中的加密图放到解密图上方，在中间那一行就会有两个完全一样的以2为模的加法，可以互相抵消。这两个加法抵消之后，其上和其下的加法实际上就也在同一行了，这两个加法也还是一模一样，因此又能互相抵消，依此类推。因为逐轮函数中的S盒不需要反向，所以S盒的选择就有了更多自由，可以使之具备优良特性，比如满足雪崩标准。实际上，S盒的输入和输出数量有可能并不一致。同样，P盒也并非一定是真正的排列，还可以是扩展函数或压缩函数，就像我们在3.3节已经见过的一样。

129

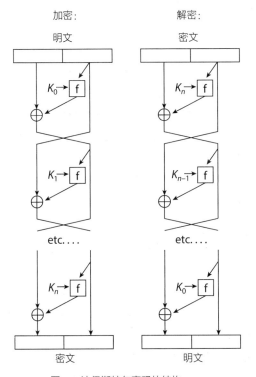

图 4.6 法伊斯特尔密码的结构

　　就像SP网络一样，法伊斯特尔网络的混淆是由逐轮函数中的S盒提供的。P盒通过每一半比特产生扩散，而以2为模的加法、左右换位、重复等操作则将扩散和混淆散布到另一半当中。法伊斯特尔网络密码最著名的范例是数据加密标准，下一节我们来好好看看。

4.4　数据加密标准NIST

　　法伊斯特尔的研究团队及其在IBM的后继者在1971年到1974年之间至少研究出了5种密码，这5种密码似乎都曾被叫作路西法[38]，挺令人费解。早期版本之一还曾用于IBM 2984型自动取款机。一个较晚近的版本在内部被称为DSD-1，当美国国家标准局（简称NBS，现在叫美国国家标准技术研究所，简称NIST）开始为新的国家标准加密算法征求提案时，研究团队就正在开发这个版本。

　　DSD-1是唯一正儿八经前来竞逐新标准的算法，后来人们称其为数据加密标准，简称DES，但从DSD-1到DES还是有些颇有争议的变化。美国国家安全局（简称NSA）并不想设计出新的标准密码，他们是在担心，设计工作有任何部分泄密给公众的话，就会暴露太多信息，比如有关部门都知道什么，以及这些部门都如何运转。不过，当标准局请安全局帮忙评估算法安全性时，据推测，安全局欣然受命。接下来到底发生了什么还并不清楚，因为安全局坚持要求所有有关人员都宣誓保密。我们只知道，法伊斯特尔曾打算将密钥长度设定为128比特，但在新标准中被削减到64比特，后来又减到56比特。此外，用于S盒的表格跟最初设计的相比也有变化。根据IBM团队成员透露的信息，从128比特削减到64比特纯粹是出于实际原因 —— 应用于DES算法的电路需要能适配在单个芯片上，而当时在一个芯片上处理 130　128比特实在是有点困难。另外，就算是64比特也意味着会有2^{64}个不同的密钥。一台计算机每秒检验一百万个密钥（在20世纪70年代可以说是相当快了）的话，也需要大约30万年才能完成对64比特密钥的蛮力攻击。

　　从64比特减到56比特就更加让人议论纷纷了。这样削减可以让一台计算机完成蛮力攻击的时间降到一千年左右，也就是说用一千台

---

[38]　路西法（Lucifer）语出《以赛亚书》第14章第12节，字面意思为晨星、启明星，也有"带来破晓的人"等比喻义。——译者注

计算机的话一年时间就够了，而这看起来像是某些组织比如国家安全局有可能办到的事情。就连IBM也有人怀疑，安全局坚持削减密钥长度，是为了让自己有机会破解密码。产品开发部门的头头坚持认为，降低密钥长度的原因，更确切地说是IBM的内部规范要求在密钥中挪用8比特用于错误检查机制。国家安全局密码学历史中心1995年出版了一本书，指出安全局其实还推动过48比特的密钥，56比特的密钥是一种妥协。这是否意味着当时安全局已经破解了DES，可能永远也不会有人知道。

就S盒来讲，国家安全局似乎是让S盒变得更安全了，而不是反之。1990年，两位学术研究人员宣称，他们发现了针对DES的差分攻击方法，通过比较来自两条或多条密切相关的明文的密文来破解 —— 实际上，这种特别攻击要用到大约 2^{47} 条明文，数量大得可怕，不过仍然可能比蛮力攻击要快一些。他们还发现，DES似乎特别扛得住差分密码分析。在听说上述声明之后，有位IBM的研究人员披露，实际上在1974年，S盒就已经重新设计过，目的正是用来抵御这种攻击，其中是否有安全局相助就不知道了。仍然无法确知的是，在1974年以前安全局是否就已经知道了用于差分攻击的这种技术，以及他们若是知道，又是否帮助了IBM的研究人员发现这一点。无论如何，安全局认为这种技术过于强大，不能随意披露弄得众所周知，因此确保了这项技术以及使DES更难破解的设计考虑都处于保密状态。直到近二十年后，这些内容才再次被发现。

那什么是DES算法？这是一种法伊斯特尔网络，就跟4.3节中的一样，不过在密码开头的地方还加入了一个P盒，又在结尾的地方加了这个P盒的逆元。前面我们说过，在密码开头和结尾的无秘转换并不影响安全性，因为伊芙很容易反解这些操作。显然，P盒只是用来让数据在一开始的芯片上处理起来更容易。模块大小是64比特，一共有16轮。图4.7是这种密码的概览。 131

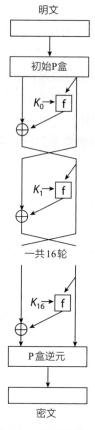

明文

初始P盒

$K_0 \to$ f

$K_1 \to$ f

一共16轮

$K_{16} \to$ f

P盒逆元

密文

图4.7 DES加密概览

与P盒有关的密钥规划会进行轮转，这是一种简单的排列，我们在3.8节曾提到过。还会用到一个压缩函数，像我们在3.3节讨论过的那种，就是从56个比特中选出一些，经过重排成为16轮密钥之一，每个密钥的长度都是48比特，如图4.8所示。每一轮的密钥都会用不一样的轮转，然后再用压缩函数，因此每一轮的密码都会不一样。

最后我们来看一下DES的逐轮函数，如图4.9所示。这里涉及一个扩展函数，我们也在3.3节讨论过。这个函数将模块右半部分的32比特重新编排，并重复其中一部分比特，从而得到48比特，可以与逐轮密钥相加。随后，这些比特分为8组，每组6比特，而且每一组都会经过DES著名的S盒之一，这8个盒每一个都与众不同。我们也曾说过，这一步带来了混淆。在4.3节中我们还提到，在法伊斯特尔网络中S盒的输出位数可以跟输入不一致，DES就是这种情况：每个S盒输入的是6比特，输出的则是4比特。这项操作再次为我们产生了32比特，接着再经过一个普通的P盒得到扩散，从而结束这一轮加密。

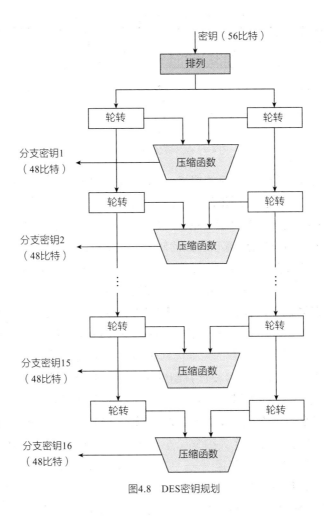

图4.8 DES密钥规划

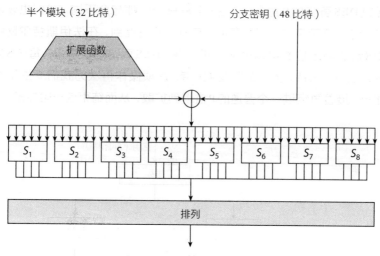

图 4.9　DES 逐轮函数

　　尽管有关于密钥长度的担忧，DES 作为密码标准的表现还是相当好的 —— 这个标准沿用了二十多年才最终被证明并不安全。我们说过，对 DES 的差分攻击在 1990 年被重新发现，但人们认为，这种攻击方式所要求的经过精心选择的明文–密文对的数量并不切合实际。1993 年，发现了另一种叫作线性密码分析的攻击手段。这也是一种已知明文攻击，不过明文–密文对并不需要经过仔细选择。但是，这种攻击仍然要求平均有 2^{43} 个明文–密文对，运算量也相当大。这种攻击似乎也不为 DES 的设计人员所知。1997 — 1998 年，电子前线基金会决定看看具备合理预算的合作团队究竟能不能用蛮力攻击破解 DES。他们用 1728 个定制芯片设计并制造了一台定制计算机，包括设计和制造时间的整个过程花了 18 个月，开支则不到 25 万美元，再加上核心团队不到十位兼职人员的志愿时间，以及单独的设计软件的短期志愿项目。这台机器花了大约 56 个小时来破解一个 56 比特的 DES 密码，不过他们还算是有些幸运 —— 平均搜索大概会花两倍的时间。此外，这个系统还可以扩展，因此两台同样大小和成本的机器可以一起花一半时间来破解 DES。到这时人们才普遍认为，DES 并非牢不可破。

4.5　高级加密标准

　　1997年9月12日，美国国家技术标准研究所发布了"高级加密标准候选算法提名请求"。高级加密算法，简称AES，是为了取代DES成为新的政府密码标准而提出的。挑选AES密码的进程中，几乎所有事项都与开发DES时不一样。事先指定了密钥长度和模块大小。要求算法对不同的密钥长度（128位、192位以及256位）都有效，从而不止满足当下的安全需求，也能满足未来。提案的评判标准也有具体说明：安全性、成本、灵活性、对软件和硬件的适配性，还有简洁程度。外国人也允许甚至是受邀参与，既可以作为提交人，也可以作为评议人。最重要的是，整个评估过程将完全在公众视野下考虑。还将举行一系列的三次公开会议，会上候选密码的设计人员将受邀作出陈述，NIST的科学家和外部专家都将对候选密码做出分析，普通公众也将受邀观摩、提问并发表评论。

　　到截止日期1998年6月15日时有21个密码提交，其中15个在评价中达到了最低要求。这15个密码有10个主要是在美国以外研究出来的，而且只有一个的设计团队全部是美国人。1999年8月，NIST将最终入围决选的名单缩小到5个。2000年10月2日，NIST宣布，优胜者是名叫"莱茵德尔"（Rijndael）的提案，提交人是两位比利时密码学家若昂·德门（Joan Daemen）和文森特·莱门（Vincent Rijmen）。这一标准于2002年5月26日生效。

　　我在4.3节说过，AES基本上算是一种SP网络。模块大小是128比特，通常想成是分解为8比特的16组并排布为 4×4 的方阵，如图4.10所示。密钥长度可以是128比特、192比特或256比特，加密多少轮则取决于密钥长度：128比特的密钥加密10轮，192比特的加密12轮，256比特的加密14轮。

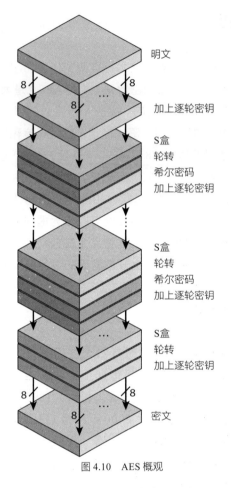

图 4.10　AES 概观

　　出于简化，我准备只描述一下密钥长度为128比特的AES版本的密钥规划，这不仅是最简单的，对本书写作来讲也是最常见的。第一轮密钥就跟原始密码的密钥一样。从这儿起要得到下一轮密钥，就得将前一轮的密钥通过一个涉及轮转P盒的函数，一组相同的S盒（下文详述），以及大量以2为模数的加法，还要用到"逐轮常数"。这个常数名副其实：仅仅取决于这是第几轮，跟别的什么都没关系。参看图4.11。

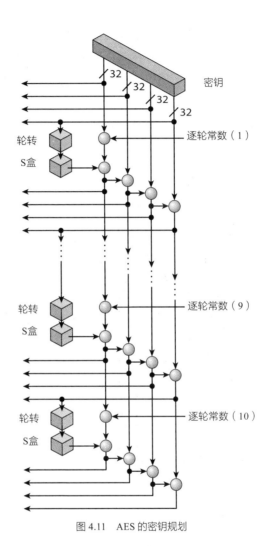

图 4.11　AES 的密钥规划

　　跟通常的 SP 网络一样，AES 开始时要与逐轮密钥相加。随后，每
个 8 比特小组都要经过一个相同的 S 盒来得到混淆。而跟在 S 盒后面的，
就是扩散了。AES 的设计人员跟法伊斯特尔不一样，他们认为一个巨
大的 128 比特的 P 盒太大了。因此，他们将扩散工作分成两步走。记住，
16 个 8 比特小组是看作排布成 4 × 4 方阵的。扩散的第一步就是一系
列的 P 盒，对方阵每一行的小组以不同的数字进行轮转，这一步带来
的是设计人员称为"疏散"的效果，是将开始时比邻而居的比特移动

137 到天各一方的过程。扩散的第二步不完全算是一种排列。这一步对方阵每一列进行希尔密码加密，用的是固定密钥和一种特殊的乘法，稍后我会详细介绍。用希尔密码可以让每个比特都有机会影响其他所有比特，因此其优点之一是，可以证明每个比特都必然受到大量S盒的影响，这就让执行差分攻击和线性密码分析变得很难。在每一轮的最后，新的逐轮密钥又加了进去。

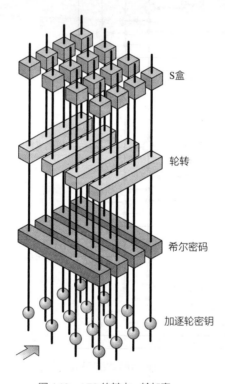

图 4.12　AES 的其中一轮加密

　　现在我们可以来看看 AES 的 S 盒是怎么设计出来的了 ——只有一个 S 盒，所以最好是个优良产品！记得我们说过，S 盒通常是作为表格给出的。一般有三种方法来选择表格的条目，可以是随机选择，可以是"人造"，也可以是"数学制造"。DES 的 S 盒就是人造的：设计人员使劲儿想他们希望表格符合什么标准，然后就去搜寻，直到找到满足要求的条目。而 AES 的 S 盒基本上是数学制造。还记得吧，S 盒函

数应当在数学上够复杂，才能带来混淆。AES设计人员有意选择了一 138
个从比特水平来看十分复杂的函数，不过从别的数学角度来看就没那
么复杂了。

AES的S盒使用的数学方法是模运算，但这里的模运算是用多项
式来进行的。请记住，AES里几乎所有进程都是以8比特小组为单位
的。首先我们将8比特小组转化为多项式：

$$01010111 \rightarrow 0x^7 + 1x^6 + 0x^5 + 1x^4 + 0x^3 + 1x^2 + 1x + 1$$
$$= x^6 + x^4 + x^2 + x + 1,$$
$$10000011 \rightarrow 1x^7 + 0x^6 + 0x^5 + 0x^4 + 0x^3 + 0x^2 + 1x + 1$$
$$= x^7 + x + 1.$$

要将各组相加，我们只需要将多项式以2为模加起来，最终结果
跟两组比特相加的结果是一样的：

	01010111	$\leftrightarrow$	$x^6 + x^4 + x^2 + x + 1$
+	10000011	$\leftrightarrow$	$+ \quad x^7 + x + 1$
	11010100	$\leftrightarrow$	$x^7 + x^6 + x^4 + x^2 + 2x + 2$
			$= \quad x^7 + x^6 + x^4 + x^2$

要将各组相乘，我们将多项式以2为模乘起来：

	01010111	$\leftrightarrow$	$x^6 + x^4 + x^2 + x + 1$
×	10000011	$\leftrightarrow$	$\times \quad x^7 + x + 1$
	?	$\leftrightarrow$	$x^{13} + x^{11} + x^9 + x^8 + 2x^7 + x^6 + x^5 + x^4 + x^3 + 2x^2 + 2x + 1$
			$= x^{13} + x^{11} + x^9 + x^8 + x^6 + x^5 + x^4 + x^3 + 1$

不过现在我们有一个问题。我们得到的多项式系数太多，没办法
变回8比特的组。这个问题应该能让你想起我们之前处理过的一个问

题，就是怎样将大于26的密文数字转换为密文字母。那里的解法是用
139　26这个数字绕回开头，而这里的解法也一样，不过我们在这里要用到
的是8次多项式 —— 也就是说，该多项式中各项指数最大的是x^8。如
果我们将相乘的结果除以8次多项式并取其余数，则余数将是7次或
更低次的多项式，这样我们就能将结果变回8比特的组了。记住我们
还需要为常数系数留出空间，因此8比特就意味着7次或更低次。

那我们该选择哪个多项式呢？可以就用x^8，不过稍后我们会看到
得用一个素数多项式，也叫不可约多项式。x^8不是素数多项式，因为
可以写成$x×x×x×x×x×x×x×x$。AES的设计人员查阅了8次多项式的
公开列表，寻找以2为模的素数多项式，并将找到的第一个用在这里，
结果就是$x^8+x^4+x^3+x+1$。

以多项式为模数做减法的最简单的方法仍然是除以这个多项式并
取其余数，整个过程中都以2为模数，因此可以这样结束上面的例子：

$$
\begin{array}{r}
x^5 \quad\ +x^3 \\
x^8+x^4+x^3+x+1\ \overline{)\ x^{13}+x^{11}+x^9+x^8+\ x^6+x^5+x^4+x^3\ +1} \\
\underline{-x^{13}\qquad\quad -x^9-x^8-x^6-x^5} \\
x^{11}\qquad\qquad\qquad\qquad +x^4+x^3 \\
\underline{-x^{11}\qquad\quad -x^7-x^6\quad -x^4-x^3} \\
-x^7-x^6\qquad\qquad +1
\end{array}
$$

余数是

$$-x^7-x^6+1\equiv x^7+x^6+1\ (\mathrm{mod}\ 2),$$

所以

$$01010111 \quad \leftrightarrow \qquad x^6+x^4+x^2+x+1$$

$$\times \quad 10000011 \quad \leftrightarrow \quad \times \quad x^7+x+1$$

$$x^{13}+x^{11}+x^9+x^8+2x^7+x^6+x^5+x^4+x^3+2x^2+2x+1$$

$$= \qquad x^{13}+x^{11}+x^9+x^8+x^6+x^5+x^4+x^3+1$$

$$11000001 \quad \leftarrow \quad \equiv \quad x^7+x^6+1 \ (\mathrm{mod}\ x^8+x^4+x^3+x+1)\ (\mathrm{mod}\ 2)$$

140

现在我们知道如何以多项式为模、以2为模进行加法和乘法运算了。由于我们以2为模，减法和加法是一回事。这样就只剩下除法了。我们选取素数多项式为模的原因，就跟我们在前面以素数为模时一样：每个非零多项式都有一个乘法逆元，而且也跟用数字运算时一样，我们用欧几里得算法就能算出这个逆元。

例如，要找出 $x^5+x^4+x^2+x$ 的乘法逆元，我们先计算 $x^5+x^4+x^2+x$ 与 $x^8+x^4+x^3+x+1$ 的最大公因数，只要方便就以2为模进行简化。我们确认 GCD 是1，再重新写下每一行，最后就会发现

$$1 \equiv (x^3+x+1)\times(x^8+x^4+x^3+x+1)+(x^6+x^5+x^2+x)\times(x^5+x^4+x^2+x)\ (\mathrm{mod}\ 2),$$

因此

$$1 \equiv (x^6+x^5+x^2+x)\times(x^5+x^4+x^2+x)\ (\mathrm{mod}\ x^8+x^4+x^3+x+1)$$

$(\mathrm{mod}\ 2)$ 于是得到

$$\overline{x^5+x^4+x^2+x} = x^6+x^5+x^2+x$$

$$(\mathrm{mod}\ x^8+x^4+x^3+x+1)\ (\mathrm{mod}\ 2)$$

如果写成比特就是

$$\overline{00110110}=01100110.$$

AES在两个地方要用到这种多项式运算。第一次是在希尔密码这

一步做乘法，第二次则出现在S盒的设计中。S盒函数一般只有两步：第一步是用我们刚刚讨论过的方法取8比特小组的乘法逆元（如果8比特全部为0，得到的就是零多项式，零多项式没有逆元，不必做任何操作）；第二步是将8个比特分开，并对其执行指定的8乘8的仿射希尔加密。搞定。

前面说到，在实际应用中S盒函数通常由表格指定，这张表格可以内置到加密硬件和软件中，从而不必一遍又一遍重复计算——尤其是乘法逆元，这玩意儿你也知道，实在是耗时耗力。不过，数学结构在这里起到的作用是，使得分析起AES对特定攻击类型的防御能力来更加容易。多项式结构使得将差分攻击和线性攻击用于AES都难上加难，前面我也提到，这是因为这些攻击类型都只"知道"比特，不知道多项式。而另一方面，S盒中仿射希尔密码这一步旨在令运用多项式方法对AES发起的攻击难如登天，因为这一步是作用于单个比特，并未虑及多项式结构。从刚开始竞逐AES的时候起，就有人担心这一步不够防御运用AES的"高阶"结构发起的攻击。2002年，一项针对AES的名叫XSL（eXtended Sparse Linearization，扩展稀疏线性化）的攻击公布出来，利用的就有这一结构。尽管现在人们似乎一致认为，XSL比蛮力攻击强不到哪儿去，但未来对AES基于多项式结构的攻击仍有可能变得极为重要。

2009年和2010年有几篇文章面世，描述了对AES的已知密钥攻击和相关密钥攻击可能有效。这些攻击方式要求在发起攻击之前就知道部分或全部密钥，对经过精心设计的AES在按其设计理念正确执行时，就无法直接应用了。然而历史表明，密码并非总能按其设计得到正确使用。另外，这些攻击可能是（也可能不是）有弱点的迹象，更传统的攻击方式或许也能加以利用。

2011年，对AES更常规的攻击发布。人们普遍认为这种攻击比蛮力攻击要好，但也没有好出太多。这种攻击相当于将128比特的密钥缩减到了126比特，用任何我们已知的电脑都还是要花相当长的时间才能破解。而且，这种攻击要求知道 2^{88} 条精心选择的明文及对应密文，在实际操作中好像挺难办到。无论如何，在写作本书时，这似乎是对 AES 最像模像样的攻击了。

142

4.6 展望

本书中我们要寻求的基于 SP 网络、法伊斯特尔网络以及类似想法的密码，到这儿已经抵达最前沿，没法说得更多了。不过，这些领域当然还有人在继续研究，不断推陈出新。可想而知，AES 总有一天要被取代，密码学家也早就在想什么密码能成为后起之秀。最开始的期望是新标准能沿用至少 30 年，国家技术标准研究所也理应每 5 年都重新评估一次 AES，看它是否仍能愉快胜任。到现在为止，AES 还没有出现什么大问题，不过人人都想做好准备，以防万一。

密码学家也对找出具备某些特殊性质的加密方法有浓厚兴趣，比如对数据某些方面的内容加密而对别的部分不加密。在保留格式加密中，目标是让某种类型的数据在加密后看起来仍然是同样的数据类型，比如一段加密过的音频文件应当仍然可以作为音频文件在电脑上播放。加密后的文件可能听起来像噪声，但不会带来错误信息。与此类似，如果数据库起初的设置为在某些字段写入姓名，在另一些字段写入信用卡号，那么在加密后，被加密的姓名应当仍然出现在姓名字段中，被加密的数字也应当仍然在数字字段中。这种思路至少早在 1981 年就有了，当时是出现在国家美国标准局的一份文件中，但早期的方法都非常低效。2013 年，在研究人员提了一些方案之后，美国国家技术标准研究所发布了国家标准的草案，其中纳入了三种最有效的建议方案。但不幸的是，2015 年 4 月的一份报告表明，这三种方案之一并不像先前以为的那样安全。

还有个更刺激的思路是同态加密。这种加密方法的目标是让爱丽丝能加密其数据并存储在鲍勃的电脑上。她可以要求鲍勃操作加密过的数据并返回加密过的结果，而不用告诉鲍勃怎样对数据进行解密。

例如，爱丽丝可以让鲍勃在加密后的电子表格中添加一列数字，而不用让他知道加进去的是什么数字或其总数。再或者，她也可以要求鲍勃在一个列表中找出所有以A打头的姓名，而不用担心扩散会让A因为受姓名中其他字母的影响而有不同的加密结果。这种加密方法在云端存储像是财务或别的敏感数据时会派上大用场，别的应用还包括电子投票计数等。

跟保留格式加密一样，同态加密的思想也可以追溯到计算机密码的早期，最早至少是1978年。但第一个真正全同态加密的系统直到2009年才发明出来，这个系统可以对数据进行任意操作。早期系统因实在太慢而无法实际投入使用，但从那时候起在速度和技术两方面都有了显著改进。有两个政府研究机构已经投入了两千多万美元来寻找这一问题切实可行的解决方案。截至2013年，至少有一家公司有望于2015年将解决方案投入市场，不过直到笔者撰写本书时，这一解决方案也还没有出炉。

找出对AES的新的攻击方法的努力还在继续，既有公开的，也有在政府项目中秘密进行的。2013年，美国国家安全局外包技术员爱德华·斯诺登（Edward Snowden）向记者披露了大量他从NSA计算机系统中获取的机密文件。其中有些文件提到NSA尝试读取加密通信，不过他们绝大部分技术都是跟找到办法绕开加密有关，而不是直接解密。发表于《明镜周刊》的一段摘录强调指出了以下内容，带来了几分紧张情绪：

> 诸如高级加密标准这样的电子密码本，应用广泛且难以用密码分析的方式发起攻击。NSA只有一些内部技术。"苔原"（TUNDRA）项目调查了一项潜在的新技术即Tau统计，以确定该技术在密码本分析中是否有用。

对完整文件更仔细的审读可以看出，这是一个暑期项目，面向对以后去NSA工作有兴趣的本科生，因此还不清楚这个项目究竟会有多大的威胁。新闻工作者仍在分类整理斯诺登文件，因此很有可能，未来会有更多有关"一些内部技术"的资料被暴露出来。

第五章

序列密码

5.1 流动密钥密码

到现在为止我们讨论过的所有密码，无论是古典的还是现代的，基本上都是分组密码。这些密码将明文分成相对较大的模块，模块可以是一个或多个字母，也可以是一个或多个比特。然后，对每个模块进行的操作都是独立于前后其他模块的。与此相对，还有一种密码叫作序列密码，其中的字母、比特或是较小的模块每次只加密一个，而每次加密的结果可能会取决于先前的加密过程。这种密码可能有些优势。首先，如果你事先并不知道明文是长是短，这种情形下用序列密码就很方便，也不用操心还得传输空白符号。数字无线通信是序列密码很好的例子。其次，扩散几乎是自动实现的，而且，因为带来混淆的操作会在加密过程中逐次积累，所以只需要用简单、快速的操作就可以达到很好的混淆效果。

走向序列密码之路的第一步来自我们在2.4节考察过的带密钥的多表密码。对多表密码来说，很早以前我们就知道，密钥单词或密钥短语越短，破解起来就越容易。大部分早期密码学家似乎都有过这样的念头："最佳落点"大致是不要超过一个句子，多了的话虽说密钥变长了，但带来的麻烦并不值当。而随着密码分析技术的提高，人们也越来越清楚地认识到，密钥中的任何重复都可以用来破解密码，我们在第二章已经见证过这一点。到19世纪末，密码学家开始普遍建议使用密钥文本，长度可以跟明文一样 —— 比如说，从一本很常见的书中约定好的某一页开始的文本。运用2.4节的表格法密码，我们得到

密钥文本	D	O	R	O	T	H	Y	L	I	V	E	D	I	N	T	H	E
明文	a	s	l	o	w	s	o	r	t	o	f	c	o	u	n	t	r
密文	E	H	D	D	Q	A	N	D	C	K	K	G	X	I	H	B	W

密钥文本	M	I	D	S	T	O	F	T	H	E	G	R	E	A	T	K	A
明文	y	s	a	i	d	t	h	e	q	u	e	e	n	n	o	w	h
密文	L	B	E	B	X	I	N	Y	Y	Z	L	W	S	O	I	H	I

密钥文本	N	S	A	S	P	R	A	I	R	I	E	S	W	I	T	H	U
明文	e	r	e	y	o	u	s	e	e	i	t	t	a	k	e	s	a
密文	S	K	F	R	E	M	T	N	W	R	Y	M	X	T	Y	A	V

密钥文本	N	C	L	E	H	E	N	R	Y	W	H	O	W	A	S	A	F
明文	l	l	t	h	e	r	u	n	n	i	n	g	y	o	u	c	a
密文	Z	O	F	M	M	W	I	F	M	F	V	V	V	P	N	D	G

密钥文本	A	R	M	E	R	A	N	D	A	U	N	T	E	M	W	H	O
明文	n	d	o	t	o	k	e	e	p	i	n	t	h	e	s	a	m
密文	O	V	B	Y	G	L	S	I	Q	D	B	N	M	R	P	I	B

密钥文本	W	A	S	T	H	E	F	A	R	M	E	R	S	W	I	F	E
明文	e	p	l	a	c	e											
密文	B	Q	E	U	K	J											

就算是带重复密钥的多表密码都已经让很多密码分析人员举手投降，他们只求密码能更简单些。这种流动密钥密码的密钥从不重复，比多表密码还难，但也并非绝对不可能破解。

　　有两种基本情况：一种情况是伊芙手里有用同一个流动密钥加密的多条信息；另一种情况要难一些，就是她手里只有一条信息。如果伊芙有理由相信，好几条信息都是同一个密钥加密的，她可以用2.5节的κ检验来检查一下。如果结果是否定的，伊芙就应该想到可能这些文本是用同一个密钥文本加的密，但起始位置并不一样：

146

密钥文本 1	D O R O T H Y L I V E D I N T H E M I
明文 1	a s l o w s o r t o f c o u n t r y s
密文 1	E H D D Q A N D C K K G X I H B W L B
密钥文本 2	L I V E D I N T H E M I
明文 2	m o w g l i w a s f a r
密文 2	Y X S L P R K U A K N A

密钥文本 1	D S T O F T H E G R E A T K A N S A S
明文 1	a i d t h e q u e e n n o w h e r e y
密文 1	E B X I N Y Y Z L W S O I H I S K F R
密钥文本 2	D S T O F T H E G R E A T K A N S A S
明文 2	a n d f a r t h r o u g h t h e f o r
密文 2	E G X U G L B M Y G Z H B E I S Y P K

密钥文本 1	P R A I R I E S W I T H U N C L E H E
明文 1	o u s e e i t t a k e s a l l t h e r
密文 1	E M T N W R Y M X T Y A V Z O F M M W
密钥文本 2	P R A I R I E S W I T H U N C L E H E
明文 2	e s t r u n n i n g h a r d a n d h i
密文 2	U K U A M W S B K P B I M R D Z I P N

密钥文本 1	N R Y W H O W A S A F A R M E R A N D

明文1	u n n i n g y o u c a n d o t o k e e
密文1	I F M F V V V P N D G O V B Y G L S I
密钥文本2	N R Y W H O W A S A F A R M E R A N D
明文2	s h e a r t w a s h o t i n h i m h e
密文2	G Z D X Z I T B L I U U A A M A N V I

密钥文本1	A U N T E M W H O W A S T H E F A R M
明文1	p i n t h e s a m e p l a c e
密文1	Q D B N M R P I B B Q E U K J
密钥文本2	A U N T E M W H O W A S T H E F A R W
明文2	c a m e t o t h e c a v e a s t h e e
密文2	D V A Y Y B Q P T Z B O Y I X Z I W R

密钥文本1	E R S W I F E
明文1	
密文1	
密钥文本2	E R S W I F E
明文2	v e n i n g m
密文2	A W G F W M R

147

和在2.5节中一样，如果密文对齐的位置是对的，那通过κ检验得到的重合指数就应该与6.6%最接近。

一旦伊芙确定了一系列用同一个密钥加密的密文，她就可以将这些密文叠置起来（当然位置要对齐），就像2.6节我们做过的那样。但不幸的是，她没法利用重复密钥来让每列都变得长一些。如果她有很多用同一密钥加密的信息，前面的问题就不是问题，字母频率分析也往往还能派上用场。或者，即便信息数量不多，但伊芙知道这些列都是以哪种密码加密的，她还是可以像在2.6节中那样直接发起蛮力攻击就够了。然而，如果信息的数量实在太少，每列的数据量可能都会不够。现在有一条很长的信息，那就应该有一些列能够合并起来看，实际上有大量的列——在我们的例子中有11列，都是用字母A加密的，所有这些列都可以合并起来，只要伊芙知道这些列都在哪儿。伊芙运气很好，还有一个检验能帮到她。这个检验同样来自弗里德曼和所罗门·库尔巴克（Solomon Kullback）的重合指数，名叫χ检验，也叫交叉乘积求和检验。

你可能还记得，φ检验要检查的是密文是否通过单表密码加密，而κ检验检查的是两道密文是否由同一个多表密钥加密。χ检验则用于判断，两道密文是否由同一个单表密钥加密。首先我们用φ检验来确保每一道密文都是单表加密的。接下来的基本思路就是，如果我们将两道密文并在一起，结果应该看起来仍然像是单表加密，我们也可以用跟φ检验一样的方法来检验。或者这样看：库尔巴克用代数方法证明了，只要每一道密文都分别进行了φ检验，再将φ检验用于合并后的密文，就等于计算两道密文的交叉乘积求和。计算方法是这样的：将从第一道密文中取到A的概率乘以从第二道密文中取到A的概率，加上B的两个概率的乘积，再加上C的两个概率的乘积，依此类推。如果这个求和结果大致等于6.6%，那么两道密文放在一起的重合指数就也是6.6%左右，这两道密文就是用同一个密钥加密的。

举个例子，假设伊芙有表5.1所示的密文。

148

表5.1 用同一个流动密钥加密的一系列密文

列：	I	II	III	IV	V	VI	VII
密文1：	Z	Q	K	I	Q	I	G
密文2：	G	C	Z	B	J	F	R
密文3：	H	N	T	V	T	B	P
密文4：	J	X	M	U	U	U	S
密文5：	G	W	J	X	N	X	O

续表

列：	I	II	III	IV	V	VI	VII
密文6：	Z	Q	K	V	Q	F	Q
密文7：	Y	Y	U	N	Y	M	S
密文8：	Y	N	G	W	M	J	G
密文9：	Z	Q	K	F	F	X	H
密文10：	U	O	Z	B	J	G	Z
密文11：	S	J	T	N	M	J	Q
密文12：	V	J	V	Y	W	X	W
密文13：	M	X	Z	I	G	W	W
密文14：	G	C	Z	B	J	X	W
密文15：	U	O	Z	B	J	X	D
密文16：	V	X	C	X	J	W	O
密文17：	G	A	S	M	Y	M	S
密文18：	B	X	E	U	L	J	K
密文19：	O	Q	K	U	W	I	W
密文20：	Z	Q	K	U	U	U	Z
密文21：	H	J	X	L	J	Q	Q
密文22：	U	O	C	U	W	M	C
密文23：	Z	Q	K	M	M	N	D
密文24：	C	J	Y	U	G	F	B
密文25：	Z	Q	K	D	T	Q	Z
密文26：	K	W	J	I	K	Y	V
密文27：	Y	R	R	P	J	W	G
密文28：	O	B	Z	L	N	P	S
密文29：	V	R	K	W	J	X	C
密文30：	G	W	J	F	F	X	H
最常见字母：	Z	Q	K	U	J	X	S
对应密钥：	U	L	F	P	E	S	N
与第一列的χ检验值：		0.018	0.072	0.037	0.038	0.023	0.058

伊芙如果将每列最常见的密文字母调出来，并假设这个字母对应明文字母e，就会得到表中所示的密钥字母。χ检验值表明，第一列和第三列最可能是用同一个密钥加密的。这两列用不同密钥解密的结果如下：

列	密钥	结果	频率求和
I	U	elmoleddezxarlzalgtemzehepdtal	0.060
I	F	tabdatsstompgaopavitbotwtesipa	0.061
III	U	peyropzlpeyaeeehxjppchpdpowepo	0.053
III	F	etngdeoaetnptttwmyeerwesedlted	0.076

你也可以看到，对第一列来说密钥F带来的结果只比密钥U好那么一丁点，但对第三列来说F的结果就要好得多了。鉴于χ检验的结果表明这两列的密钥相同，那上面频率求和的结果就是强有力的证据，证明这两列的密钥都是F。按这种方式进行下去，伊芙可以得出第五列和第六列也是用同一密钥加密的，而最后得到的流动密钥就是"fifteen"。

补充阅读5.1　原来你也在这里

在本书3.7节我们认识接触法的时候，不知道你心里是否有些疑惑。在那儿我们说到，将双字母频率的对数加起来比将频率本身加起来更加准确。但在更前面的2.6节，我们将多表密文还原成单表的形式时，我们只是将各字母的频率加了起来。这两种情形有什么不一样的地方吗？

答案就是，确实有。在将多表密文还原为单表密码时，我们有些额外信息是接触法里面没有的。我们知道我们正在摆弄的这组字母，φ检验重合指数的结果是多少：如果我们的操作全都正确无误，结果应该是0.066左右。我们同样也知道我们要找到的重合指数是多少，

在英语文本中就是 0.066。这些信息应该能让你想起本节我们应用 χ
检验时的情形，实际上 2.6 节的频率之和跟 χ 检验是等价的。

要搞清楚为什么，最简单的办法就是列一些方程。假设我们有一
组推定的明文字母，总数为 n 个，其中 a 有 n_a 个，b 有 n_b 个，等等。令 f_a
表示字母 a 在英语文本中出现的概率，f_b 表示字母 b 的概率，依此类推。
那么当我们将字母频率相加，f_a 就会加 n_a 次，f_b 就会加 n_b 次，等等。所
以我们会得到，这组字母的频率之和是

$$n_a f_a + n_b f_b + \cdots + n_z f_z.$$

现在假设我们要对推定的明文字母和大量真实明文字母做 χ 检验。
举例来讲，我们会从推定的明文中选出字母 a 的概率是 n_a/n，而会从真
实明文中选出字母 a 的概率是 f_a。依此类推下去，就可以得到这两个文
本的 χ 检验重合指数为

$$\frac{n_a}{n} f_a + \frac{n_b}{n} f_b + \cdots + \frac{n_z}{n} f_z .$$

正是前面的频率之和再除以 n。如果字母数量也一样，比较频率
之和得到的结论就会跟比较 χ 检验值的结论一样。

但是，这个检验得到的就是我们想要的结果吗？ χ 检验是用来检
验两段文本是否由同样的单表密码加密。我们知道，假想的真实明文
是用什么密码加密的 —— 其实就是无用密码。所以，如果 χ 检验结
果很好，就意味着我们假定的明文也是用无用密码加密的；也就是说，
这段文本也是明文。我们想要检验的正是这个。

目前为止这些技巧只有在伊芙有同一密钥加密的多条信息时才有
效。要是伊芙只有一条信息的话又该怎么办呢？这就是我前面说过的
第二种基本情况。乍一看，似乎并没有足够的频率信息，根本无从下
手。然而，还有一组我们尚未用到的频率信息，就是密钥中的字母频

率。因为密钥文本是从常见的图书中选出来的，我们可以预期，分散在这些文本中的字母频率，多多少少跟我们的明文是一样的。

151

我们来换换口味。现在假设伊芙知道，爱丽丝和鲍勃用的是反转表格法密码，而不是我们熟知的表格法密码。在这张表格里，密文数字等于密钥数字以26为模减去明文数字，所以我们有

$$C \equiv k - P \equiv 25P + k \pmod{26}.$$

这张表格看起来是这样：

	a	b	c	d	e	f	g	h	...	s	t	u	v	w	x	y	z
Z	Y	X	W	V	U	T	S	R	...	G	F	E	D	C	B	A	Z
A	Z	Y	X	W	V	U	T	S	...	H	G	F	E	D	C	B	A
B	A	Z	Y	X	W	V	U	T	...	I	H	G	F	E	D	C	B
C	B	A	Z	Y	X	W	V	U	...	J	I	H	G	F	E	D	C
⋮									⋮								
X	W	V	U	T	S	R	Q	P	...	E	D	C	B	A	Z	Y	X
Y	X	W	V	U	T	S	R	Q	...	F	E	D	C	B	A	Z	Y

假设伊芙得到的密文中有字母O。根据表格，明文可以是k，而密钥可以是Z，但如果密钥来自一本随处可见的书，这种情形一般来讲就不大可能出现。或者也有可能明文是l而密钥是A，这种情形的可能性会更高一些。再或者另外还有24种组合，这些组合的可能性介于前述两者之间。假设密钥文本和明文的选定互不相干（这样假设多半是对的），我们就能找出每种组合的可能性，将明文字母的概率乘上密钥字母的概率就行了。例如，字母l和字母A的概率乘积约为 0.040 × 0.082≈0.0033，而字母k和字母Z的概率乘积约为 0.0077 × 0.00074≈0.0000057。请注意，对低频字母我们得用比表2.2所示

更精确的数据。

我们可以用这种方法建立一张表格，包括每个密文字母及相应最有可能的明文字母。例如，假设伊芙有如下密文：

OFKOP QZHUL XSFTJ JRAHY

152　　那我们就能观察到如下情形：

密文	O	F	K	O	P	Q	Z	H	U	L	X	S	F	T	J	J	R	A	H	Y
最可能明文	e	n	t	e	o	n	e	a	t	s	t	a	n	t	e	e	i	s	a	t
其次	t	i	i	t	s	a	t	s	n	o	e	l	i	o	i	i	a	d	s	e
再次	s	h	h	s	d	r	a	l	s	h	n	h	h	n	t	t	t	n	l	o
最可能密钥	T	T	E	T	E	E	I	O	E	R	T	T	N	O	O	A	T	I	S
其次	I	O	T	I	I	R	T	A	I	A	C	E	O	I	S	S	E	A	D
再次	H	N	S	H	T	I	A	T	N	T	L	A	N	H	D	D	L	O	T	N

现在伊芙就可以开始找字母的高频组合了，也就是常见单词。她脑子里得时刻记着这些字母可能分散在三行明文和三行密钥文本中，而对每个给定的密文字母，明文和密钥所在的行都必须是对应的。例如，明文的第一个单词可能是"this"，对应的密钥文本就是"inth"，而这个密钥文本很可能后面跟着个e，这样可以组成"in the"，再看明文就有了"this o"。再往后看就难多了，伊芙恐怕得不断试错好几次，甚至可能还得往表格中再加几行，但只要有足够的时间和耐性，搞定这条信息还是有指望的。

这种情形下还有一种效果也很好的技巧，这就是可能字法。这种方法不是在最可能的明文和密钥文本的可能组合中搜寻常见单词，而是先随便选一个非常常见的单词，比如说the，或是伊芙有充分理由相信会出现在明文中的其他单词。接下来，伊芙可以将这个单词当成明文，在每一个可能的位置都试一下，看看是否能在密钥文本中得到高频字母或单词的一部分。或者她也可以拿一个常见词当作密钥文本来试试，看看是否能得到像样的明文。可能字法在我们考察过的一些别的情形中也适用，所以我觉得应该在这儿跟它打个照面。不过，这里面没有多少数学技巧，所以打个照面就够了。

5.2　一次性密码本

如果说重复密钥密码总能利用其重复来破解，而流动密钥密码也能要么利用多条信息，要么利用密钥里的字母或单词频率来破解，那到底有没有一种密码是无法被破解的？确实有这么一种"绝对安全"的系统，从19世纪末到20世纪初，这个系统似乎被独立发明了不止一次。我们知道的第一例是在1882年，一位名叫弗兰克·米勒（Frank Miller）的加利福尼亚银行家发布了一套用于电报的系统，其中既有代码也有密码。遗憾的是，他的系统似乎被忽略、遗忘了。至于第二个将所有必需的内容都拼起来得到了绝对安全系统的人究竟是谁，坊间还有些争议，但似乎这个人要么是4.1节出现过的吉尔伯特·韦尔纳姆，要么是约瑟夫·马宾（Joseph O. Mauborgne）少校，或者两人都与有荣焉，但很可能也都有各自同事的协助。1928年，美国电话电报公司（AT&T）宣布韦尔纳姆装置研发成功，可用于加密电传打字机通信，这时的马宾正是美国陆军通信兵团研究和工程部门的负责人。在军队中，通信兵团负责保证通信安全，因此马宾被派去观摩韦尔纳姆装置。马宾对这套装置爱不释手，但关于密钥有一个问题。AT&T的工程师起初将随机密钥放在一圈纸带上，这样密钥就会随着机器运转一遍遍重复。他们很快意识到这就是一种重复密钥密码，可以用我们在第二章用过的那些技巧来破解。人们提出了两种解决方案。其一是用两条更短的环形密钥纸带来加密，这两条纸带长度不一。正如2.7节中的情形，结果形成的密钥长度是这两条纸带长度的最小公倍数。但即便这样，系统仍然并非天衣无缝，毕竟我们在2.7节也

153

看到了，尤其是在通信繁忙的情况下。

　　另一种解决方案是让密钥跟密码一样长，就像流动密钥那样，但得是纯随机的密钥，不会含有能让密码分析人员找到头绪的频率信息或可能字。另外，这一密钥绝对不能重复利用。如果重复利用数次，在 5.1 节我们见过的针对多条信息的叠置技巧就能用于破解这条消息。更糟糕的情形是，就算密钥只用了两次，消息也能被破解。用方程的形式来考察这一点再简单不过了。假设伊芙搞到了两道密文 C_1 和 C_2，也就是

$$C_1 \equiv P_1 + k \ (\mathrm{mod}\ 2),$$

以及

$$C_2 \equiv P_2 + k \ (\mathrm{mod}\ 2).$$

将两道密文相加，就得到

154

$$C_1 + C_2 \equiv P_1 + P_2 + 2k \ (\mathrm{mod}\ 2),$$

其中 $2 \equiv 0\,(\mathrm{mod}\ 2)$，于是有

$$C_1 + C_2 \equiv P_1 + P_2 \ (\mathrm{mod}\ 2).$$

　　这就跟一道明文用流动密钥加密了之后的情形是一样的。于是，伊芙可以用这两道密文中的频率信息或可能字信息来解出明文，如果她愿意，还可以利用这些得出密钥。

　　但是，如果密钥只用了一次，那这个系统就连已知明文攻击都能扛得住。如果伊芙有匹配的明文和密文，那要发现密钥实在是易如反掌。但如果密钥是随机选定的而且从不重复使用，知道这部分密钥对

伊芙来说也于事无补。密钥只用一次对这个系统来说太重要了，因此人们称其为一次性系统或一次性纸带，而最通用的名字是一次性密码本。名字当中"密码本"的来历需要简单解释一下。正当韦尔纳姆和马宾为他们的系统埋头苦干时，德国外交部有三位密码学家也认识到，牢不可破的系统要有跟明文一样长的一次性随机密钥才行。他们用的是十进制而非二进制数字组成的明文，加法是以10为模而不是以2为模，对我们这个故事来讲最重要的一点是，他们不是应用在电传打字机的纸带上，而是直接应用在纸上。他们的系统于20世纪20年代早期开发出来供德国外交人员使用，用的是有50页的密码本，每一页都是法定规格[39]，写满了随机数字。每一个数字序列都有两个精确匹配的密码本，而在每条信息之后，用过的页面都会撕下来并销毁。

尽管人们普遍认为这种一次性密码本牢不可破，但还是要到20世纪40年代才由克劳德·香农来给出严格证明。实际上，首先他得有一个"牢不可破"的严格定义。香农认为，如果说一个密码绝对安全，那就是对任何给定密文，它来自任何明文的可能性都完全一样。因此要解出明文，伊芙除了瞎猜，没有任何更好的办法。香农接着展示了这一特性带来的后果。首先，明文有多少种可能，就得有多少个密钥，实际上这意味着密钥必须跟明文一样长。另一个后果是，每个密钥被用到的概率都得一模一样，也就意味着用作密钥的字符或数字必须随机选出，而且不能拿之前用过的密钥充数。电传打字机系统和德国外交人员用的系统都符合这些标准，密钥随机且跟明文一样长的表格法密码也同样如此。 155

我们可以用前面这个密码来展现一下，为什么一次性密码本无法破解。假设伊芙截获了下面的密文信息：

---

[39]　法定规格纸张（leagal-size paper）是指长14英寸（约35.6厘米）、宽8.5英寸（约21.6厘米）的纸张。这一纸张标准虽名为"法定规格"，实际上不同于国际标准（ISO 216的A、B、C等系列），目前多见于美国、英国及英联邦国家。——译者注

WUTPQGONIMM

而且她有理由相信，这条信息要么说的是"两点钟来见我"（meet me at two），要么说的是"十点钟来见我"（meet me at ten）。她可以两个都试一下。如果明文是"两点钟来见我"，她会找到如下可行的密钥：

密钥文本	J	P	O	V	D	B	N	T	O	P	X
明文	m	e	e	t	m	e	a	t	t	w	o
密文	W	U	T	P	Q	G	O	N	I	M	M

伊芙会说："诶嘿！"但是，你等会儿 —— 要是她试的是"十点钟来见我"，她还是能找到一个可行密钥：

密钥文本	J	P	O	V	D	B	N	T	O	H	Y
明文	m	e	e	t	m	e	a	t	t	e	n
密文	W	U	T	P	Q	G	O	N	I	M	M

实际上，任何可能的明文都会有一个可行的密钥。例如：

密钥文本	N	I	K	E	L	N	N	B	V	X	Y
明文	i	l	i	k	e	s	a	l	m	o	n
密文	W	U	T	P	Q	G	O	N	I	M	M

如果每个密钥的可能性都跟其他密钥一样，伊芙就没办法说清楚哪个才是对的。因此，她无法确认真正的明文。

尽管安全性堪称完美也颇具吸引力，一次性密码本还是有个大问题：它要求有大量的随机密钥材料，爱丽丝和鲍勃还必须想出来怎么交换这些密钥。在电传打字机系统第一次大规模试用期间，韦尔纳姆和马宾就用光了密钥纸带，只好转而依靠有两条环形密钥纸带的备用系统 ——这个系统还只是在两个静止不动的参与者之间通信，基本准则只是在无人打扰的环境中试用，还有大量注意事项。在实际生活中，很少会有什么情形适用于一次性密码本。外交人员之间的通信倒算是这样的情形。密钥材料可以由外交信使定期递送，随后用于通过不安全的电话或计算机网络通信。例如，白宫和克里姆林宫之间的"红色电话"专线就是用一次性系统加密的，至少刚开始的时候是这样子。（写在纸上的）一次性密码本，冷战期间也被苏联用于大多数最高级别的间谍通信。密码本可以做得超级小，因此很容易藏起来，在紧急情况下也很容易处理掉。出于后一个原因，密码本也会做得很易燃。也许，仅仅过于低估有多少消息要发送，就已经是传送新密钥材料要面临的一大困难。

5.3　带着你的妹妹带着你的嫁妆赶着那马车来：自动密钥密码

也有一些加密系统跟重复密钥无关，也不需要长长的密钥文本，因为可以拿之前用过的部分明文、密文或是密钥文本来产生新的密钥。这种系统叫自动密钥密码，并非绝对安全，但比重复密钥密码更难破解，也比流动密钥密码以及一次性密码本更加方便。自动密钥的想法，最早大致与早期的多表密码同时，是由吉罗拉莫·卡尔达诺（Girolamo Cardano）想到的，或至少也是他第一个描述的。他的想法是用明文自身作为密钥来产生密文，加密每个单词时密钥都从头开始。这种密钥用现代术语来讲就是密钥流。但是后面我们会看到，这完全算不上真正的密钥。

举个例子，卡尔达诺有一本关于赌博的著作，爱丽丝可以对其书

名 [40] 这样加密： [41]

密钥流	O N O N C A S T I O N C O N C
明文	o n c a s t i n g t h e d i e
密文	D B R O V U B H P I V H S W H

（157 在左侧标注）

要解密，鲍勃首先得解密第一个单词（下文详述），随后他可以利用第一个单词解密接下来的两个字母：

密钥流	O N O N
密文	D B R O V U B H P I V H S W H
明文	o n c a

这又给出了再接下来两个字母的密钥，并依此类推。

卡尔达诺的系统有三个大问题。第一个问题，我们用模运算来考察这个例子中的第一个单词时就会很容易看出来：

密钥流	O	N
数字	15	14
明文	o	n
数字	15	14
密文	D	B
数字	4	2

---

[40] 卡尔达诺这部关于概率论的著作，英文书名为 *On Casting the Die*，即《论掷骰子》，出版于他去世后的1663年。——译者注

[41] 此处最后三个字母的密钥流有误，与作者确认后已改正。——译者注

我们只是将第一个单词跟它自己加了起来，也就是乘了个2。但我们知道2是个坏密钥，因此要解出第一个单词，可能的解法不止一种，还可以是下面这样：

密钥流	B	A
数字	2	1
明文	b	a
数字	2	1
密文	D	B
数字	4	2

这还不算要命。这只是头一个单词，解密不正确不止是可能会让第一个单词变得不知所云，也有可能让接下来的文本全都变成胡言乱语。第二个问题更加严重。卡尔达诺的密码没有密钥，爱丽丝和鲍勃也就无法随心所欲地更换密钥，因此违反了柯克霍夫原则。第三个问题在很多自动密钥密码中都很常见。如果鲍勃解密时在前面犯了什么错误，那后面就基本上改不回来了，因为解密后面的密文需要用到前面的明文。有了这三个问题，卡尔达诺的密码注定孤独一生。贝拉索改进了这种情形，将自动密钥的想法跟逐行替换密码结合起来，但这个系统也从未时兴，很可能是因为太复杂了。

跟2.4节我们说到维吉尼亚密码时的情形不同，这回真的是布莱斯·德·维吉尼亚本人做出了重大突破，他1586年的著作《密码论，或书写的秘密方法》对此作了论述。他让爱丽丝用"初始启动密钥"来加密第一个字母，从而规避了卡尔达诺密码的第一个问题，并将明文第一个字母当作第二个字母的密钥，依此类推：

密钥流	V	A	W	O	R	T	H	L	E	S	S	S	C	R	A	C	K	I	N
明文	a	w	o	r	t	h	l	e	s	s	s	c	r	a	c	k	i	n	g
密文	W	X	L	G	L	B	T	Q	X	L	V	U	S	D	N	T	W	U	

　　用现代术语来表示这个初始启动密钥的话就是初始向量。向量是有固定长度的事物列表，而这里是长度为1的启动字母的列表。很容易理解，爱丽丝和鲍勃相互约定的也可以是别的长度。

　　但这种方法并没有解决卡尔达诺密码的第二个问题，因为初始启动密钥并不能真正算是密钥，它只影响第一个字母的加密。维吉尼亚还提出了一个规定来解决第二个问题，就是在将明文用作密钥流之前，额外增加一步来改动明文。这个密码真正的密钥就是改动的方法。比如，在用做密钥流之前，我们可以对每个明文字母应用 $25P + 1$，也就是埃特巴什码变换：

明文移位	v	a	w	o	r	t	h	l	e	s	s	c	r	a	c	k	i	n
密钥流	E	Z	D	L	I	G	S	O	V	H	H	X	I	Z	X	P	R	M
明文		a	w	o	r	t	h	l	e	s	s	c	r	a	c	k	i	n	g
密文		F	W	S	D	C	O	E	T	O	A	K	P	J	C	I	Y	F	T

　　这一思路最终被称为以 $25P + 1$ 密码为密钥的明文自动密钥密码。但是，卡尔达诺密码的第三个问题仍然很麻烦。如果鲍勃解密时在任何地方出了差错，再或者如果传输密文时出现错误，从出错的地方开始所有的解密工作就都是歧路亡羊了。这个问题对明文自动密钥密码来说是与生俱来的，通常也认为这正是这种密码如此少见的原因。

　　维吉尼亚还提出过另一种方案来解决这一问题，叫作误差传播。爱丽丝不再用明文自动密钥密码，而是可以用密文自动密钥密码。这时候，密文会移动一位或数位，前面再加上初始向量，就形成了密钥流。举个例子：

密钥流	I	F	G	Z	T	Y	Z	L	X	W	L	G	Y	N	W
明文		w	a	s	t	e	a	l	l	y	o	u	r	o	i	l
密文		F	G	Z	T	Y	Z	L	X	W	L	G	Y	N	W	I

这回初始向量渗透并影响了全部密文，但另一方面，这也让几乎整个密钥流都能一目了然。按照柯克霍夫的原则，伊芙恐怕已经知道爱丽丝和鲍勃用的是密文自动密钥密码，因此把密钥流直接交给她可不是个好主意。她只需要在不同位置挨个试试密钥流，总能找到密钥流起作用的位置，再找出初始向量就行了。

跟明文自动密钥密码一样，将另一种变换应用于密文自动密钥密码也能提升其安全性能。比如说，应用了 $25P + 1$ 变换的密文自动密钥密码是这样子的：

移位密文	I	O	M	G	N	R	J	C	J	P	Z	V	W	S	Q
密钥流	R	L	N	T	M	I	Q	X	Q	K	A	E	D	H	J
明文	w	a	s	t	e	a	l	l	y	o	u	r	o	i	l
密文	O	M	G	N	R	J	C	J	P	Z	V	W	S	Q	V

同样，在这里 $25P + 1$ 变换也应当看成是密钥。

因为密钥流只跟密文有关，而跟解密后的明文无关，所以密文自动密钥密码不会遭受同样的困扰，不会有解密错误在整个解密过程中传播。但是，如果爱丽丝的加密过程出了问题，这种密码也会有类似的麻烦。因为密文的改变会影响后面整个加密过程，爱丽丝犯的任何错误都会让鲍勃解密的消息从出错的地方开始变成胡言乱语。在现代计算机问世之前，密文自动密钥密码十分罕见，但从那时候开始某种跟它的思路如出一辙的密码变得大行其道。

实际上，在计算机出现之前的任何一种自动密钥密码，都能对应上一种可用于现代分组密码的工作模式。我们在第四章展现的那些分组密码的应用中，每个模块单独加密，严格说来叫作电子密码本模式（简称ECB，参看图5.1）。这种模式的缺点是，同样的明文模块总是会加密成同样的密文模块。如果模块大小是128比特，就像高级加

密标准那样，那么一个模块就有16个文本字符，这可是相当长的重复。然而，在别的数据类型中，比如高分辨率图像或高质量音乐中，这样的重复俯拾即是。因此，这种模式会泄露大量信息，ECB并不安全。

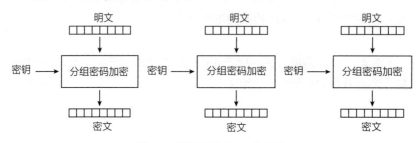

图 5.1　电子密码本（ECB）加密

```
^(@@@)^(@@@)^          (*&&&!(*&&&!(
(@@@@@@@@@@)           *&&&&&&&&&&!
^(@@@@@@@@)^           (*&&&&&&&&((
^^^(@@@@@)^^^          (((*&&&&&!(((
^^^^^(@)^^^^^          (((((*&!(((((
    明文                   ECB加密


&*)((&&*)((&&          &!^!^($@()#)&
*)(((((((((((&         !^!^!^!^!^!^(
&*)(((((((((&&         $@()#@()#@(*!
%%%*)((((&&%%          )&*$%*&$%^%@#
%%%%*)&&&%%%%          ^%@#^*&@#^%@#
   明文自动                密文自动
   密钥加密                密钥加密
```

图 5.2　不同加密模式对同一张图加密的效果

　　我想用图5.2展现一下泄密的情形，用的是模块很小的分组密码，以及分辨率极低的一幅图像。第一张图显示的是明文，并通过将符号根据标准美国键盘上的相应位置变换成数字来加密：

符号	!	@	#	￥	%	^	&	*	(	)
数字	1	2	3	4	5	6	7	8	9	0

第二张图中，每个数字都分别以10为模用 $3P + 1$ 变换进行加密，然后再变回符号。图像的大体形状仍然很容易看出来。第三张图中，数字串是用明文自动密钥密码加密的，变换规则跟前面一样，初始向量取的是0。这个图要认出来就有点儿难，不过一大串相同的明文符号仍然会泄露大量信息。到了第四张图，数字串是用密文自动密钥密码加密的，变换规则和初始向量还是跟前面一样。想要从最后结果推想出原图是什么，可以说相当困难，虽然也不是完全没有可能。

假设我们将明文自动密钥密码的思路应用于现代分组密码，比如用高级加密标准代替 $25P + 1$ 变换，以2为模加上比特而不是以26为模加上字母，一如4.1节。这样我们就有了明文反馈模式，简称PFB，如图5.3所示。这种模式的变化版本之一是将每个明文模块跟下一个明文模块在加密之前相结合，再对结合后的模块加密，这叫作明文区块链，简称PBC，如图5.4所示。PFB和PBC仍然会深受前面说过的误差传播之苦。在现代计算机中，加密和解密中的错误要比以前罕见得多。但是，传输中的错误仍然会是非常严重的问题，因此这些模式很少用到。在图5.2中我们已经看到，这些模式也会泄露一些频率信息。如果有些明文模块比别的明文模块明显更频繁地出现，观察密文也能相对较容易地看出这一点来。

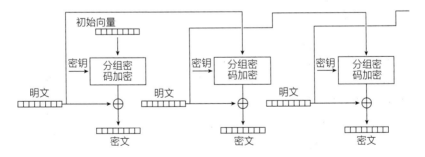

图 5.3　明文反馈模式（PEB）加密

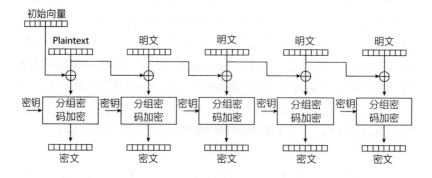

图 5.4　明文区块链模式（PBC）加密

对密文自动密钥密码我们也可以如法炮制，这样维吉尼亚的密文自动密钥密码就变成了密文反馈模式，简称 CFB，见图 5.5。或者我们在加密之前将每个密文模块都跟下一个明文模块相结合，就会得到密文区块链，简称 CBC，见图 5.6。这些模式不会受到传输错误带来的误差传播的困扰，而且我们也说过，现代计算机当中能导致误差传播的加密错误十分罕见，因此，人们认为这些工作模式非常有用，而且用得很多。

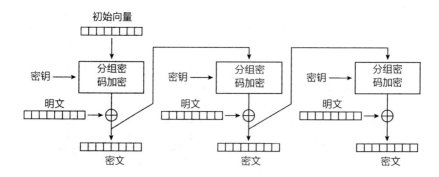

图 5.5　密文反馈模式（CFB）加密

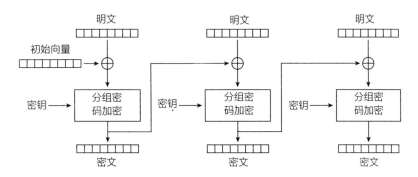

5.6 密文区块链模式（CBC）加密

自动密钥密码的第三种主要形式是密钥自动密钥密码。维吉尼亚很显然没想到过这种密码，可能是因为把密钥流复制成密钥流的想法似乎并不能带来什么新花样。但是，如果我们在前面的操作中加上额外的变换，那就会有点儿意思了。如果爱丽丝每次都对密钥流字母加1，就会得到特里特米乌斯的逐行密码：

移位密钥流	Z	A	B	C	D	E	F	G	H	I	J
密钥流	A	B	C	D	E	F	G	H	I	J	K
明文	t	h	e	o	p	p	o	s	i	t	e
密文	U	J	H	S	U	V	V	A	R	D	P

移位密钥流	K	L	M	N	O	P	Q	R	S	T
密钥流	L	M	N	O	P	Q	R	S	T	U
明文	o	f	p	r	o	g	r	e	s	s
密文	A	S	D	G	E	X	J	X	M	N

其他变换会给我们带来别的重复密钥密码，但没有哪一个特别有意思或者特别安全。

但是，没有人说过额外变换一次只能作用于一个字母或数字。对

163

164 这种密码，把密钥流想象成成组的数字要容易得多，因此，我们假设
爱丽丝刚开始的初始向量是 5 个十进制数字，比如 17742。在将这组
数加进明文之前，她将这组数中的每一位再以 10 为模加上另一组的 5
个数字，比如说 20243。

移位密钥流	1	7	7	4	2	
密钥流	3	7	9	8	5	
明文	t	u	r	n	i	ngpointontheeasternfront
密文	W	B	A	V	N	

对密钥流中下一个分组的 5 个数字，爱丽丝再将 20243 加到第一
组的 5 个数字上，后面的也依此类推。

移位密钥流	17742	37985	57128	77361	97504	1774
密钥流	37985	57128	77361	97504	17747	3798
明文	turni	ngpoi	ntont	heeas	ternf	ront
密文	WBAVN	SNQQQ	UARTU	QLJAW	ULYRM	UVWB

苏联军队在第二次世界大战期间用过一种类似的密码来加密数字
代码组，前面我们看到的是苏联所用版本略微简化后的形式。但是你
可以看到，将这种密码用于字母也是一样的。严格来讲这仍然是重复
密钥密码，但周期增长到了 50。这个密码并非牢不可破，而且模块相
互之间也有一些关系，伊芙可以加以利用。但对只有 5 位数密钥的密
码来说，这个效果已经相当好了。而且，我们当然还可以让模块更大。
此外，我们也可以用更有意思的分组密码来变换密钥流，比如说换位
密码或希尔密码，这样还能让周期变得更长。密钥自动密钥密码极为
灵活，虽然用起来可能也会特别复杂。但是，计算机不就是用来干这
个的嘛。

在现代分组密码中，与密钥自动密钥密码相对应的工作模式叫作

输出反馈模式,简称OFB。在这里也一样,基本思路是对之前的密钥流模块用分组密码加密,再以2为模将加密结果的比特与明文比特相加。从图5.7可观其大略。

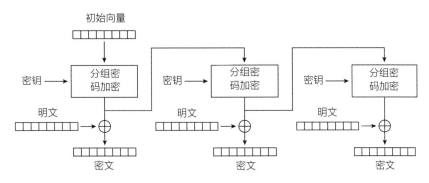

图 5.7 输出反馈模式（OFB）加密

输出反馈模式用之前的单个密钥模块来生成下一个密钥模块,因此某种意义上这仍然是一种逐行密码。不过,因为模块可以有大量不同的形式,周期也可以非常长。同样,分组密码理应有很多密钥可供选用。因此,伊芙如果想用重复密钥的技术来攻击OFB模式的上乘密码,她几乎不可能成功。可能性还是有的,也正是出于这个原因,有些专家会建议不要使用OFB模式。即便如此,这种模式还是相当常见。

分组密码还有一种常见的工作模式,对应的是某种密钥自动密钥密码,不过这种密码在计算机发明之前不太可能有人用过。这种密码不是加密之前的密钥流模块来得到新的密钥流模块,而是以初始向量作为起点,每次都让初始向量稍微有点变化,再用来对新的模块加密。最常见的变化是每次都在加密前加1,因此通常叫作计数器模式,简称CTR。这种密码并不适合笔算,原因之一是其中的分组密码要有很好的扩散特性才行。我们用2 × 2 的希尔密码（mod 10）来举个例子。在4.5节我们已经看到,希尔密码通常能带来很好的扩散。

假设爱丽丝以17为初始向量,以1、2、3、5为希尔密码的密钥,

那么她的加密就是如下形式:

计数器	17	18	19	20	21	22	23	24
密钥流	58	73	98	26	41	66	81	06
明文	yo	uc	an	co	un	to	nm	ex
密文	DW	BF	JV	EU	YO	ZU	VN	ED

166　　如果是计算机密码,则组织方式如图5.8所示。

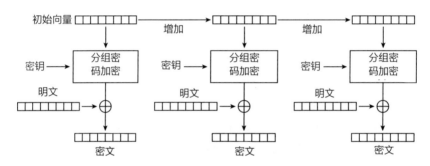

图5.8　计数器模式加密

　　跟输出反馈模式一样,计数器模式的初始向量也不需要保密,但在用特定密钥加密时,需要确保每条信息的初始向量都不一样。要不然的话,两条信息的密钥流就会一样,伊芙就能利用5.1节和5.2节中的叠置技巧来破解。同样跟输出反馈模式一样,计数器模式的密钥最后还是会重复。这时候我们也很容易看出周期有多长:只要计数器绕回起始位置,密钥就会开始重复。因此,爱丽丝和鲍勃只需要在重复发生之前换掉密钥就行。计数器模式最后一个有趣的特点跟一般的序列密码并不一样,就是很容易从信息中间随便哪个位置开始加密或解密,只要把计数器设成合适的数字就行了。有的数据文件存储的信息可能需要一点一点改动,在加密这样的数据文件时,计数器模式就能大显神威。

5.4　线性反馈移位寄存器

在前面的章节中我们留意到，让分组密码的模块变得更大，可以提高某些工作模式的安全性。有一种变通是使用非常小的模块，甚至小到1个字母或比特，但每个新的密钥模块都由多个之前的模块来决定。我们还是从有5个十进制数字的初始向量开始。令密钥流中第六个数字等于头两个密钥流数字之和（以10为模），第七个数字等于第二和第三个数字之和（以10为模），并依此类推。比如说，如果初始向量是（1，2，0，2，9），我们就会得到

167

1，2，0，2，9，3，2，2，1，2，5，4，3，3，7，9，7，6，0，…

这个数列最终还是会重复，但是要到16401步之后才会出现。

我们用来生成这个密钥流的手法在较早的文献中叫作链式加法，最近的文献则称之为滞后斐波那契发生器（模10）。斐波那契指的是著名的斐波那契数列，如果以（1，1）为初始向量，而且加法中不使用模运算就能得到：

1，1，2，3，5，8，13，21，34，55，89，144，233，377，610，…

古代印度的数学家对这个数列有很多了解，不过西欧人知道这个数列却是因为比萨的列奥纳多，也就是（波那契家族的）"斐波那契"：[42]。"滞后"则是指并非像斐波那契数列那样将数列最后两项加起来得到新的一项，而是用往回追溯几步得到的两项相加。

---

[42] 斐波那契（1175—1250 C.E.），原名列奥纳多，实际上波那契（Bonacci）并非其家族名，而是其父亲的外号，有"好、自然、简单"之意，而"斐波那契"也是一个外号，意为 Bonacci 之子。因与文艺复兴时期代表人物列奥纳多·达·芬奇同名，人们转而用外号斐波那契称呼这位比萨的列奥纳多。——译者注

爱丽丝用这种滞后斐波那契密钥流加密的效果如下：[43]

密钥流	1	2	0	2	9	3	2	2	1	2	5	4	3	3	7	9	7	6	0
明文	m	u	l	t	i	p	l	y	l	i	k	e	r	a	b	b	i	t	s
密文	N	W	L	V	R	S	N	A	M	K	P	I	U	D	I	K	P	Z	S

看起来能构想出这种密码的，要不是斐波那契自己，似乎也可以是维吉尼亚。实际上，这个密码发明于1969年，是以向美国密码学会挑战的面目出现的，名为格罗马克（Gromark）密码。1957年有对苏联间谍鲁道夫·伊万诺维奇·阿贝尔（Rudolf Ivanovich Abel）的审判，以10为模的链式加法技术似乎就最早出现在审判后的非保密文件中。在这次审判中，叛变到美国的苏联间谍雷诺·海罕南（Reino Hayhanen）描述了如何在复杂密码中用链式加法生成密钥数字。跟格罗马克密码不一样，他们用的是"劈腿棋盘"中的密钥数字以及很复杂的换位，而不是多表密码。海罕南的密码通常被称为VIC密码，这是海罕南的代号。

在古典的链式加法系统中，通常将初始向量用作密钥。初始向量很容易修改，而且能对后续的密钥流产生巨大影响，也很容易用来指明在密钥流中要回溯多远才能找到要加起来的那些数字。不过，滞后斐波那契系统也可以有多种变体，比如要用的两个来自之前密钥流的数字不相邻，或是用不同的规则将这些数字联合起来：可以不以10为模而是别的数，可以不是加法而是乘法，还可以是更复杂的运算规则。

对这个系统改动还能更大，比如从之前的密钥流中选用的数字多于两个。在格罗马克密码中，对第 n 个密钥数字我们可以写出如下公式：

---

[43] 明文大意为"像兔子一样繁殖"，正是斐波那契在其1202年所著《计算之书》（*Liber Abaci*）中介绍该数列时用到的例子。波那契在北非经商，斐波那契在协助父亲打理商务的过程中学习了阿拉伯数字，《计算之书》不止介绍了斐波那契数列，也同样将阿拉伯数字和十进制介绍到了欧洲。——译者注

$$k_n \equiv k_{n-5} + k_{n-4}(\mathrm{mod}\ 10).$$

对滞后斐波那契系统，更一般的表达式可以写成：

$$k_n \equiv k_{n-i} + k_{n-j}\ (\mathrm{mod}\ m).$$

其中 i 和 j 表示在密钥流中要回溯多远，m 则是模数。现在假设我们用以下公式：

$$k_n \equiv c_1 k_{n-j} + c_2 k_{n-j+1} + \cdots + c_{j-1} k_{n-2} + c_j k_{n-1}\ (\mathrm{mod}\ m).$$

其中的系数 c_1、c_2、$\cdots$、c_j 可以看成是密钥的一部分，也可以当作定值，视为加密方法的一部分。但无论如何，对整个信息这些系数都是不变的。

例如，我们取 $m=2$，$j=4$，$c_1=c_3=1$，$c_2=c_4=0$，就会得到

$$k_n \equiv 1 k_{n-4} + 0 k_{n-3} + 1 k_{n-2} + 0 k_{n-1}\ (\mathrm{mod}\ 2).$$

如果我们以 $k_1 = k_2 = k_3 = k_4 = 1$ 为初始向量，则有

$$k_5 \equiv 1 \times 1 + 0 \times 1 + 1 \times 1 + 0 \times 1 \equiv 0\ (\mathrm{mod}\ 2),$$
$$k_6 \equiv 1 \times 1 + 0 \times 1 + 1 \times 1 + 0 \times 0 \equiv 0 (\mathrm{mod}\ 2),$$
$$k_7 \equiv 1 \times 1 + 0 \times 1 + 1 \times 0 + 0 \times 0 \equiv 1\ (\mathrm{mod}\ 2),$$
$$k_8 \equiv 1 \times 1 + 0 \times 0 + 1 \times 0 + 0 \times 1 \equiv 1\ (\mathrm{mod}\ 2),$$

等等。

用上述公式产生密钥流的真实机器或模拟器叫作线性反馈移位寄存器，简称LFSR。线性是指公式类型。一组变量乘以另一组变量并加

在一起就叫作线性[44]，这是因为这类方程中最有名的就是 $y = mx +$
b，在二维平面中代表一条直线。反馈是指之前的值要用来产生新的
值。移位寄存器指的是一种特殊的电子线路，早期曾用于建造这类机
器。如图5.9所示，这是一个存储单元序列，每个存储单元里都有一
个数字。移位寄存器受时钟控制，时钟每走一步，就会有一个新的输
入数字进入 j 单元，j 单元原来的数字进入 $j-1$ 单元，依此类推，而
1 单元中的数字就成为该移位寄存器的输出。如果移位寄存器开始时
在1单元存的是 k_1，2单元存的 k_2，一直到 j 单元存的 k_j，那么在持
续运行时就会输出原始的 k_1、k_2、$\cdots$、k_j，然后是新的 k_{j+1}、k_{j+2}，等等，
由输入而定。

图5.9　移位寄存器

反馈移位寄存器则是以某种方式运用各单元存储的内容来为第一
个单元生成新的输入数字，如图5.10所示，其中用来生成新数字的过
程就叫反馈函数。而线性反馈移位寄存器就是用线性反馈函数来生成
新输入数字的。图5.11给出了这个反馈过程是如何建立的，其中圆圈
标记出的 c_1 到 c_j 的数字表示要以 m 为模与路过的数字相乘，带圆圈的
加号则表示要以 m 为模将路过的数字都加起来。

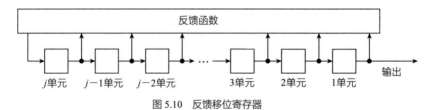

图5.10　反馈移位寄存器

---

[44]"线性"方程是所有未知数的次数都不超过一次的方程，即以变量乘上定值。文中如
此定义是与下文线性反馈移位寄存器的工作方式有关，不算是"线性"的标准定义，提请读
者留意。——译者注

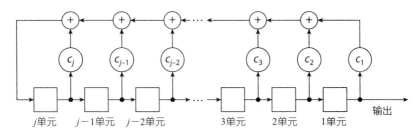

图 5.11 线性反馈移位寄存器

　　线性反馈移位寄存器最常见的模数是 2，这样所有的数字都只会取 0 和 1 两个值，也就都可以当成比特来看。将一个数字乘以 0 或 1 再加起来，等于说要么加这个数要么不管这个数，因此我们也可以把图 5.11 中的乘法圆圈看成是开关，控制着这个比特是加还是不加。图 5.12 就是表现成这种形式的 LFSR。你大概也能想象，这种设置很容易在专门的数字硬件中实现，能产生相同结果的变化版本也很容易通过软件来实现，只不过未必有硬件那么快罢了。数字 LFSR 在密码学中的应用至少可以追溯到 1952 年，也就是刚刚成立的美国国家安全局开始为自己和美国军方设计 KW-26 加密系统的时候。

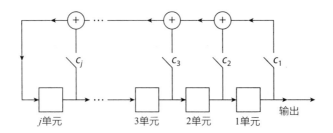

图 5.12 线性反馈移位寄存器用开关控制

　　回头来看我们的图，如果我们知道从 c_1 到 c_j 都是什么数字，就可以用另一种方式来展现这几个数，也就是要么画一条线，要么不画。因此，我们刚刚给出的例子可以画成图 5.13 的样子。如果各单元开始时是 1、1、1、1，这个系统就会输出

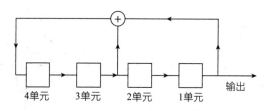

图 5.13　线性反馈移位寄存器的特例

　　就跟我们计算得到的结果一样。我希望你自己能算算看，再核对一下。

　　现在我们知道什么是LFSR了，那在加密时要怎么用呢？我们要用的LFSR输出的数字通常都以2为模，也就是都是比特，因此把明文都表示成比特也就顺理成章了。在这里我们用补充阅读4.1中的美国信息交换标准代码（ASCII）来表示明文。如果爱丽丝想加密一段消息，就首先将其转化为ASCII：

明文	S	e	n	d		$	.
ASCII	1010011	1100101	1101110	1100100	0100000	0100100	0101110

　　随后她用LFSR生成一段密钥流：

明文	S	e	n	d		$	.
ASCII	1010011	1100101	1101110	1100100	0100000	0100100	0101110
密钥流	1111001	1110011	1100111	1001111	0011110	0111100	1111001

　　接下来，将相应比特以2为模相加：

.

明文	S	e	n	d		$	.
ASCII	1010011	1100101	1101110	1100100	0100000	0100100	0101110
密钥流	1111001	1110011	1100111	1001111	0011110	0111100	1111001
密文比特	0101010	0010110	0001001	0101011	0111110	0011000	1010111
十进制数	42	22	9	43	62	24	87

172

如果"爱丽丝"和"鲍勃"是电脑，那到密文比特这一步就可以结束了。如果爱丽丝是个大活人，她估计会想用更简洁的形式表示这些比特，比如用相应的十进制数字。

你可能已经注意到，此处 LFSR 的输出在以相当短的周期重复：6个比特而已。大概你也想问，是不是每个 LFSR 都会重复，以及如果是的话，周期总是这么短吗？答案分别是"是"和"不是"。LFSR的输出必然会重复，因为输出仅仅取决于移位寄存器各单元中的数字模 m，这些数字只有那么多种选择。只要同一组数字再次出现，输出就会从这一点开始重复。那数组一共有多少种可能呢？我们的例子中有 4 个单元，模数是 2，每个单元要么是 0 要么是 1，这样一共就有 $2 \times 2 \times 2 \times 2 = 2^4 = 16$ 种可能；但如果所有单元都是 0，那很明显输出就会一直为 0 下去，所以我们得避开这组数。另外还有 15 组数可以在输出重复之前遍历，因此对于有 4 个单元、模数是 2 的 LFSR 来说，周期可以是 15，实际上我们的例子也正是如此。一般来讲，有 j 个单元、以 m 为模的 LFSR，周期最长可以达到 $m^j - 1$。如果 m 是素数，具有该周期的 LFSR 就会有很多个，找到这些 LFSR 的方法也已有深入了解。

如果我们想要一个序列密码，上述情形堪称完美。我们有办法快速生成密钥流，也有可靠的办法让周期想要多长就有多长。但不幸的是，描述 LFSR 的方程，像希尔函数中的那些，都是线性方程。也就是说像希尔密码这样的 LFSR，在已知明文攻击面前简直不堪一击。

假设伊芙知道她面前是有 j 个单元的 LFSR 系统，而且有 $2j$ 个明

173

文比特及相应的密文比特。可能开头的 s 个比特没有搞到，那么就假设我们手上的明文比特是从 P_{s+1} 到 P_{s+2j} 好了，相应的密文比特就是从 C_{s+1} 到 C_{s+2j}。加密用以下方式进行：

$$C_n \equiv P_n + k_n \pmod{2}.$$

所以，用下面的方法伊芙很容易就能找出密钥流比特：

$$k_n \equiv C_n - P_n \pmod{2}.$$

请记住伊芙的目的是找出密钥，对 LFSR 来说密钥通常是指从 k_1 到 k_j 的初始向量，有时候也可以算上从 c_1 到 c_j 的系数。这时候，伊芙总是可以发起已知明文版本的蛮力攻击，也就是尝试所有可能的密钥，来看看是否能生成正确的密钥流。不过，也还有好得多的办法。

就算不知道 k_1 到 k_j，甚至也不知道 c_1 到 c_j，伊芙也可以用她已经知道的密钥流比特建立方程组：

$$k_{s+j+1} \equiv c_1 k_{s+1} + c_2 k_{s+2} + \cdots + c_{j-1} k_{s+j-1} + c_j k_{s+j} \pmod{2},$$
$$k_{s+j+2} \equiv c_1 k_{s+2} + c_2 k_{s+3} + \cdots + c_{j-1} k_{s+j} + c_j k_{s+j+1} \pmod{2},$$
$$\vdots$$
$$k_{s+2j} \equiv c_1 k_{s+j} + c_2 k_{s+j+1} + \cdots + c_{j-1} k_{s+2j-2} + c_j k_{s+2j-1} \pmod{2}.$$

上面只不过是有从 c_1 到 c_j 一共 j 个未知数，同时也有 j 个方程的方程组。方程组的解可由伊芙在 1.6 节对希尔密码用过的手法求得。这样就有了从 c_1 到 c_j 的系数。

如果伊芙想知道从 k_1 到 k_j 的初始向量，现在她同样可以建立以下方程组：

$$k_{j+1} \equiv c_1 k_1 + c_2 k_2 + \cdots + c_{j-1} k_{j-1} + c_j k_j \pmod{2},$$

$$k_{j+2} \equiv c_1 k_2 + c_2 k_3 + \cdots + c_{j-1} k_j + c_j k_{j+1} \pmod 2$$
$$\vdots$$
$$k_s \equiv c_1 k_{s-j} + c_2 k_{s-j+1} + \cdots + c_{j-1} k_{s-2} + c_j k_{s-1} \pmod 2$$
$$k_{s+1} \equiv c_1 k_{s-j+1} + c_2 k_{s-j+2} + \cdots + c_{j-1} k_{s-1} + c_j k_s \pmod 2$$
$$\vdots$$
$$k_{s+j} \equiv c_1 k_s + c_2 k_{s+1} + \cdots + c_{j-1} k_{s+j-2} + c_j k_{s+j-1} \pmod 2$$

现在伊芙不但知道从 k_{s+1} 到 k_{s+j} 的值，还知道从 c_1 到 c_j 的值，所以上面的方程组有 s 个方程，也有从 k_1 到 k_s 一共 s 个未知数，解起来不在话下。因此，伊芙能从头到尾得到整个密钥流，当然也就包括初始向量了。

5.5 向LFSR添加非线性

如果线性反馈移位寄存器会因为线性而不够安全，怎样才能改进一下呢？选项之一可能是用非线性反馈函数，但这种函数运行较慢，优劣势也较难加以分析。另一种选择是在LFSR中取多个单元的值，或是从多个LFSR中取输出值，并将这些值以非线性方式搁一块儿算。这样做的隐患之一是很可能就招架不住相关攻击了 —— 如果非线性函数选得不好，那就有可能根据输出值对LFSR中的一个或多个值做出合理猜测。第三种选择是对控制LFSR中的比特何时移位的时钟做出变换。可以有多个LFSR分别在不同的时候移位，也可以用一个LFSR的输出去控制它本身或另一个LFSR移位。所有这些想法也都可以合起来用。

在我写作本书时，用得最多、研究最透彻的基于LFSR的序列密码可能要数A5/1密码，这是用于第一代GSM数字手机的一种密码。A5/1的研发细节十分扑朔迷离，研发中的审议过程也明显都是机密。据一位研究人员引述的匿名信源称，20世纪80年代在西欧国家的情报部门之间有过一些分歧，这些国家都介入了GSM最早的研发工作。特别是西德的情报部门想要有强大的加密工具，很可能是为了保护自

己不被苏联及其东欧盟友窃听。其他国家的情报部门希望加密弱一点，可能是为了让自己监视起来更容易点。最后选中的密码似乎是较弱的一个。但另一方面，最终选择就运行速度、组件数量和功耗而言十分有效率。这些特性在决策中可能也起到了重要作用。

A5/1密码的细节在1987年和1988年逐渐丰富起来，而密码的第一次正式使用是在1991年，当时这个密码还是作为商业机密出现的。但在1994年年初的某个时候，一家英国电话公司将描述A5/1密码的文件交给了英国一所大学的一位研究人员，而且显然并未要求对方签署保密协议。到1994年年中，关于这个密码的一份几乎完整的描述在互联网上发布了。1999年，有人从真正的手机出发，通过逆向工程得到了该密码的完整设计，而且也贴到了网上。GSM协会最终确认，这一描述是正确的。

A5/1密码开始时有三个LFSR，分别有19、22和23个存储单元，如图5.14所示。每个LFSR的周期都取最大值，分别为 $2^{19}-1=524\ 287$，$2^{22}-1=4\ 194\ 303$，以及 $2^{23}-1=8\ 388\ 607$。这样一共有64个存储单元，并用64比特的密钥进行初始化。这三个LFSR的输出都以2为模加起来，再与明文比特以2为模相加。到现在为止这还挺像一个多重加密的重复密钥密码，就像2.7节中的那样。因为每个周期与其他周期的最大公因数都是1，如果让这个密码就这样，周期就会有 $(2^{19}-1)\times(2^{22}-1)\times(2^{23}-1)\approx 18\times 10^{18}$，铁定是够长了。但我们不过是将三个线性密码以线性方式联合起来，结果仍然是线性的，因此这个密码面对已知明文攻击仍然不堪一击。

非线性成分来自前面提到的第三种思路，就是让时钟系统变得更复杂。并非时钟每走一步就三个LFSR都移位一次。请注意，图5.14中每个LFSR靠近中部都有一个比特做了记号，这些就是时钟控制比特。时钟每走一步，这三个比特都就0和1进行"投票"，并遵循少数服从多数的原则。如果哪个LFSR的时钟控制比特投的是多数，就移动一位；投的是少数就保持不动。表5.2可以看得更清楚。从该表你

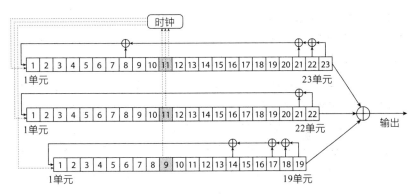

图 5.14 A5/1 密码

也可以看到，时钟每走一步，每个 LFSR 平均移动了 3/4 位，而且每次都至少有两个 LFSR 移位。实验表明这一改动令周期大大缩短，但只要使用得当，这点小小不便还是能忍的，尤其是因此也能抵御已知明文攻击了。

表 5.2　A5/1 时钟控制系统

时钟控制比特			移位？		
LFSR-19	LFSR-22	LFSR-23	LFSR-19	LFSR-22	LFSR-23
0	0	0	yes	yes	yes
0	0	1	yes	yes	no
0	1	0	yes	no	yes
0	1	1	no	yes	yes
1	0	0	no	yes	yes
1	0	1	yes	no	yes
1	1	0	yes	yes	no
1	1	1	yes	yes	yes

但最后结果却表明，增加的安全性似乎没有 GSM 研发人员刚开始想的那么大。安全性问题的最早迹象在 1994 年就已经出现，这一年有人提出了已知明文攻击。这种攻击需要猜出 LFSR 初始向量中的一

176

些比特，再算出别的比特应该是什么。1997年的一篇文章解决了攻击的细节，同时还提出了另一种攻击——预计算攻击，就是让伊芙在染指明文–密文对之前就预先计算并存储部分信息，提高了已知明文蛮力攻击的效率。针对A5/1发展起来的第三种攻击是相关攻击的变体。前面说到相关攻击的时候，伊芙是基于非线性函数的输出和函数本身，对函数的输入做出有根据的猜测。在这里，伊芙是基于密钥流较晚近的值，以及每个LFSR已经移位多少次的估计值，对三个LFSR先前的值做出合理猜测。这个攻击第一次用于A5/1是在2001年。预计算攻击和相关攻击从最早提出到现在，也都已经大为改进。

　　由于各种各样组织管理方面的原因，已知明文攻击用于真正的手机通信还是有些困难。但是，有些研究者还是发现，A5/1用于真正手机的方式之中有很多独特的地方。这些独特让伊芙可以识别出等价于可能字的信息，或者也可以用仅有明文的数据发起已知明文类型的攻击。2006年有人估算过，相关类型的攻击可以破解4分钟的手机通信数据，在个人电脑上平均需要的计算时间不到10分钟，破解成功的概率超过90%。2003年有人描述了预计算攻击，要求有140台个人电脑运行一年来构建预计算表格，还要有22个200G的硬盘来存储表格数据。预计算的量可以说相当大了，但有了这些表格，一台个人电脑解密起手机通信来可以做到跟这台电脑截获数据一样快。一项旨在创建这样的表格以证明这种攻击可行的项目已经开始运作，而且在密码分析方面已经取得局部成功。GSM协会对这些攻击的意义轻描淡写，倒是指出有一种完全不涉及LFSR的新密码"正在分阶段引入，以取代A5/1"。

　　新密码叫作A55/3，是3G和4G网络标准，但对旧网络翻新改造的工程一直进展缓慢，到2013年才有所改观。这一年，爱德华·斯诺登搞到的美国国家安全局内部文件显示，安全局不需要密钥就能"处理"加密过的A5/1。一般认为这是指跟前面描述过的那些相类似的一种攻击。作为回应，一些主要的无线运营商宣布，他们要么会放弃旧的GSM网络转而使用A5/3密码，要么会用3G或更高的技术来取代旧网络。

177

如果说LFSR自身并不安全，而且GSM协会似乎已经放弃使用LFSR来保护手机通信 ——那如果你想问是否还有什么基于LFSR的密码仍被认为是安全的，倒也无伤大雅。实际上，密码设计人员仍然会在他们的程序中用到LFSR。美国并不存在序列密码标准，但2004年，欧洲杰出密码学网络（简称ECRYPT，这是最初由欧盟发起资助的研究）开启了eSTREAM计划，以"确认适合广泛采用的新的序列密码"。有34种密码提交考虑，最后有7种被认为对eSTREAM产品组合来说足够安全、高效，也足够实用。这7种密码有3种都以某种方式用到了LFSR。你想问的问题答案很简单，就是你必须谨慎选择恰当的方式，将非线性成分添加到基于LFSR的密码中。

5.6 展望

跟第四章一样，本章介绍的这种密码，到这里已经是本书力所能及的最前沿了。新的序列密码，以及分组密码的新工作模式，这两个领域的研究进展都日新月异。美国国家标准技术研究所（NIST）的网站近期列出了12个正式认可的工作模式，还有更多已提交的工作模式作为未来的考虑范畴也一并列出。正式认可的模式中有5个，即ECB、CFB、CBC、OFB及CTR，本章前面都曾论及。还有一种名叫XTS的模式与计数器模式有关，但是为加密存储在硬盘上的数据而专门设计的。最后6种模式涉及消息的认证而不是加密，或者说在加密之外还兼有认证功能。

我们已讨论过的许多工作模式和序列密码都有一个问题，就是这些加密无法杜绝伊芙对爱丽丝发送的消息做出改动的可能。我提到过希望工作模式可以避免在加密和传输过程中出现误差传播。这也就意味着，伊芙其实可以对一小部分信息稍作改动，而整条信息看起来仍然读得通。如果伊芙知道消息中某一特殊部分包含数字或计算机数据而非文本，这种可能就更需要严阵以待。比如说，她也许可以更改电子交易中钱的数目，或是破坏计算机程序的关键部分来让鲍勃的电脑死机。就算伊芙并不知道她到底把消息改成了什么，她还是能制造很多麻烦。

认证模式的目标是用密钥产生一个消息认证码（简称MAC），随着消息一起发送。这个代码是一小段信息，就算信息中只有1个比特变了，这个片段都会有无法预知的变化。伊芙也许能改动爱丽丝的消息，但是没有密钥她就没法也改动MAC来跟消息匹配。鲍勃用密钥来验证MAC，从而确保消息没有被改过。无论有没有对消息加密，爱丽丝都可以引入MAC——说不准她并不担心谁能看到消息，只要伊芙没法改动消息就行。

最早也最简单的MAC之一是CBC-MAC，有个版本还在1985年成了美国政府标准。这个MAC本质上就是用特殊密钥以CBC模式加密消息，结果只保留密文最后一个模块，别的都弃之不用。要想足够安全，这种MAC还需要做些微调，不过NIST认可的CMAC认证模式与CBC-MAC紧密相关。

CBC-MAC和CMAC模式也都有一个问题，就是如果爱丽丝对信息既想加密也想认证，她就得用两个不同的密钥加密两次，认证加密模式则可以同时产生MAC和密文。怎样安全、高效地进行这些操作，是目前密码学领域极为重要的问题。

前面还说到，密码工作人员仍在致力于研发全新的序列密码。我也提到eStream组合密码中有三个都在用LFSR，其中两个既用到了LFSR，也用到了非线性反馈移位寄存器（NLFSR）。NLFSR将非线性方程直接放在反馈方程中，而不是将其用于LFSR的结合。前面也说过非线性系统分析起来更慢、更难，这也正是既用NLFSR也用LFSR作为某种辅助的原因之一。也有一种名叫"三艺"[45]的eStream密码只用了NLFSR加密（如图5.15所示），因此引来极大关注，但其中的非线性成分似乎只保持在安全性所需的最小程度。仅有的非线性操作是有三个地方，密钥流的两个比特是相加而非相乘。现在就说这

---

[45] "三艺"（trivium）指文法、修辞和辩证，是欧洲中世纪大学教育的核心内容。——译者注

种密码是否能得到广泛使用还为时尚早，但看起来大有希望。

还剩下三种完全没有用到移位寄存器的eStream密码。这些密码按原始设计是要用于软件的，而不是直接用在电路中。这样的密码设计上更灵活，用到的技术也多种多样，包括在不断变化的表格中查找数值、来自分组密码设计的混淆和扩散的思路等。

180

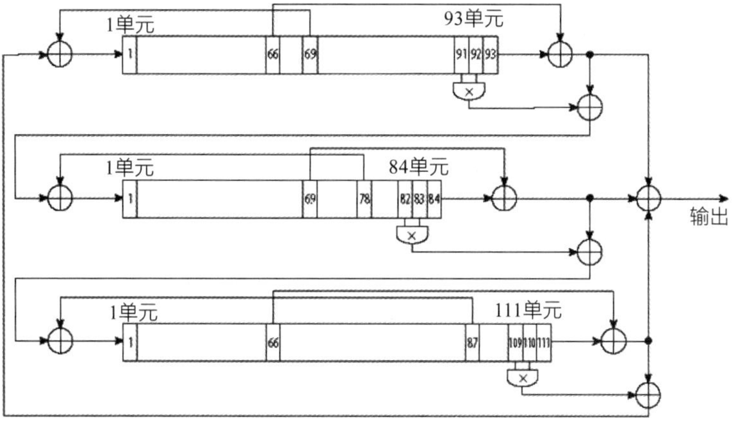

图 5.15 三艺密码

美国政府制定了高级加密标准（AES），会有哪个主要国家的政府也像美国这样，令单一的序列密码成为标准吗？似乎不太可能。并非直接基于分组密码的序列密码通常只用于一些并不适用分组密码的特殊情形，有时候是因为速度，有时候可能是因为处理能力有限，比如手机或IC卡，还有的时候可能是为了降低功耗、带宽受限、使程序更容易并行、要有特别的改错性能，等等。这些情形各式各样，需要的密码也有各不相同的优劣之处，因此，好像谁都不大可能找到一个序列密码成为"最佳"。

181

第六章

带指数的密码

6.1　用指数加密

我们会希望下一个密码在数学上很简单，但是又能抵抗唯密文攻击和已知明文攻击，这些攻击我们在1.7节介绍过。首先，我们得弄一个多字密码出来，虽说构建模块的方法跟1.6节用过的只有些微区别。我们的例子仍然以2为模块大小，并将明文都分成两个字母的模块。[46]

po we rt ot he pe op le

这回我们将每两个字母的模块转换成数字，但只是将两个字母对应的数字挤在一块儿，需要的时候加个0：

明文	po	we	rt	ot	he	pe	op	le
数字	16,15	23,5	18,20	15,20	8,5	16,5	15,16	12,5
挤在一起	1615	235	1820	1520	805	1605	1516	1205

对这个密码我们也得选一个数当模数。因为模块的值最大可以到2626，要是还选26当模数可就搞不定了。选一个素数当模数会很方便，虽然在本章后面我们会看到模数也可以不是素数。眼下我们先选2819好了，这是个素数而且比2626要大，算是上乘之选。

---

[46] 此处明文"power to the people"直译为"还政于民"，但其中power一词在数学中兼有"次方"的含义，而people一词的首字母p又可代表明文，一语双关。——译者注

我们已经试过了加法、乘法以及各种混合运算。数学家的下一个
思路会试试指数，也就是数字的几次方。还记得吗？一个数字的几次
方意思就是让这个数字自乘多少次。比如说，$2^3 = 2 \times 2 \times 2 = 8$。在
这里我们要用的是

182

$$C \equiv P^e \,(\, \mathrm{mod}\ 2819\,),$$

这个密码的密钥我们通常叫作 e，代表加密指数。请注意，这里的
e 跟自然对数的底 $2.71828\cdots$ 毫无关系。加密指数是 1 到 2818 之间的
一个数，不过要有一些限制，下文详述。现在我们先取 $e=769$。

明文	po	we	rt	ot	he	pe	op	le
数字	16,15	23,5	18,20	15,20	8,5	16,5	15,16	12,5
挤在一起	1615	235	1820	1520	805	1605	1516	1205
769 次方	1592	783	2264	924	211	44	1220	1548

这里我们的操作是取 1615 的 769 次方，每当超过 2819 的时候就
绕回去取余数，也就是说我们要做大量的乘法和减法。要想算出得数，
你得有一台计算机，至少也得有个相当好的计算器才行。算出来的数
我们也没办法变回字母，不过没关系，爱丽丝就把数字传给鲍勃就可
以了。

那鲍勃怎样才能解密呢？就像加法的逆运算是减法、乘法的逆运
算是除法一样，取多少次方的逆运算就是求多少次根。比如说，如果
$8 = 2^3$，那么 $2 = \sqrt[3]{8}$，而如果 $C=P^e$，那么 $P = \sqrt[e]{C}$。但是，如果你觉
得做除法并确保得到一个整数已经够让人头大了，那求根就是雪上加
霜。例如，在我们的例子中第一个密文模块是 1592，其 769 次方根约
为 1.0096，对我们的目标来说可谓毫无用处。

6.2　费马小定理

要帮助鲍勃，我们就得在数论当中走得比现在更远一点。到现在我们已经用过数学中一个很重要的思想就是模运算，这是高斯正式发明的。现在我们要用到另一个重大思想，这一思想主要应归功于皮埃尔·德·费马（Pierre de Fermat）。费马是17世纪的法国人，正经职业是律师，但业余喜欢捣鼓数学。也许正因为如此，他在数学上总觉得低人一等。他有个习惯，喜欢给同行写信，在信中宣布自己证明了什么东西。但他并不给出证明，而是向收信人挑战，叫收信人自己也证出来。有些他号称证明了的东西结果实际上并不对，而且至少有一件，就是现在我们叫作费马大定理的，虽然最后是真的，但恐怕比费马能想到的证明要难得多。

数学中的事实叫作定理，这里我们要用到的定理绝对是正确的，费马很可能确实知道怎么证明，虽然他一如既往没有写下来。这个定理现在尽管影响很大，却叫作费马小定理。我们并不知道费马是怎么发现这个定理的，但这里我们可以用已经探究过的方法来证明一下。

假设我们将乘法密码用于一个很小的字母表，字母数为素数。13个字母的夏威夷字母表是个很好的例子。以3为密钥，则字母表的替换规则如下：

明文	数字	乘以3	密文
a	1	3	I
e	2	6	H
i	3	9	M
o	4	12	W
u	5	2	E
h	6	5	U
k	7	8	L

明文	数字	乘以 3	密文
l	8	11	P
m	9	1	A
n	10	4	O
p	11	7	K
w	12	10	N
`	13	13	`

　　这里的重点是，因为 13 是素数，所以 3 是个好密钥，而且从 1 到 12 的其他数字全都是好密钥。因此，位于左边那一列的数字跟右边那一列的数字完全一样，只不过顺序不同。如果你想琢磨一下，可以试着把每一列的数字都加起来。以 13 为模，你会得到相同的结果，因为以 13 为模的话这些数字都是等价的：

184

$$1 + 2 + 3 + \cdots + 13 \equiv (1 \times 3) + (2 \times 3) + (3 \times 3) + \cdots + (13 \times 3) \ (\mathrm{mod}\ 13).$$

右侧合并同类项得到：

$$1 + 2 + 3 + \cdots + 13 \equiv (1 + 2 + 3 + \cdots + 13) \times 3 \ (\mathrm{mod}\ 13),$$

亦即

$$91 \equiv 91 \times 3 \ (\mathrm{mod}\ 13),$$

或

$$0 \equiv 0 \times 3 \ (\mathrm{mod}\ 13).$$

这好像也没多大意思。你还可以试试把每一列都乘起来而不是加

起来，这样就会得到

$$1 \times 2 \times 3 \times \cdots \times 13 \equiv (1 \times 3) \times (2 \times 3) \times (3 \times 3) \times \cdots \times (13 \times 3)$$
$(\mathrm{mod}\ 13),$

$$1 \times 2 \times 3 \times \cdots \times 0 \equiv (1 \times 3) \times (2 \times 3) \times (3 \times 3) \times \cdots \times (0 \times 3)\ (\mathrm{mod}\ 13),$$

$$0 \equiv 0\ (\mathrm{mod}\ 13).$$

这好像意思更不大了，但是很明显，问题出在每一列末尾的13身上。你可以把13去掉再试试。

$$1 \times 2 \times 3 \times \cdots \times 12 \equiv (1 \times 3) \times (2 \times 3) \times (3 \times 3) \times \cdots \times (12 \times 3)$$
$(\mathrm{mod}\ 13),$

现在你可以把右边来自密钥的 3 全都提到括号外面：

$$1 \times 2 \times 3 \times \cdots \times 12 \equiv (1 \times 2 \times 3 \times \cdots \times 12) \times 3^{12}\ (\mathrm{mod}\ 13).$$

消掉 $1 \times 2 \times 3 \times \cdots \times 12$：

$$1 \equiv 3^{12}\ (\mathrm{mod}\ 13)$$

185　　我想，这下子你会觉得有点儿意思了吧。

请注意，这里选用13和3并不重要，选任意素数 p 为模，任意好密钥 k 都会得到这个结果。这也正是费马小定理要告诉我们的：

> **定理（费马定理）**：　对任意素数 p 及任意 1 到 $p-1$ 之间的整数 k，都有
>
> $$k^{p-1} \equiv 1\ (\mathrm{mod}\ p)$$

6.3 用指数解密

现在应该是时候回到开头，试试我们的小目标了。我们是想解方程

$$C \equiv P^e \pmod{2819}.$$

还记得吧，在1.3节我们说过，模运算情况下我们得让运算能够进退自如，因此有理由找到一个数 $\bar{e}$ 使得

$$C^{\bar{e}} \equiv P \pmod{2819}.$$

由于 $C \equiv P^e \pmod{2819}$，以上方程等价于

$$(P^e)^{\bar{e}} \equiv P \pmod{2819},$$

运用指数法则，也可以写成

$$P^{e\bar{e}} \equiv P \pmod{2819}.$$

在这里如果仔细看看费马小定理，就会发现该定理说的是

$$P^{2818} \equiv 1 \pmod{2819},$$

但我们同样也可以写成

$$P^{2818} \equiv P^0 \pmod{2819}.$$

我们是在拿 2819 做模运算，这就意味着如果我们放眼整个方程，那么 2819 跟 0 是等价的。但如果我们的着眼点是指数，那么费马小定理就是在告诉我们 2818 跟 0 是等价的。一般来说，如果我们考察

186　的是一个以素数 p 为模数的方程，那对于指数运算我们可以当成是以 $p-1$ 为模进行的。因此，我们要找的数字 $\bar{e}$ 就应该是 e 以 2818 为模的逆元。为下文参考起见我得提醒你们，更重要的是只有在素数的情况下指数运算才会满足上述条件。在 6.6 节我们会看到，对别的数字类似情况如何。

　　因此我们会像 1.3 节中那样，对数字 e（在此等于 769）和 2818 运用欧几里得算法。这里的运算没有 1.3 节那么详细，不过你也可以自己补齐我省掉的步骤。

$2818=769×3+511$　　　$511=2818-769×3$

$769=511×1+258$　　　$258=769-511×1$
$$=769×4-2818×1$$

$511=258×1+253$　　　$253=511-258×1$
$$=2818×2-769×7$$

$258=253×1+5$　　　$5=258-253×1$
$$=769×11-2818×3$$

$253=5×50+3$　　　$3=253-5×50$
$$=2818×152-769×557$$

$5=3×1+2$　　　$2=5-3×1$
$$=769×568-2818×155$$

$3=2×1+1$　　　$1=3-2×1$
$$=2818×307-769×1125$$

　　因此

$$1 = 2818 \times 307 + 769 \times (-1125),$$

也就有

$$1 \equiv 769 \times (-1125)(\mathrm{mod}\ 2818) \equiv 769 \times 1693(\mathrm{mod}\ 2818)$$

上述结果告诉我们，769 以 2818 为模的逆元是1693 。因此，对密文第一个模块我们得到

$$P \equiv C^{1693} \equiv 1592^{1693} \equiv 1615\ (\mathrm{mod}\ 2819).$$

187

嘿嘿，1615这个数字对应的明文正是"po"。鲍勃完整的解密结果如下：

密文	1592	783	2264	924	211	44	1220	1548
1693 次方	1615	235	1820	1520	805	1605	1516	1205
分开	16,15	23,5	18,20	15,20	8,5	16,5	15,16	12,5
明文	po	we	rt	ot	he	pe	op	le

鲍勃解密所需的数字 $\bar{e}$ 通常叫作 d，代表解密指数。到这里我们先总结一下：爱丽丝和鲍勃需要选一个素数 p，这个数要大于明文数字可能的最大值；还需要密钥 e 使得 e 与 $p-1$ 的最大公因数为1（数学上称为 e 与 $p-1$ 互质），这样 e 才有以 $p-1$ 为模的逆元。鲍勃需要计算出数字 d，也就是 e 以 $p-1$ 为模的逆元。爱丽丝的加密按以下公式进行：

$$C \equiv P^e\ (\mathrm{mod}\ p),$$

而鲍勃解密时要按以下公式：

$$P \equiv C^d \pmod{p}.$$

这个密码叫作波利哥−赫尔曼指数密码，由斯蒂芬·波利哥（Stephen Pohlig）和马丁·赫尔曼（Martin Hellman）发明于1976年，当时他们正致力于第一套公钥加密系统。到第七章我们会好好研究一番这类系统的。

6.4 离散对数问题

现在我们可以用波利哥−赫尔曼密码进行加密和解密了。那伊芙可以用什么方法来攻击呢？要衡量一个密码在蛮力攻击面前能扛多久，主要是看有多少个密钥。好密钥是处于 1 到 $p-1$ 之间且与 $p-1$ 没有任何公因数的数。如果 $p = 2819$，则 $p-1 = 2818 = 2 \times 1409$，其中 1409 是素数。因此 e 可以是 1 到 2818 之间的任意数，只要不含有因数 2 或 1409 就行了，也就是说除了 1409 之外的所有奇数。一共有 1408 个这样的数，因此有 1408 个好密钥。这个数字并不大，不过如果想要多一些，我们只需要选一个更大的模数，同时我们也可以用更大的模块。因此，蛮力攻击不是什么大不了的事，唯密文频率攻击也会在大号模块面前败下阵来。

188

已知明文攻击呢？对我们来说，要考察密码是否对已知明文攻击有抵抗力，就是看伊芙发现密钥是否比爱丽丝加密或鲍勃解密明显要难得多。如果没有模运算，发现密钥实在是易如反掌。在知道底数的情况下，要找到指数表达式的指数，取对数就行了。如果 $C = P^e$，那么 $e = \log_P C$。这里伊芙看到的明文为 1615，密文为 1592，于是她知道 $1615^e = 1592$ 以及 $e = \log_{1615} 1592$。但是，$\log_{1615} 1592$ 约等于 0.9981，这里还是模运算在捣鬼。找到整数 e 使得 $C \equiv P^e \pmod{p}$ 成立叫作离散对数问题，这正是伊芙要解决的问题。

解决离散对数问题实际上要比加密或解密难得多，但这一点不是那么容易看出来。如果伊芙有一些明文和密文的例子，第一步可以猜

一下 p。要猜到 p 实在是很容易,只需要看看信息当中的明文数字最大值能到多少就差不多了。猜到 p 之后,伊芙可以将明文数字 P 以 p 为模不断自乘,直到得到相应的密文数字 C,并记下来一共乘了多少次,这个次数就是 e。

这似乎很像爱丽丝加密的时候该干的事情,对不对?问题是,将 P 自乘 e 次实际上并不是爱丽丝加密的最佳方法。这里有一个更好的办法。

考虑 $e = 769$ 的情况。我在 4.1 节提醒过大家,769 实际上等于 $7 \times 10 \times 10 + 6 \times 10 + 9$,因此

$$P^{769} = P^{7 \times 10 \times 10 + 6 \times 10 + 9} = ((P^{10})^{10})^7 (P^{10})^6 P^9 .$$

数一数你就会发现,爱丽丝只需要乘46次[47]而不是768次。但是,伊芙需要把768次乘法全做了,因为她事先并不知道 e,也就没办法用上面的方式将 e 分解。人们一直在为找到快速解决离散对数问题的办法苦苦探索,到2016年尽管已经奋斗了35年以上,伊芙还是完全没办法跟上爱丽丝和鲍勃的步伐。但另一方面,也还没有人能证明伊芙肯定办不到。跟在接下来的几章我们会看到的别的一些问题一样,离散对数问题我们都觉得很难,但没有人很确定。到7.2节我们会就此问题展开更多讨论。

189

6.5　合数为模

在波利哥-赫尔曼密码中只能用素数做模数,你可能会觉得这有点儿烦人。整数用起来更方便些,比如模块大小是2的话你可能更愿

---

[47] 原文为46次,但实际上如果考虑到769=$(1100000001)_2$,要得到 P^{769} 最少只需要11次乘法就够了。若用原文中的计算方式,则应当是9+9+6+9+5+8+1+1=48次。作者本意是想说明爱丽丝需要的乘法次数远小于伊芙,得其大意即可。——译者注

意用3000做模数。或者也可能从模块最大值到模数之间多出来的数会让你觉得困扰，你就想用2626这个数来当模数。这些都是合数，也就是多个素数乘起来的数。

带指数的加密以合数为模也没问题。举个例子，如果爱丽丝想用2626当模数给鲍勃发一条信息，密钥跟前面是一样的，$e = 769$，她还是可以将明文转换为数字，并跟前面一样算出明文数字的769次方：

明文	de	co	mp	os	in	gc	om	po	se	rs
数字	4,5	3,15	13,16	15,19	9,14	7,3	15,13	16,15	19,5	18,19
合并	405	315	1316	1519	914	703	1513	1615	1905	1819
769次方	405	1667	1992	817	1148	1405	603	1615	137	1819

这里的问题仍然是解密，而且这回费马小定理可不会来拯救我们了。我们试一下用跟6.2节中类似的例子来看看这个问题。在这里我们不用13个字母的夏威夷字母表，而是换用15个字母的毛利字母表。请注意，13 是素数，但 15 = 3 × 5 是合数。15不是素数，因此并非所有1到14之间的数都是好密钥。不过数字2仍然可以，因为15和2互质。

190

明文	数字	乘以2	密文
a	1	2	E
e	2	4	I
h	3	6	M
i	4	8	O
k	5	10	R
m	6	12	U
n	7	14	NG
o	8	1	A
p	9	3	H
r	10	5	K

明文	数字	乘以 2	密文
t	11	7	N
u	12	9	P
w	13	11	T
ng	14	13	W
wh	15	15	WH

对素数的情况，我们将左列的数字全都乘起来，再将右列的所有数字也都乘起来，每列最后一个数字要去掉，因为这个数字一取模就会减成 0。这里我们也如法炮制的话，就可以得到

$$1 \times 2 \times 3 \times \cdots \times 14 \equiv (1 \times 2) \times (2 \times 2) \times (3 \times 2) \times \cdots \times (14 \times 2) \pmod{15},$$

$$1 \times 2 \times 3 \times \cdots \times 14 \equiv (1 \times 2 \times 3 \times \cdots \times 14) \times 2^{14} \pmod{15}.$$

现在我们想从两边都消掉 $1 \times 2 \times 3 \times \cdots \times 14$，但很不幸，这些数字并不是每一个都有乘法逆元。只有与 15 互质的那些数才有逆元，我们也只能从两边消去这些数。

这跟坏密钥的问题几乎如出一辙。由于 $15 = 3 \times 5$，我们得重新开始，去掉那些 3 或 5 的倍数，或是公倍数。

191

明文	数字	乘以 2	密文
a	1	2	E
e	2	4	I
i	4	8	O
n	7	14	NG
o	8	1	A
t	11	7	N
w	13	11	T
ng	14	13	W

左列的数字仍然跟右列完全一样，只不过顺序不同。这样也讲得通，因为如果一个数是 3 或 5 的倍数，那么乘以 2 之后也应该仍然是 3 或 5 的倍数。因此，我们从两边去掉的数字都是一样的。

我们再来试一下把各列数字乘起来，就会得到

$$1 \times 2 \times 4 \times 7 \times 8 \times 11 \times 13 \times 14 \equiv (1 \times 2) \times (2 \times 2) \times (4 \times 2) \times \cdots \times (14 \times 2) \ (\bmod\ 15),$$

$$1 \times 2 \times 4 \times 7 \times 8 \times 11 \times 13 \times 14 \equiv (1 \times 2 \times 4 \times 7 \times 8 \times 11 \times 13 \times 14) \times 2^8 \ (\bmod\ 15).$$

现在我们可以消掉 $1 \times 2 \times 4 \times 7 \times 8 \times 11 \times 13 \times 14$，例如乘上每个数字的逆元，最后我们会得到

$$1 \equiv 2^8 \ (\bmod\ 15).$$

这里选用数字 2 仍然并不重要，任意好密钥都可以满足。但很明显，选择 15 确实带来了差别：以 15 为模数，最后得到的指数就变成了 8。如果我们能搞清楚 8 是怎么来的，那对于鲍勃怎样才能解密消息，我们就开始上道儿了。

6.6 欧拉函数

我们来好好看看上一个例子中 8 是打哪儿来的。首先，我们将 1 到 15 的所有数字都列出来：

$$1, 2, 3, 4, 5, 6, 7, 8, 9, 10, 11, 12, 13, 14, 15.$$

然后把与 15 并非互质的那些数全都去掉：

1, 2, 3̸, 4, 5̸, 6̸, 7, 8, 9̸, 1̸0̸, 11, 1̸2̸, 13, 14, 1̸5̸.

剩下的就是8个数。换句话说，8就是小于等于15的整数中，与15互质的数的个数。

一般地，我们可以定义 $\phi(n)$ 为小于等于n的正整数中，与n互质的数的个数。下面是 $\phi(n)$ 的一些例子：

n	$\phi(n)$	n	$\phi(n)$
1	1	11	10
2	1	12	4
3	2	13	12
4	2	14	6
5	4	15	8
6	2	16	8
7	6	17	16
8	4	18	6
9	6	19	18
10	4	20	8

如果n是素数，我们很清楚 $\phi(n)$ 是多少，因为除了这个数本身，每一个整数都可以计入，所以结果是 $n-1$。但n不是素数的话，这个函数看起来就颇为神秘。

在其中找出规律的人是18世纪一位伟大的天才数学家，跟19世纪的高斯和17世纪的费马一样的天才。这个人名叫莱昂哈德·欧拉（Leonhard Euler），虽然出生在瑞士，但他的绝大部分工作都是在俄罗斯和普鲁士声望卓著的科学院完成的。1736年他成为第一个发表费马小定理相关证明的人，后来还补充了另外几种证明。其中一种证

明发表于1763年，在该篇文章中他引入了我们现在写成 $\phi(n)$ 的函数，我们也称其为欧拉 ϕ 函数。他还用这个函数证明了一个定理，如今我们称之为欧拉－费马定理。

193

> **定理**（欧拉－费马定理）： 对任意正整数 n，以及任意在 1 到 n 之间且与 n 互质的 k，都有
> $$k^{\phi(n)} \equiv 1 \ (\mathrm{mod}\ n)$$

如果 n 是素数，那么 $\phi(n) = n-1$，我们就再次得到了费马小定理。如果 $n = 15$，则 $\phi(n) = 8$，我们得到的就是上一个例子。现在我们知道了什么是欧拉函数，也大概知道了这个函数可以用来干嘛。但是，如果要算出 $\phi(n)$ 就得挨个检查 1 到 n 之间每一个数字是否与 n 互质的话，那就太拖沓了。

好在还有更简单的办法。我们回到前面的例子，再仔细看看我们是怎么划掉那些"坏密钥"的。15 的因数有 1、3、5 和 15，所以我们知道，得划掉所有 3 的倍数：

1	2	3̸
4	5	6̸
7	8	9̸
10	11	1̸2̸
13	14	1̸5̸

每 3 个数划去一个数，所以一共有 $15 \div 3 = 5$ 个数被划掉了。同样我们也得划去所有 5 的倍数：

1	2	3	4	5̸
6	7	8	9	1̸0̸
11	12	13	14	1̸5̸

这次我们是每5个数划去一个数，所以有 $15 \div 5 = 3$ 个数被划掉。我们不用划掉15 的倍数，因为凡是15 的倍数都同时也是 3 和 5 的倍数，前面已经将这样的数划掉了。

　　那没有划掉的数有多少呢？应该是 $15 - 3 - 5 = 7$，但前面我们算的时候得到的是8。看出原因了吧？这是因为15 既是 3 的倍数也是 5 的倍数，于是被划掉了两次。我们得把多的这一次加回去，于是有 $15 - 3 - 5 + 1 = 8$ 个数没有被划掉。一般地，如果 p 和 q 是两个不同的素数，我们有如下表达式：

$$\phi(pq) = pq - p - q + 1.$$

194

　　稍微做点算术就可以将上式重新写成更常见的形式：

$$\phi(pq) = (p - 1)(q - 1).$$

　　那现在鲍勃和我们的密码要怎么处理呢？前面的例子中我们有 $n = 2626 = 2 \times 13 \times 101$，如果你把前面划掉的步骤全都做一遍，就会有

$$\frac{2626}{2} + \frac{2626}{13} + \frac{2626}{101} = 13 \times 101 + 2 \times 101 + 2 \times 13$$

个数要被划掉。但同时也有

$$\frac{2626}{2 \times 13} + \frac{2626}{13 \times 101} + \frac{2626}{101 \times 2} = 101 + 2 + 13$$

个数被划掉了两次，所以要加回去。但是，还有一个数，也就是2626，现在被划掉了3回，又被加回去3回，我们还是得把它请出去。这样就是说

$$\phi(2626) = 2626 - 2 \times 13 - 2 \times 101 - 13 \times 101 + 2 + 13 + 101 - 1 = 1200.$$

一般地，如果 p、q、r 是三个不同的素数，我们有

$$\phi(pqr) = pqr - pq - pr - qr + p + q + r - 1 = (p-1)(q-1)(r-1).$$

对任意不同素数的乘积，估计你也能看出规律来了吧。

6.7 以合数为模时的解密

现在我们应该能说出来，用以合数为模的波利哥–赫尔曼密码加密的信息该怎么解密了。一旦知道 $\phi(n)$，欧拉–费马定理就能告诉我们

$$P^{\varphi(n)} \equiv 1 \equiv P^0 \ (\text{mod} \ n).$$

上式意味着如果我们考虑的方程以 n 为模，就可以将指数看成是以 $\phi(n)$ 为模的。这跟前面我们有费马小定理时的操作是等价的。在 $n = 2626$ 的情况下，我们有

$$P^{1200} \equiv P^0 \ (\text{mod} \ 2626).$$

如果加密指数 $e = 769$，解密指数就是 e 以 1200 为模的逆元 —— 假设这个逆元存在的话。请记住，e 以 1200 为模存在逆元的条件是与 1200 互质，否则 e 就是坏密钥，爱丽丝首先就不应该选用这个数。

所以，鲍勃解密消息的第一步，是用欧几里得算法找出 $e = 769$ 以 1200 为模的逆元。

$1200 = 769 \times 1 + 431$ $431 = 1200 - 769 \times 1$

$769 = 431 \times 1 + 338$ $338 = 769 - 431 \times 1$

$= 769 \times 2 - 1200 \times 1$

$431=338\times1+93$	$93=431-338\times1$
	$=1200\times2-769\times3$
$338=93\times3+59$	$59=338-93\times3$
	$=769\times11-1200\times7$
$93=59\times1+34$	$34=93-59\times1$
	$=1200\times9-769\times14$
$59=34\times1+25$	$25=59-34\times1$
	$=769\times25-1200\times16$
$34=25\times1+9$	$9=34-25\times1$
	$=1200\times25-769\times39$
$25=9\times2+7$	$7=25-9\times2$
	$=796\times103-1200\times66$
$9=7\times1+2$	$2=9-7\times1$
	$=1200\times91-769\times142$
$7=2\times3+1$	$1=7-2\times3$
	$=796\times529-1200\times339$

196

因此

$$1 = 769 \times 529+ 1200 \times (-339),$$

也就是

$$1 \equiv 769 \times 529 \pmod{1200}.$$

所以解密指数为 $d = 529$，解密过程如下：

密文	405	1667	1992	817	1148	1405	603	1615	137	1819
529 次方	405	315	1316	1519	914	703	1513	1615	1905	1819
分开	4,5	3,15	13,16	15,19	9,14	7,3	15,13	16,15	19,5	18,19
明文	de	co	mp	os	in	gc	om	po	se	rs

实际上我有点儿作弊。欧拉–费马定理只有在 P 与 n 互质时，才能保证指数的表现跟我们期待的一样。我们有些密文模块并不满足这个条件，比如1316，它跟2626的最大公因数是2。实际上可以证明，如果 n 是不同素数的乘积，解密就总是可以正确进行，但我不打算在本书中尝试证明这一点。你如果想看看怎么证明，我在本书尾注中列了一些参考资料。

补充阅读6.1　哼哼哈兮

如果 n 是素数的乘积，而且至少有一个素数不止乘了一次，我们仍有办法找到 $\phi(n)$ 的表达式，不过还想用于波利哥–赫尔曼密码的话就没那么容易了。假设 $n = 12 = 2^2 \times 3$。12 的因数有 1、2、3、4、6和12。我们在划去坏密钥时，需要划去的有2的倍数和3的倍数，而且同时也消灭了4、6和12的倍数。我们先划掉所有2的倍数：

$$1 \qquad \cancel{2}$$
$$3 \qquad \cancel{4}$$
$$5 \qquad \cancel{6}$$
$$7 \qquad \cancel{8}$$
$$9 \qquad \cancel{10}$$
$$11 \qquad \cancel{12}$$

一共有 $12 \div 2 = 6$ 个。接着我们再划去所有3的倍数：

1	2	3̶
7	5	6̶
7	8	9̶
10	11	1̶2̶

一共有 $12 \div 3 = 4$ 个。但其中 6 和 12 因为都同时是 2 和 3 的倍数，都被划去了两次，所以要加回来。因此，$\phi(n) = 12 - 6 - 4 + 2 = 4$。一般地，如果 p 和 q 是不同的素数，我们有下列公式：

$$\phi(p^a q^b) = p^a q^b - \frac{p^a q^b}{p} - \frac{p^a q^b}{q} + \frac{p^a q^b}{pq}.$$

也可以将上式重新写成更常见的形式：

$$\phi(p^a q^b) = (p^a - \frac{p^a}{p})(q^b - \frac{q^b}{q}) = (p^a - p^{a-1})(q^b - q^{b-1}).$$

如果 $n = p^a q^b r^c$，这是包含三个不同素数的乘积，那么

$$\phi(p^a q^b r^c) = (p^a - p^{a-1})(q^b - q^{b-1})(r^c - r^{c-1}),$$

依此类推。

举个例子，如果 $n = 3000 = 2^3 \times 3 \times 5^3$，那么

$$\phi(3000) = (2^3 - 2^2) \times (3 - 1) \times (5^3 - 5^2) = 800.$$

爱丽丝可以用 $n = 3000$、$e = 769$ 来加密一条消息：

明文	sy	st	em	er	ro	rx
数字	19,25	19,20	5,13	5,18	18,15	18,24
合并	1925	1920	513	518	1815	1824
769 次方	125	0	2073	368	375	2424

198

如果鲍勃用一下欧几里得算法，就能找出 769 以 800 为模的逆元是 129，因此他可以尝试用 $d = 129$ 来解密：

密文	125	0	2073	368	375	2424
129 次方	125	0	513	2768	375	1824
分开	1, 25	0, 0	5, 13	27, 68	3, 75	18, 24
明文?	ay	??	em	??	e?	rx

还记得吧，欧拉-费马定理只有在 P 与 n 互质时才能保证可以正确解密。只有两个模块的解密完全正确：一个是 513，与 3000 互质；另一个是 1824，与 3000 的最大公因数是 $24 = 2^3 \times 3$，但结果居然也对了。然而，大部分模块得到的字母都不对，或者得到的数字压根儿就没有对应字母。你可能会寄希望于将分开后的两位数以 26 为模做减法，但实际上同样于事无补。如果系统能正确运行，鲍勃理应得到跟爱丽丝开始时一样的数字。$\phi(n)$ 的一般表达式在别的情形下有用，但并不适用于波利哥-赫尔曼密码。

6.8 展望

那么你也许会问，在现代密码中指数密码算是技术前沿吗？实际上，这种密码恰恰没有得到广泛应用。跟指数密码相比，像是高级加密标准这样的密码在安全性上并不逊色，操作起来则快速得多，指数运算就算用上我们特别提到过的加快速度的小伎俩也还是比不上。但是到第七章和第八章我们会看到，这种密码中用到的思路，尤其是离散对数问题这一难点，最终证明对一种十分激动人心的想法非常重要，这就是公钥密码学。

　　波利哥和赫尔曼发明这种密码时，也曾短暂考虑以合数为模，但最后还是放弃了，原因是带来的便利不值得搞这么复杂。他们功亏一篑，因为以合数为模的指数正是一个重要系统的关键因素，到7.4节我们会对此详加考察。

199

　　但另一方面，波利哥和赫尔曼还是弄清楚了如何在我们4.5节见过的那种有限域运算中应用他们的密码。这个成就后来成为另一个重要思想，因为我们在那一节同样看到，以2为模的有限域运算是计算机操作比特最方便的方式。

200

第七章

公钥密码

7.1 公钥密码的思路：完全公开

到现在为止的全部讨论中，关于爱丽丝、鲍勃和伊芙我们认为有些事情是不言自明的。其中之一是，在爱丽丝和鲍勃开始发送消息之前，他们得找个伊芙无法监听的地方碰头，要不就是找个伊芙无法偷听的通信方法，这样才能就他们要用到的密钥达成一致。这个假定看起来极为合理也绝对必要，以至于两千多年间都没有人认认真真质疑过这一点。爱丽丝和鲍勃想要安全会面可能没那么方便，但是他们可以自行决定何时会面，会面也不需要真的持续多久，所以多数时候总能找到办法。历史上偶尔也会有爱丽丝和鲍勃无法事先做任何安排的时候，紧急情况下爱丽丝还是要发一则密信给鲍勃，并希望鲍勃足够聪明，能解出密信是什么，也希望伊芙解不出来。当然，这要冒极大风险，也不会是一个优秀安全系统的基础。

1974年秋天，瑞夫·默克勒（Ralph Merkle）刚刚在加利福尼亚大学伯克利分校完成本科最后一个学期的学习，选了一门计算机安全方面的课程。课堂上讲了一点密码学的东西，但数据加密标准（DES）尚未正式公布，关于密码学并没有太多可以讨论的。然而还是有一件事吸引了默克勒，也让他开始思考：是否能有什么办法绕开千百年来人人都会做出的那个假定。爱丽丝向鲍勃发送信息，但两人事先没有约定任何密钥，这可能吗？显然必须要有个密钥，但也许爱丽丝和鲍勃可以通过某种特别的方式来达成一致，这种方式伊芙就算能够偷听到，也无法理解。默克勒提交了一个初步的想法，成为这门课的两个学期项目提案之一，后来他自己说，这个想法"简单，但也低效"。这个想法只用了一页半纸来描述，但默克勒还另外花了四页半纸来尝试证明问题的重要性，解释难点，并改进最初提出的概念。他也没办法引用任何资料，因为很明显过去从来没有人这么想过。并不奇怪，默克勒的老师对此也茫然无绪，他建议默克勒转向另一个学期项目。默克勒没有改弦更张，而是退了这门课，但仍继续致力于这个项目。

现在人们通常把默克勒的想法称为"默克勒之谜"，这一想法有过好几次修订，这里是最终发表的版本。首先爱丽丝创建大量加密过的消息（谜题）并发给鲍勃，如图 7.1 所示。加密函数要经过精挑细选，使得用蛮力攻击破解每一个谜题都是"枯燥乏味，但仍有一线希望"。默克勒建议用密钥长度为 128 比特的密码，在所有可能的密钥中，仅指定使用一小部分。我们在下面的简单例子中用加法密码来看一下这个思路。

VGPVY	QUGXG	PVYGP	VAQPG	UKZVG
GPUGX	GPVGG	PBTPU	XSNHT	JZFEB
GJBAV	ARSVI	RFRIR	AGRRA	GJRYI
RFRIR	AGRRA	VTDHC	BMABD	QMPUP
AFSPO	JOFUF	FOUFO	TFWFO	UXFOU
ZGJWF	TFWFO	UFFOI	RCXJQ	EHHZF
JIZJI	ZNDSO	RZIOT	ADAOZ	ZINZQ
ZIOZZ	IWOPL	KDWJH	SEXRJ	IKAVV
YBJSY	DSNSJ	YJJSY	BJSYD	KNAJX
JAJSK	TZWXJ	AJSYJ	JSFNY	UZAKM
QCTCL	RFPCC	RUCLR	WDMSP	RCCLD
GDRCC	LQCTC	LRCCL	JLXUW	HAYDT
ADLUA	FMVBY	ALUVU	LVULZ	LCLUZ
LCLUA	LLUGE	AMPWB	PSEQG	IKDSV
JXHUU	VYLUJ	XHUUJ	UDDYD	UIULU

DJUUD	AUTRC	SGBOD	ALQUS	ERDWN
RDUDM	SDDMS	VDMSX	RDUDM	SDDMM
HMDSD	DMRHW	SDDMR	DUDMS	DDMAW
BEMTD	MBEMV	BGBPZ	MMMQO	PBMMV
AWDMV	NQDMA	MDMVB	MMVUR	YCEZC

爱丽丝

鲍勃

制造谜题

谜题、检验数字　→

图 7.1　默克勒之谜的开始阶段

　　爱丽丝向鲍勃说明，每个谜题都由三组数字组成，这些数字都是她随机选取的，也都用同一个密钥加密。第一个数字是"身份（ID）数字"，用来识别谜题。第二组数字是来自安全密码的隐藏密钥，爱丽丝和鲍勃实际上可以用这个密钥来通信。默克勒的建议仍然是128比特的密码，不过这回允许所有可能密钥都派上用场。上面的例子中我们用的是一个 2 × 2 的希尔密码。最后一个数字对所有谜题都是一样的，算是个检查点，这样鲍勃就能知道自己正确解开了这道谜题。在我们的例子中，检验数字是17。最后，谜题都会补上随机的空白符号，这样每个谜题的长度也都一样。

　　鲍勃随便选一个谜题，用蛮力搜索解开，用检验数字来确保自己解对了。随后，鲍勃向爱丽丝发回这个谜题的身份数字，如图7.2所示。比如说，如果鲍勃解出的谜题如下：

twent ynine teent wenty fives evenf ourse vente enait puvfh

他就能知道身份数字是 20，隐藏密钥是 19、25、7 和 4。他将 20 发给爱丽丝。

203

爱丽丝   鲍勃

制造谜题

　　　　　　　　　谜题、检验数字　→

　　　　　　　　　　　　　　　　　　　选择谜题
　　　　　　　　　　　　　　　　　　　　↓
　　　　　　　　　　　"嘿嘿，我找到身份数字和隐藏密钥了！"

　　　　　　　　　←身份数字

图 7.2　鲍勃解开谜题

爱丽丝有一张谜题明文的列表，按身份数字排序：

身份	隐藏秘钥				检验数字
0	19	10	7	25	17
1	1	6	20	15	17
2	9	5	17	12	17
3	5	3	10	10	17
7	3	12	14	15	17
10	2	7	21	16	17
12	23	18	7	5	17
17	20	17	19	16	17
20	19	25	7	4	17
24	10	1	1	7	17

因此，她可以从中找出隐藏密钥来，就是19、25、7和4。现在爱丽丝和鲍勃都有了一个安全密码的隐藏密钥（图7.3），他们就可以开始发送加密消息了。

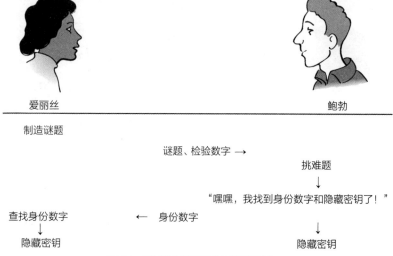

图7.3　爱丽丝和鲍勃都有了隐藏密钥

那伊芙能找出隐藏密钥来吗？跟往常一样，她一直在监听爱丽丝和鲍勃的通话，我们来看看她都听到了啥。如图7.4所示，她手里有全部谜题的密文及检验数字。她并不知道鲍勃选的是哪个谜题，但她知道这个谜题的身份数字是20。另外，她也没有爱丽丝的谜题明文列表。看起来伊芙必须解开所有谜题，才能搞清楚鲍勃究竟选了哪一个，并最终搞到隐藏密钥。这当然可以做到，但伊芙要花的时间会比爱丽丝或鲍勃完成这些所花的时间要长得多。爱丽丝必须加密10个谜题，鲍勃则必须解开其中一个，用蛮力搜索最坏的情况下要尝试25次。但伊芙按最坏打算要解密10个谜题，每个尝试25次，一共就是250次解密。现代（2016年）的台式机每秒可以完成大约千万量级这样的加密解密。如果爱丽丝生成一亿道谜题，每道的密钥都有一亿种可能，那么爱丽丝的和鲍勃的计算机要完成任务都还用不到一分钟。但是，伊芙需要做一亿亿次解密，她的计算机就得花大概10亿秒，也就是大约32年才能不辱使命。如果爱丽丝和鲍勃担心伊芙的计算机更快，他们也只需要生成更多谜题，让每道谜题的密钥有更多可能就行了。

| 爱丽丝 | 伊芙 | 鲍勃 |

制造谜题

谜题、检验数字 →

选择谜题
↓

"嘿嘿，我找到身份数字和隐藏密钥了！"

"我该解哪个谜题啊？"

← 身份数字

"好像没啥用啊？"

查找身份数字
↓

隐藏密钥　　　　　　　　　　　　　　　　　　　隐藏密钥

"臣妾做不到啊！"

图 7.4　伊芙跟不上

上述过程允许爱丽丝和鲍勃事先没有经过安全会面就能安全通信，关于这种系统的研究现在叫作公钥密码学。默克勒之谜就是一种公钥系统，但它本身并不是代码或密码。爱丽丝和鲍勃都无法预先知道最后的隐藏密钥是什么，因此他们也无法将这个隐藏密钥本身当成秘密 205 信息来用。更准确地说，我们这里是一个密钥协议系统。密钥协议系统是公钥系统中的一大类别，不过后面我们还会看到别的类别，其中一些本身也是密码。

默克勒从一开始就认识到他的方案并不理想。制造谜题要花去爱丽丝相当多的时间，要用来存储谜题的空间甚至更多，而花在传输上的时间以及/或数据传输能力也要求很高。同样，鲍勃也需要花大量

的时间来解开谜题，而想要增加伊芙的时间成本的话，爱丽丝和鲍勃的时间投入也要以跟伊芙相同的比例增加才行。如果爱丽丝和鲍勃想迫使伊芙花两倍的时间，他俩就得有一个投入两倍的时间。默克勒知道，如果能发明一个密钥协议系统，在这个系统中，伊芙要花的时间增加的速率跟爱丽丝和鲍勃比起来要快得多，那在实际应用中用处就大多了。

206

7.2 迪菲−赫尔曼密钥协议

瑞夫·默克勒在忙着让人认真对待他的想法，同时还有另外两个人也在想着公开密钥这回事。1972年，怀特菲尔德·迪菲（Whitefield Diffie）在斯坦福人工智能实验室做研究员。他的女友也在这个实验室做研究，她在这时开启了一个关于序列密码的项目。迪菲就此对密码学产生了兴趣，随后一直沉迷其中不能自拔。从1972年到1974年，他驱车在美国大陆上来回奔走，寻找不在国家安全局工作且能就这个话题跟他说点儿什么的密码学专家，这样的专家为数不多。1974年迪菲听说，就在斯坦福大学也有人在思考他正在思考的那些问题。这个人就是马丁·赫尔曼，我们在本书6.3节跟他打过一点儿交道。赫尔曼以前在IBM做研究员，并在那里和在麻省理工学院时对密码学有了浓厚兴趣。1971年，他来到斯坦福担任助理教授，1974年迪菲正是在这里联系到了他。

按照迪菲后来的陈述，他和赫尔曼的发现是"两个问题加一个误解"的结果。头一个问题正是默克勒也在考虑的问题：两个素未谋面的人，怎样才能进行安全交流？第二个问题则跟身份认证有关，或者叫"数字签名"：数字信息的接收方如何向自己和他人证明，信息发送方就是信息里说的那个人？我们把这个问题延后到8.4节去解决，但你们还是值得留意一下，在传统密码学中这算不上什么问题。仅仅是拥有密码的密钥或是消息认证码（MAC）就足够作为证据，证明信息发送方是自己组织中的可信任成员。误解则是这样的：迪菲和赫尔曼假定，密码系统的用户为了完成他们的连接，认为任何第三方都不值得信任。用迪菲后来的话说就是：

　　我争辩道：如果密码系统的用户不得不通过一个密钥分发中心来共享密钥，而这个中心可能会对明抢暗偷或法院传票无力招架，那开发这种无法渗透的系统还有什么意义呢？

　　也许并不奇怪，几千年来人人都觉得公钥密码学不可能成功，但到了20世纪70年代早期，却突然就冒出来这么三个人，各自独立思考起公钥密码来。微机革命即将开始，知情人士已经在考虑，总有一天普罗大众也能将微机用于通信、商业以及别的随便什么领域。与此同时，美国正深陷反文化运动和水门事件丑闻，人们对政府和其他大型机构都高度怀疑，保护隐私和自力更生的思想在很多人心中落地生根，其中当然包括迪菲跟赫尔曼。

　　迪菲跟赫尔曼写了篇文章，文中阐释了公钥密码学会有多大用处，以及个人可以用到公钥密码学的一些可能方式。但他们也承认，他们还不知道怎样才能实现公共密钥。1976年年初，这篇文章的一份草稿不知怎么的就到了瑞夫·默克勒手中。默克勒看到还有别人懂得他手里的工作觉得挺激动，于是给迪菲和赫尔曼发了一篇他正在写的关于默克勒之谜的文章，还说自己很有兴趣跟他们一起工作来改进自己的方案。1976年夏天，迪菲、赫尔曼和默克勒之间书信往来多次，迪菲跟赫尔曼也开始考虑用密钥协议系统来让他们的想法得到实际应用。

　　在迪菲和默克勒的脑子里都徘徊过多年的一个想法是使用单向函数，也就是其中一个方向很容易算出来，反过来算却十分困难的一种函数。实际上，我们在6.4节就已经见过的指数函数就有这样的性质，其中从 e 以 p 为模算出 P^e 很容易，但是反过来要算出 e 却很难，就算 P^e、P 以及 p 的值你全都知道 —— 这就是6.4节出现过的离散对数问题。因此，指数函数就是单向函数的一个例子。在默克勒之谜中，鲍勃的角色也可以看成是单向函数：选一道密文并算出身份数字相对容易，但伊芙要凭借身份数字找到与之对应的那道密文就很难了。迪

207

菲、赫尔曼和默克勒都知道这些和一些别的例子，1976年夏季的一天，赫尔曼终于把这些想法都凑到一起，将指数函数引入系统中，于是得到了今天我们叫作迪菲－赫尔曼密钥协议的系统。宣告这一新系统诞生的论文有个让人过目不忘的标题：《密码学的新方向》。论文开篇第一句可能并不算故作惊人之语："今天，我们站在密码学大革命的边缘。"

208

　　跟默克勒之谜一样，迪菲－赫尔曼系统首先要求爱丽丝和鲍勃设定一些基本规则。他们得选一个非常大的素数 p。截至2015年，专家建议用600位或更大的数字才足够安全，要不然离散对数问题也不够难。接下来还要找一个以 p 为模的生成元 g，这是一个 1 到 $p-1$ 之间的数字，满足 g、g^2、g^3、…、g^{p-1} 除以 p 的余数能覆盖 1 到 $p-1$ 的所有数字。比如说，3 就是以 7 为模的生成元，因为以下数字

$$3^1 = 3,\ 3^2 = 9,\ 3^3 = 27,\ 3^4 = 81,\ 3^5 = 243,\ 3^6 = 729$$

以 7 为模时会变成

$$3,\ 2,\ 6,\ 4,\ 5,\ 1\ (\mathrm{mod}\ 7).$$

　　以上正是 1 到 6 的全部数字。正好每个素数都至少有一个生成元，而且要找到这些生成元并不怎么困难。此外，p 和 g 并不需要保密，所以直接在表格里查这些数也未尝不可。

　　跟默克勒之谜的情形一样，现在爱丽丝先选取一些秘密信息。这种情形下的秘密信息是 1 到 $p-1$ 之间的一个数字 a。跟默克勒之谜不一样的是，鲍勃也要选一个秘密数字 b，同样介于1 和 $p-1$ 之间。这就有了图7.5所示的状况。

209

爱丽丝 鲍勃

选取秘密数字 a 选取秘密数字 b

图 7.5 迪菲-赫尔曼系统的初始状态

爱丽丝 鲍勃

选取秘密数字 a 选取秘密数字 b

$\downarrow$ $\downarrow$

$A \equiv g^a \pmod p$ $B \equiv g^b \pmod p$

$A \rightarrow$
$\leftarrow B$

图 7.6 爱丽丝与鲍勃交换公共信息

爱丽丝 鲍勃

选取秘密数字 a 选取秘密数字 b

$\downarrow$ $\downarrow$

$A \equiv g^a \pmod p$ $B \equiv g^b \pmod p$

$A \rightarrow$
$\leftarrow B$

$\downarrow$ $\downarrow$

$B^a \pmod p = g^{ba} \pmod p$ $A^b \pmod p = g^{ab} \pmod p$

图 7.7 爱丽丝与鲍勃都有了隐藏密钥?

接下来爱丽丝算出 $A \equiv g^a \pmod{p}$，鲍勃算出 $B \equiv g^b \pmod{p}$。爱丽丝将 A 发给鲍勃，鲍勃将 B 发给爱丽丝，如图7.6所示。

最后，爱丽丝算出 $B^a \pmod{p}$，鲍勃算出 $A^b \pmod{p}$，如图7.7所示。爱丽丝有 $B^a \equiv (g^b)^a \equiv g^{ba} \pmod{p}$，鲍勃有 $A^b \equiv (g^a)^b \equiv g^{ab} \pmod{p}$。210 但是，$ab = ba$，所以两人的结果是一样的。现在，爱丽丝和鲍勃共有一段秘密信息，这个信息他们可以当成安全密码的密钥来用。

例如，假设爱丽丝和鲍勃想就波利哥−赫尔曼指数密码的隐藏密钥达成一致，如6.1节所述。密钥得是 1 到 2818 之间的数，所以对这个例子他们打算在迪菲−赫尔曼系统中取 $p = 2819$。正好 2 是以 2819 为模的一个生成元，于是爱丽丝和鲍勃也准备用这个数。爱丽丝选了一个秘密数字，比如说94；鲍勃也选了一个秘密数字，比如说305。这样系统过程就会如图7.8所示。

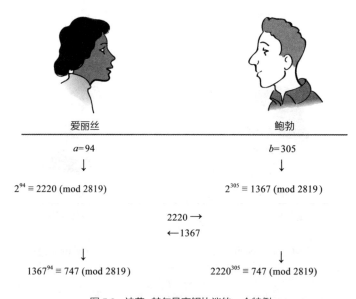

图 7.8　迪菲−赫尔曼密钥协议的一个特例

现在爱丽丝和鲍勃都有了隐藏密钥，就是747，他们也能将其用于指数密码。同样值得提醒大家的是，爱丽丝和鲍勃事先也不知道最后的隐藏密钥会是什么。特别是，这个密钥对指数密码来说甚至有可能不是个好密钥。如果出现这种情况，他们都会很快就察觉到，然后只需要用新的秘密数字再试一次，直到找到好密钥。

伊芙想弄到这个隐藏密钥的话会有多难呢？她知道 g 和 p，因为爱丽丝和鲍勃是通过不安全的信息通道就此达成一致的。伊芙不知道 a 和 b，但她知道 $g^a (\bmod p)$ 和 $g^b (\bmod p)$，如图7.9所示。要从 $g^a (\bmod p)$ 和 $g^b (\bmod p)$ 求得隐藏密钥 $g^{ab} (\bmod p)$，这个问题叫作迪菲－赫尔曼问题。如果伊芙能求出 a 或 b，她就能算出隐藏密钥是什么了，但想求 a 和 b 就要解决离散对数问题，我们在6.4节也讲过，这个问题好像还挺难的。也许有其他途径能快速解决迪菲－赫尔曼问题 ——但人们试了35年之久，也还是一无所获。到目前为止，迪菲－赫尔曼问题也是我们觉得很难，但没人能打包票的问题之一。

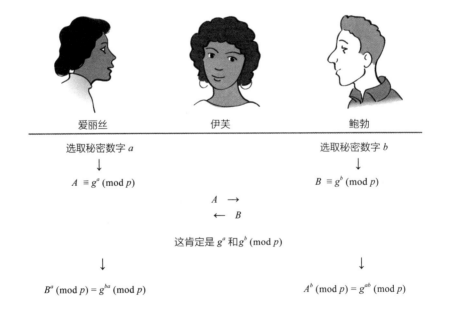

图7.9 伊芙能找出隐藏密钥吗？

截至2016年6月，寻找以大素数 p 为模的离散对数的记录是

$$p = \lfloor 2^{766}\pi \rfloor + 62762,$$

这是个232位数，或者说有768比特那么长。挑战是关于生成元 $g = 11$ 求下面这个数的对数：

$$y = \lfloor 2^{766}e \rfloor.$$

2016年6月16日，莱比锡大学和瑞士洛桑联邦理工学院的一组研究人员公布了结果，他们完成这个运算花了大约16个月的时间。

迪菲-赫尔曼协议的一个重要应用是，在虚拟专用网络的常见类型之一中作为安全系统的一部分来使用。虚拟专用网络简称VPN，是设计出来让组织成员能安全连接到组织网络的系统，就算是在也许有人在监听网络连接的地方也能安全连接。在我撰写本书时，这个系统有个新版本正在慢慢部署，该版本能控制数据如何在互联网上流动。这个新系统叫作 IPv6，应当也在用基于迪菲-赫尔曼的安全机制但要广泛得多，来保护控制互联网自身的通信交流，以及普通用户的消息。

7.3 非对称密码学

我们来回顾一下历史。1976年，迪菲跟赫尔曼在默克勒帮助下，提出了一个可行的公钥密钥协议系统。不过，他们仍然在致力于另一个方向。1975年夏，有一天在瑞夫·默克勒让他们开始思考密钥协议之前，迪菲对另一种系统整个有了重要见解。传统密码学是对称的，其中爱丽丝和鲍勃实际上拥有同样的可用密钥信息。很多时候，爱丽丝用来加密的密钥和鲍勃用来解密的密钥是相同的，比如在 DES、CES 或移位寄存器等密码中。另一些情况下，爱丽丝用一个密钥加密，鲍勃则用这个密钥的某种逆元来解密，比如加法密码、乘法密码、指数密码等。这时候密钥有两种形式，但只要知道其中之一，就很容易找出其逆元。这些系统现在都叫作对称密钥系统。

迪菲的新想法是非对称系统。双方都有两个密钥，一个加密密钥，一个解密密钥。这时候两个密钥之间的关系是，就算你知道了加密密钥，你也很难找到解密密钥。这就是非对称之处：如果爱丽丝只知道加密密钥，鲍勃也只知道解密密钥，那么爱丽丝就只能加密，鲍勃也只能解密。当然，这种密钥并不是凭空出现的。在某个时候总得有人对两个密钥都了然于胸。图7.10显示了这样的系统在实践中通常是如何起作用的。鲍勃根据一些秘密信息创建了加密密钥以及相应的解密密钥。他将加密密钥张贴在公众场合，比如说网站上，但是解密密钥秘而不宣。（出于这个原因，加密密钥常常也被叫作公共密钥，而解密密钥也常常被叫作私人密钥。）

213

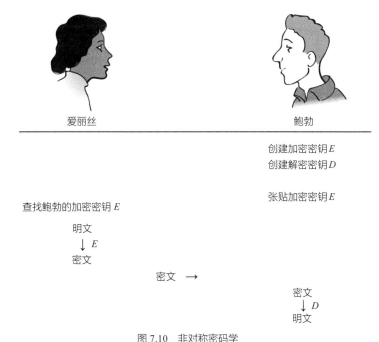

图 7.10 非对称密码学

爱丽丝想给鲍勃发消息的时候，就去查找鲍勃的加密密钥，并用这个密钥加密消息。爱丽丝把加密消息发给鲍勃之后，鲍勃就能用他

的解密密钥来解开这条消息，但除了他没有任何人还能解密。请注意，就连爱丽丝都没法解密自己加密的消息！如果爱丽丝弄丢了明文，她也只能自认倒霉，跟伊芙的处境是一模一样的。

214　关于非对称密码学已经有不计其数的比喻，一直追溯的话，迪菲跟赫尔曼自己就是始作俑者。我最喜欢的比喻是一扇锁着的门，上面带一个邮件投递口，如图 7.11 所示。如果鲍勃发布了自己这扇门的地址（加密密钥），那就所有人都能从这个投递口投一条消息进来。但只有鲍勃有门钥匙（解密密钥），因此只有鲍勃能拿到投进来的信息并读取。一旦爱丽丝把信息投进投递口，她自己就也够不到了。

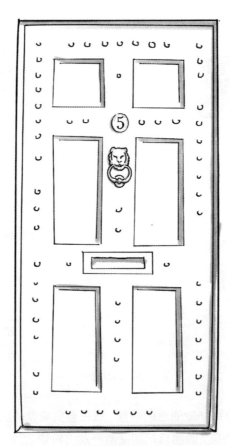

图 7.11　非数学的非对称密钥密码系统

但不幸的是，对于如何真正创造出这样一个系统，允许加密和解密密钥不对称，迪菲跟赫尔曼只有很模糊的想法。他们有单向函数，其中一个方向的计算很简单，另一个方向却难上加难。但他们需要的可不止这些。他们需要的函数得对爱丽丝来说某个方向很容易计算（用加密密钥进行加密），同时对伊芙来说另一个方向的计算很困难（用加密密钥进行密码分析）；但很困难的那个方向对鲍勃来说又得很简单，只要他有额外的秘密信息（用解密密钥解密）。这个可以叫作后门单向函数 —— 额外的秘密信息就好像后门一样，让鲍勃可以利用隐藏通道获取明文。另外，伊芙要想从系统的其他信息出发计算出后门信息也得非常难才行。函数在这个意义上同样也得是单向的。

默克勒见过的那篇迪菲跟赫尔曼的1976年的论文描述了基本思路，以及或许有可能创造出后门单向函数的一些方法，但这篇论文和《密码学的新方向》都没有一个实际可行的非对称密钥系统。1977年，默克勒跟赫尔曼一起发明了第一个这样的系统，叫作"背包密码"，但这个系统最终被发现有漏洞，因此并不安全。成功发明第一个非对称密钥系统的桂冠，很快就要由别人来摘取了。

7.4　RSA

这时候，公钥密码学正以惊人的速度向前发展。到1976年年底，《密码学的新方向》到了麻省理工学院（MIT）计算机科学助理教授罗纳德·李维斯特（Ronald Rivest）手中。李维斯特招募了两位在MIT的同事，即倾向于搞理论的伦纳德·阿德曼（Leonard Adleman）和来自以色列的访问教授阿迪·沙米尔（Adi Shamir）。李维斯特和沙米尔马上对非对称密钥系统的前景感到如痴如醉，阿德曼倒是没那么着魔。他们很快形成了这样的工作模式：李维斯特和沙米尔提出一个方案，阿德曼则会推倒这个方案。刚开始几乎是瞬间就能推倒，但大战了大概32个回合之后，李维斯特和沙米尔提出的方案，花了阿德曼一整晚来找出漏洞。从这时起，他们紧紧拧成了一股绳。

216　这时候，李维斯特、沙米尔和阿德曼三人开始考察一种跟迪菲和赫尔曼的指数函数不一样的单向函数。简单的方向是取两个很大的数乘起来。难的方向则是因数分解问题，也就是找到大数的因数。我们在1.3节对很小的数字做过因数分解，那里可能看起来也没多难，但是对非常大的数，我们会看到因数分解难如登天。

因数分解问题缺少的是后门，李维斯特三人组并没有马上看出来怎么建立一个后门。1977年4月3日，三人去一位研究生家里参加逾越节晚宴。跟每年的这个日子一样，他们开怀畅饮，最后李维斯特跟他妻子回家时已经很晚了。他妻子已经准备好就寝，李维斯特却躺在沙发上想着因数分解。上床之前他有了至关重要的突破，这一突破后来造就了所谓的RSA密码系统：乘法单向函数将在指数单向函数中充当后门。

下面就是鲍勃设定非对称密钥的过程。首先，他选择两个不同的非常大的素数，通常记为 p 和 q，这就是后门的隐藏信息。这两个素数的乘积记为 n，将以合数形式成为指数密码的模数（参看6.5节）。当前的想法是，n 应当与你在迪菲-赫尔曼系统中用的模数大小差不多，否则因数分解问题就不够难。早前我也提到过，截至2015年，这个数字最好有600位或是更大，安全性才可以接受。要得到 600 位的 n，最简单的办法是让 p 和 q 都有300位或更大。

现在，鲍勃可以用6.6节的公式求出 $\phi(n) = \phi(pq) = (p-1)(q-1)$。他会取一个与 $\phi(n)$ 互质的加密指数 e，并求出解密指数 $d = \bar{e}\,(\mathrm{mod}\ \phi(n))$。模数 n 和加密指数 e 一起构成了鲍勃的公钥，可以发布出来。解密指数 d 则是鲍勃的私钥，需要好好保密。同样他也需要好好护住 p、q 和 $\phi(n)$ 这几个数。实际上，他后面也用不到这些数了，他要是乐意，完全可以销毁这些记录。

我们找个例子来演练一下，但用的数字比真正会用到的要小得多。假设鲍勃令 $p = 53$，$q = 71$ 作为两个素数，那么 $n = 53 \times 71 = 3763$，$\phi(n) = (53 - 1) \times (71 - 1) = 3640$。他可以取 $e = 17$ 作为加密指数。鲍勃用欧几里得算法就能确定 17 跟 3640 互质，而 17 以 3640 为模的逆元是 1713。你要是乐意，上面这些步骤都可以自己算一算，也花不了太多时间。鲍勃在公开场合将 e 和 n 贴出来，并将 p、q、$\phi(n)$ 和 d 设为机密，如图 7.12 所示。

爱丽丝　　　　　　　　　　　　　　　鲍勃

选取秘密数字 p、q
用 p、q 构建公开加密密钥（n、e）
用 p、q 构建私人解密密钥 d

张贴加密密钥（n、e）

图 7.12　设立 RSA

爱丽丝想给鲍勃发消息的话，就只需要查一查鲍勃的公开模数 n 以及公开加密指数 e，然后用指数密码来加密消息。例如，对于我们的 $e = 17$、$n = 3763$，爱丽丝可以发送如下密文：[48]

明文	ju	st	th	ef	ac	to	rs	ma	am
数字	10,21	19,20	20,8	5,6	1,3	20,15	18,19	13,1	1,13
合并	1021	1920	2008	506	103	2015	1819	1301	113
17 次方	3397	2949	2462	3290	1386	2545	2922	2866	2634

[48] 密文"just the factors ma' am"大意为"夫人，只是因数罢了"。——译者注

鲍勃知道解密指数 d 和公开模数 n，因此他可以对密文求 d 次方，再以 n 为模求同余数，就解密了这道消息。对我们的例子有

密文	3397	2949	2462	3290	1386	2545	2922	2866	2634
1713 次方	1021	1920	2008	506	103	2015	1819	1301	113
分开	10,21	19,20	20,8	5,6	1,3	20,15	18,19	13,1	1,13
明文	ju	st	th	ef	ac	to	rs	ma	am

整个系统如图7.13所示。

爱丽丝

鲍勃

选取秘密数字 p、q
用 p、q 构建公开加密密钥（n、e）
用 p、q 构建私人解密密钥 d

张贴加密密钥（n、e）

查找鲍勃的加密密钥（n, e）
$$P$$
$$\downarrow (n, e)$$
$$C \equiv P^e (\bmod\ n)$$

$$C \rightarrow$$

$$C$$
$$\downarrow (n, d)$$
$$P \equiv C^d (\bmod\ n)$$

图 7.13　完整的 RSA 系统

一旦你读到这些并领会了其中的数学知识，RSA 的思路就真的很简单了。4月4日一大早，李维斯特向沙米尔和阿德曼展示了他写下来的这个系统，跟别的午夜狂想都不一样，这一个听起来很不错。手

稿归功于阿德曼、李维斯特和沙米尔，按照姓氏字母排序，在数学领域这样排名司空见惯，计算机科学领域也不乏其例。阿德曼反对这样排序，他觉得自己不能居功，因为他所做的只不过是没能像前面那些回合一样把这个系统也打倒在地罢了。李维斯特坚持要这么排，最后他们还是列上了三个人的名字，但李维斯特在最前面，阿德曼是最后一个。因此，出现在这一天的MIT技术备忘录上的文章署名顺序是李维斯特、沙米尔、阿德曼，发表的这篇文章描述了结果，也获得了专利。这样一来，这个系统的常见缩写就成了RSA。

但是在学术文章发表之前，也是在专利获批之前，RSA就已经在公众面前隆重登场。李维斯特将技术报告的副本发给了马丁·加德纳（Martin Gardner），他是《科学美国人》杂志"数学游戏"专栏的作者，这个专栏在专业数学家和业余爱好者中间都不同凡响。专栏从1956年开到了1981年，其间主打过数学游戏、玩具、谜题以及图片，还包括折纸、俄罗斯方块、七巧板、彭罗斯（Penrose）平铺、埃舍尔（M.C.Escher）的艺术作品、分形和数学魔术等。加德纳马上被RSA系统深深吸引，并在李维斯特的帮助下写了一篇专栏来阐释这个系统。这篇专栏于1977年8月号面世，宣称公钥密码学"堪称石破天惊，以前的所有密码，连同那些密码的破解技术，可能马上就会黯淡无光"。文中还简单介绍了一次性密码本，《密码学的新方向》的内容，以及RSA。最后，文章还向读者发下战书：一道用129位的RSA模数加密的消息，第一个破解出来的人可以赢取李维斯特三人组提供的100美元奖金。据说，李维斯特估计用1977年这个年代的计算机来破解的话，得花四亿亿年和上百万美元。文中还说，如果想得到这份技术报告的副本，那就寄一个写好地址、贴好邮票的信封给MIT的李维斯特。根据李维斯特的说法，后来一共收到了三千多份这样的要求。

对RSA感兴趣的人主要还是局限于数学家、计算机科学家和密码学爱好者，直到万维网发明之后的20世纪90年代，互联网商业迎来爆发性增长才大为改观。这时候人们意识到，通过互联网把你的信用卡号发给别人，正是你需要给你从未见过的人安全发送信息的完美案

例。今天，每当你随便登入一个安全的网络服务器，你的计算机很可能就已经在查找这个网络服务器的RSA公钥，并用于加密你和服务器之间的连接。

但是，网页本身和你想要发回去的信用卡号通常并不是直接用RSA加密的。这是因为，非对称密钥加密几乎总是比对称加密要慢。实际上，你的计算机会用服务器的公钥来加密一些秘密信息，你的计算机和服务器都可以将这段秘密信息用于产生对称密码的密钥，比如说AES。这就是混合密码系统，在实际应用中跟密钥协议系统很相似。简单的混合系统可能看起来像图7.14的样子，其中爱丽丝在扮演你的计算机的角色，鲍勃的角色则是服务器。

爱丽丝	鲍勃

选取秘密数字 p、q
用 p、q 构建公开加密密钥（n、e）
用 p、q 构建私人解密密钥 d

张贴加密密钥（n、e）

选取AES的隐藏密钥 k
查找鲍勃的加密密钥(n, e)
k
$\quad \downarrow (n, e)$
$k^e \ (\mathrm{mod}\ n)$ $k^e \ (\mathrm{mod}\ n) \rightarrow$ $k^e \ (\mathrm{mod}\ n)$
$\quad \downarrow (n, d)$
$k \equiv (k^e)^d \ (\mathrm{mod}\ n)$

P
$\downarrow k$
C $C \rightarrow$ C
$\quad \downarrow k$
$\quad P$

图 7.14　混合 RSA-AES 系统

7.5 注水启动：素数检验

在考察伊芙会怎么尝试破解用RSA加密的信息之前，我想先稍微谈谈鲍勃设定密钥得花多长时间。首先请注意，鲍勃如果要设定密钥，就得找到两个素数。怎样才能找出一个素数呢？最显而易见的办法是，选一个数，试试看这个数有没有因数，但是我们也说过因数分解很困难。实际上，要是伊芙能将 n 因数分解，她就能知道 p 和 q 了，而这正是鲍勃藏在后门的秘密信息。因此伊芙就能找出 d，并读出用这个密钥发给鲍勃的所有消息。如果鲍勃设定一个新密钥所花的时间跟伊芙破解这个密钥的时间一样长，那就太糟糕了。在这种情形下，伊芙只需要事先准备一台比鲍勃的更快的计算机就行。

好在还有不少办法可以不用因数分解就找出素数来。这样的检验方法至少早在17世纪就已经为人所知，但作为一般规则人们似乎认为并不怎么可行。究其原因，要不是因为检验起来太慢，有时候甚至比因数分解还要慢；要不是因为只对一些特殊情形奏效；再要不就是因为，有时候这些方法会给出错误的结果，甚至压根儿没有结果。将素数检验问题从因数分解问题中分离出来的人，通常认为是高斯。他对此发表的论断如今在数学家圈子里非常有名，但也有点儿模棱两可：

> 区分素数跟合数的问题，以及将合数分解为质因数的问题，在算术中是最重要也最有用的问题之一。这个问题将古代和现代的几何学智慧与工业结合得如此完美，以至于都没必要在此展开讨论。不过我们必须承认，到目前为止所有已经提出来的方法，要么局限于十分特殊的情形，要么就是太耗时耗力，以至于就算数字没有超出由泰斗打造的表格极限……都需要个中好手用上洪荒之力……此外，科学自身的尊严似乎会要求，对一个如此优雅、如此知名的问题，要穷尽一切可能的方法来找到问题的解决方案。因此我们并不怀疑，接下来的两种方法，其高效与简洁都是明眼人一望便知，也将给算术爱好者带来回报。

高斯说的到底是一个问题还是两个问题？如果你看一下高斯描述的两种方法，则第一种方法在将合数因数分解的同时也证明了这些数是合数。第二种方法的第一种变化形式同样如此。高斯对写到的最后一种变化形式是这么说的："……第二种更好一些，因为这种方法可以算得更快。但只有一遍又一遍重复进行，才能得出合数的因数。不过，它确实能将合数跟素数区分开。"这顶多算是个自相矛盾的推荐。

使RSA真正变得实用的必要突破是，认识到快速素数检验十分有用，就算未必总是给出正确结果。最早指出这一点的似乎是罗伯特·索洛维（Robert Solovay）和沃尔克·斯特拉森（Volker Strassen），时间是1974年，正好在默克勒、迪菲和赫尔曼开始考虑公钥密码学前后。他们的想法是做一个盖然性的素数检验，也就是在过程中某处做随机选择。这个随机选择可以让检验运行很快，但有一定概率给出错误结果。

现在我来展示一下基于费马小定理的盖然性检验。这个检验跟索洛维和斯特拉斯的很相似，但他们的检验方法更复杂也更精确。第一个要点是费马小定理可用于"合数检验"，也就是说如果一个数不是素数，它可以很确定地告诉我们。例如，假设现在你不知道15是素数还是合数。如果15是素数，那么费马小定理告诉我们，对 1 到 14 之间的任意整数 k，都有 $k^{14} \equiv 1 \pmod{15}$。我们可以拿几个数来试一下。如果 $k = 2$，那么 $2^{14} \equiv 4 \pmod{15}$。要是 15 是素数的话上面的情况就不应该出现，因此我们证明了 15 是合数，我们也把 2 叫作 15 是合数的证据。

我们拿来试的数不会每一个都这么漂亮。例如，如果 $k = 4$，那么 $4^{14} \equiv 1 \pmod{15}$，虽然我们都已经知道 15 不是素数了。所以，我们管 4 叫作费马检验的伪证，因为它在暗示 15 是素数。因此，对于我们要检验的数字 n，如果有 $k^{n-1} \equiv 1 \pmod{n}$，我们就没办法确定，到底是 n 是素数还是 k 是个伪证。现在就需要随机选择来大显身手了。我们会选一大堆 1 到 $n-1$ 之间的 k，只要其中有一个证据，我们就知

道了 n 是合数。如果谁都不是证据，那我们就说 n 可能是素数。我们检查的 k 越多，对于 n 是素数的结果就可以越肯定。但是，只有在检查过特别多的 k 之后，我们才敢完全肯定 n 是素数。而如果检查的 k 太多，这个检验就会旷日持久，算不上快了。这样的检验似乎不尽如人意，但对密码学家来说已经够好了。再怎么说，人类和/或计算机的计算也不是说就很完美不是？总是会有这样的可能性，比如宇宙射线刚好会在错误的时间和错误的地点击中你的计算机。只要检验出错的机会不比上述机会大，那就没什么大不了的。

我们用两个数来试一下这个检验，这两个数可能你没法一眼就看出来是不是素数。对每个 n，我们随机选取 10 个 k，除非还不到 10 个就找到证据。

$n=6601$ 是素数吗？

k	k^{6600} （mod 6601）
1590	1
3469	1
1044	1
3520	1
4009	1
2395	1
4740	1
4914	3773

因为 $k = 4914$ 是证据，所以 $n = 6601$ 绝对不是素数。

$n = 7919$ 是素数吗？

k	k^{7918} （mod 7919）
1205	1
313	1
1196	1
1620	1
5146	1
2651	1
3678	1
2526	1
7567	1
3123	1

我们没发现任何证据，因此 $n = 7919$ 很可能是素数。如果我们想降低出错的概率，只需检查更多的 k 就好了。

我在前面也提到过，索洛维–斯特拉斯检验比费马检验要复杂得多，但也有更多证据，因此很可能用同样的时间就能让一个合数现形。然而，今天用得最多的检验比这两个检验都更精确，但几乎和费马检验一样简便。这种检验是由迈克尔·拉宾（Michael Rabin）于1980年发明的，其基本思想则来自加里·米勒（Gary Miller）。这个故事的结局是在2002年，终于有人发明了第一个非随机素数检验，其速度显著高于因数分解，而且可以证明结果总是正确的。发明者是坎普尔印度理工学院教授曼内拉·阿格拉瓦尔（Manindra Agrawal），还有他两个一年级的研究生尼拉杰·卡亚勒（Neeraj Kayal）和尼汀·萨克塞纳（Nitin Saxena）。对很多数学家来说这个结局都是久旱逢甘露，他们好多年都没期盼着（甚至是从未想过）有这么大的进展了。无论如何，拉宾–米勒检验在密码学中仍然很常用，因为人们认为这个方法足够精确，在实际应用时又够快。300位的比如会用在RSA中的数可以在数秒之内就轻易检验出来，出错的概率还不到 10^{-30}。

要完成加密，鲍勃应当毫无困难地迅速找到两个素数。将这两个素数乘起来当然也会很快，剩下的就只是随便找一个以前用过的 e，确保 e 跟 n 互质就行了，然后求出其逆元，而求逆元也只需要用到欧几里得算法。在 1.3 节我们说过，欧几里得算法运算起来快得很。实际上，加布里埃尔·拉梅（Gabriel Lamé）早在1844年就已经证明，除法的步数不会超过两个数中较小数位数的5倍。我们考虑可用于 RSA 的 600 位的数字时，上面的结论就意味着不到 3000 次除法，在现代计算机上，甚至好的手持计算器上，都只需要花一秒钟时间。如果鲍勃不走运，他试的第一个 e 说不定是个坏密钥，但要是他连试两三次都是坏密钥的话，就只能说他是倒霉透顶了。创建安全的 RSA 密钥的整个过程，在普通的个人电脑上通常不到 15 秒就能完成。

7.6　为什么说RSA是（优秀的）公钥系统？

那整个这一切是什么时候让伊芙望尘莫及的呢？她和爱丽丝一样可以查看鲍勃的公开信息，因此她知道 n 和 e，如图 7.15 所示。而且她看到了 C，也会知道这是某个 P 的 P^e 模 n。她能将函数反转从而求出 P 来吗？这个问题叫作 RSA 问题，也跟迪菲–赫尔曼问题一样，大家都觉得这个问题很难，但没有人能打包票。

226

伊芙要解决 RSA 问题，最显而易见的办法就是对 n 进行因数分解。这样她就能知道 p 和 q，因此就能算出 $\phi(n) = (p-1)(q-1)$ 并找到 d，跟鲍勃能做到的一样。我们说过好几次，因数分解很困难，但是跟离散对数问题一样，没有人能确切证明。但是，人们致力于因数分解的时间，可比离散对数问题还要长得多。费马、欧拉、高斯，还有别的很多人在现代计算机出现以前就已经在埋头苦干，现在数学家将计算机用于这个问题也已经超过35年了。最明显的办法就是拿着素数一个一个去试，他们倒是弄清楚了怎样比这个办法快得多，但是伊芙分解 n 的速度和鲍勃创建 n 的速度还是无法相提并论。

| 爱丽丝 | 伊芙 | 鲍勃 |

选取秘密数字 p、q
用 p、q 构建公开加密密钥（n、e）
用 p、q 构建私人解密密钥 d
张贴加密密钥（n、e）

查阅（n, e）

P
$\downarrow$（n, e）
$C \equiv P^e$（mod n）

$C \rightarrow$

"这肯定是 P^e mod n。"
查阅（n, e）
"我不知道 d 和 $\phi(n)$ 。"
"怎么才能把函数反过来啊？"

C
$\downarrow$（n, d）
$P \equiv C^d$（mod n）

图 7.15　伊芙能看到什么

　　1993 年 8 月，在一些学生和一位专业数学家的协调下，一个国际志愿者小组决定看看是否能利用互联网的力量来对马丁·加德纳专栏中的 129 位模数进行因数分解。跟 1977 年那个时候比起来，他们的计算机更快，方法也更好，不过也许更重要的是，他们的计算机也更多。到 1994 年 4 月 26 日这个项目终于大功告成时，这项工作已经在全球范围的 600 多人手中分派，使用了从传真机到克雷超级计算机的 1600 多台计算机。按照编程设计，这些计算机只有在没有其他任务时才会为这个问题效力。辛苦工作了 8 个月，协调者宣布解决了这一挑战。李维斯特奖了他们 100 美元，他们则将这笔钱捐给了自由软件基金会，并宣布那条消息的谜底是：

the magic words are squeamish ossifrage

即"魔法语言是易怒的胡兀鹫"。

　　当我写下这些的时候，因数分解的记录是 232 位（768比特）的数字，其分解完成于 2009 年 12 月 12 日。这次是由16位研究人员组成的小组，在8家不同的研究机构用专门的机时来进行计算，而不是将项目公开到互联网上。整个项目2005年夏天在其中一个研究所花了3个月，2007年春天又在另一家研究所花了差不多的时间，而从2007年8月到2009年12月还有大约16个月紧锣密鼓的计算。据研究人员总结，1024比特（约为300位）的RSA模数在未来五年内可能可以因数分解，应当在此之前就逐步淘汰这些数的应用。截至本书写作期间，还没有人宣称做到了这样的分解，但要是很快有人做了出来，我也不会大惊小怪。

　　除了对 n 因数分解，伊芙还有别的什么办法可以试试吗？也许她可以试一下有没有别的办法找出 $\phi(n)$。那样的话，就算不知道秘密数字 p 和 q 究竟是什么，她也能算出 d。伊芙知道，$\phi(n)$ 就是小于等于 n 且与 n 互质的正整数的个数，但对每一个这样的数都用欧几里得算法试一遍的话，要花的时间可比直接用蛮力攻击来对 n 因数分解还要长。而且，要是伊芙能找到 $\phi(n)$，那她就能自动将 n 因数分解了。这是为什么呢？因为她知道

$$\phi(n) = (p-1)(q-1) = pq - p - q + 1 = n - (p+q) + 1.$$

　　如果她同时知道 $\phi(n)$ 和 n，上述方程就能让她找到 $p+q$。然而我们还有

$$(p-q)^2 = p^2 - 2pq + q^2 = p^2 + 2pq + q^2 - 4pq = (p+q)^2 - 4n,$$

　　因此如果伊芙知道 $p+q$ 和 n，她就能求出 $p-q$。最后，如果 $p+q$ 和 $p-q$ 她都知道了，那么

227

$$\frac{(p+q)+(p-q)}{2} = p \text{ , 且 } \frac{(p+q)-(p-q)}{2} = q.$$

人们已经试过用这种办法来分解 n，但效果似乎并不理想，因此对伊芙来说这恐怕也不是个好办法。

伊芙能在不知道 $\phi(n)$ 的情况下直接求出 d 来吗？这同样能让她有办法对 n 因数分解。如果她知道 d 和 e，她就可以计算 $de-1$，由于 $de \equiv 1$（mod $\phi(n)$），也就有

$$de - 1 \equiv 0 \text{ (mod } \phi(n)).$$

但这个情形只有在 $de-1$ 是 $\phi(n)$ 的倍数时才会发生。事实证明，就算只有 $\phi(n)$ 的倍数而不是 $\phi(n)$ 本身，也总有一个盖然性算法能将 n 因数分解。

这样伊芙就只剩下在完全不知道 d 的情况下试试怎样解下列方程了：

$$C \equiv P^e \text{ (mod } n).$$

有可能吗？好像没多大可能。但在试了三十年之后，没有人确定究竟是有可能还是不可能。类比起来你可能会看到，在标准化检验中，RSA问题之于因数分解问题正如迪菲–赫尔曼问题之于离散对数问题：两种情形下我们都认为两个问题等价，我们也认为两个问题都很难，但是我们对哪一个都心里没底。

228

7.7　RSA的密码分析

要是我刚才还在说我们不知道伊芙有什么办法能破解RSA，且速度快到值得一试，那这一节又是要闹哪样？更准确一点说，就是我们并不知道破解RSA的任何通用方法。但对一些特殊情形，伊芙还是可

以破解系统，尤其是如果爱丽丝和鲍勃不够谨慎的话。

　　要特别留意的第一件事是短消息攻击。假设跟我们前面的例子一样鲍勃用的模数是 $n = 3763$，但为了让爱丽丝在加密时省点事儿，鲍勃决定取加密指数为 $e = 3$，并告诉爱丽丝 用 0 而非 26 来代表字母 z，反正我们也不会把 0 用于别的字母。

　　倒霉得很，爱丽丝需要让鲍勃知道的是"桑给巴尔动物园有零匹斑马"（zero zebras in Zanzibar zoos）。怎么就倒霉了呢？下面是加密过程：

明文	ze	ro	ze	br	as	in	za	nz	ib	ar	zo	os
数字	0,5	18,15	0,5	2,18	1,19	9,14	0,1	14,0	9,2	1,18	0,15	15,19
合并	005	1815	005	218	119	914	001	1400	902	118	015	1519
3 次方	125	2727	125	693	3098	1614	1	1585	3022	2364	3375	581

　　现在伊芙知道 $e = 3$，因为这是公开信息。跟 3763 比起来，3 真是小得很。因此伊芙可以假定，并不是所有这些模块都真的超过 3763 取了余数。实际上，如果伊芙用普通算术（也就是不用模运算）直接对每个模块取 ⅓ 次方（也就是立方根），就会得到

密文	125	2727	125	693	3098	1614	1	1585	3022	2364	3375	581
⅓ 次方	5.00	13.97	5.00	8.85	14.58	11.73	1.00	11.66	14.46	13.32	15.00	8.34
明文数字	005	??	005	??	??	??	001	??	??	??	015	??
明文	ze	??	ze	??	??	??	za	??	??	??	zo	??

　　伊芙当然没办法读完整个信息，但要是她怀疑他们讨论的是"桑给巴尔斑马"（Zanzabari zebras），上面的结果对爱丽丝和鲍勃来说肯定也够糟糕了。原则上应该确保消息模块够大，加密指数够大，或

是二者得兼。

如果解密指数太小，也有一个与此类似的选择密文攻击能奏效。假设伊芙知道鲍勃用的模数是 $n = 4069$，加密指数是 $e = 749$，现在她想知道鲍勃的解密指数 d。伊芙不会给鲍勃发真实消息，她可以发给鲍勃一则"密文"，其中有些模块正确加密，还有些模块是随机的很小的数字，并期望能发现解密结果。举个例子：

"密文"	3029	1064	1402	3	5	1172	3917	1483
d 次方	1612	501	1905	243	3125	2008	114	1119
"明文"	pl	ea	se	b?	?y	th	an	ks

现在鲍勃最不应该做的就是发回给伊芙一条消息，可能还用伊芙的公钥加密过："你信息中间有两个模块我不知道是什么意思。我该怎么把 243、3125 这两个数转成字母呢？"就算鲍勃没有给伊芙发这样的消息，但如果伊芙能用别的办法搞到解密后的数字，鲍勃还是会有大麻烦。

这下子伊芙知道了 $243 \equiv 3^d \pmod{4069}$，且 $3125 \equiv 5^d \pmod{4069}$。因此她试着以 3 为底用普通算法计算 243 的对数，于是得到

$$\log_3(243) = 5,$$

看起来可能是 d。为了再行确认，伊芙还可以 5 为底取 3125 的对数，并得到

$$\log_5(3125) = 5.$$

这样就找到了 d。这里有两个原则：第一个原则是，如果来自某人的密文在解密后得到的明文看起来杂乱无章，绝对不要告诉这个人你得到的明文是什么。这一条适用于几乎所有密码，因为在此之外还

有很多别的选择密文攻击。第二个原则是，不要用太小的 d 做解密指数。实际上，就算伊芙没法选择密文攻击，也还有别的低解密指数攻击让这种密码岌岌可危。

攻击的另一种可能是公共模数攻击。假设鲍勃和戴夫彼此信任，但他们并不希望他们的消息混在一起。他们可能会决定用同一个模数 n，但用的 e 值不一样。这也很不好。

例如，假设 $n = 3763$，鲍勃的 $e = 3$，戴夫的 $e = 17$，爱丽丝给他俩发了同样的消息：

明文	hi	gu	ys
数字	8, 9	7, 21	25, 19
合并	809	721	2519
3 次方:	2214	3035	964
17 次方:	2019	1939	2029

伊芙可以从对两个 e 值用欧几里得算法开始着手。如果两个 e 互质，那么伊芙可以将 1 写成"3 的倍数"和"17 的倍数"两部分，就像 1.3 节中那样：

$$17 = 3 \times 5 + 2, \, 2 = 17 - 3 \times 5,$$

$$3 = 2 \times 1 + 1, \, 1 = 3 - 2 \times 1 = 3 \times 6 - 17 \times 1,$$

因此

$$1 = (3 \times 6) + 17 \times (-1)。$$

对第一个明文模块，伊芙知道

231    $2214 \equiv P^3 \pmod{3763}$ 以及 $2019 \equiv P^{17} \pmod{3763}$，

如果取 $2214^6 \times 2019^{-1} \pmod{3763}$，就有

$$2214^6 \times 2019^{-1} \equiv (P^3)^6 (P^{17})^{-1} \equiv P^{3\times6+17\times(-1)} \equiv P^1 \equiv P \pmod{3763}$$

因此可以确定一定以及肯定：

密文 1	2214	3035	964
密文 2	2019	1939	2029
密文 1 取 6 次方	229	1946	897
密文 2 取 −1 次方	2682	1178	523
相乘	809	721	2519
分开	8，9	7，21	25，19
明文	hi	gu	ys

这里的原则就是不要共用同一个模数，就算你们彼此信任。

如果爱丽丝发给鲍勃两条类似但并非一模一样的信息，用的也是一样的 n 和 e，那就还有一种相关消息攻击可以利用。只要 e 大于 3，这种攻击就开始变得十分困难，这也是我们选择 $e = 17$ 或 $e = 2^{16} + 1 = 65537$ 的原因之一。

说到相关消息，还有一种攻击叫作广播攻击。如果有 e 个人都用同一个加密指数 e，但模数都不一样；爱丽丝向这些人每人发送一条相同或只是类似的消息，伊芙就能利用广播攻击了。因为用很小的 e（比如 3 或 17）在速度上有很大优势，因此这些 e 值很常见（参见 7.4 节）。所以，无论如何最好不要将类似的消息发给好几个人。使消息不那么相似有一个办法，就是在加密前往消息中小心加入随机的补丁比特,而在解密之后对这些补丁视而不见就行了。

加入随机性也有助于防范前向搜索攻击。这是可能字攻击的一种形式,对非对称密钥系统会普遍造成威胁。假设对爱丽丝发给鲍勃的一条特定密文,伊芙对明文有所猜测。如果加密没有随机性,伊芙就总是能发现自己猜对了没,这是因为伊芙和任何人一样,也可以用鲍勃的公钥加密。如果加密时没有掺进去随机补丁,伊芙开始加密时的明文也跟爱丽丝一样,伊芙就会得到一样的密文。但是,如果有随机补丁,扩散效果也很好,同一条消息的不同加密就会看起来没有任何相似之处。依赖于随机选择的加密叫作盖然性加密,到7.8节我们会看到另一个盖然性加密的例子。

232

以上是针对RSA的一些攻击类型的很好总结,其中也有一些教训需要吸取。大部分教训都可以落入"不要偷懒"的范畴,因此也非常容易记住。如果你想了解更多细节,可以看看尾注中的参考资料。

7.8 展望

你也许会这么认为,默克勒之谜只是证明了概念 ——即便默克勒自己也知道,其谜题并不能应用于实际。但无论如何,它对迪菲-赫尔曼密钥协议的发展都有直接影响。实际上,马丁·赫尔曼自己就说过,迪菲-赫尔曼密钥协议其实应该叫作迪菲-赫尔曼-默克勒系统,这个系统的专利就是在这三个人名下的。

不管你叫它什么,迪菲-赫尔曼系统作为不同安全系统的一部分仍然在互联网上应用广泛。不过也请记住,因为这是个密钥协议系统而非加密系统,所以并不能单独使用。人们最终用的是基于离散对数问题的非对称密钥加密系统,在第八章我们会见到一些例子。

RSA当前在互联网上也有很多应用,很可能比迪菲-赫尔曼系统还多。不过这两个系统也面临一些挑战。它们共有的一大缺陷是都要

求密钥非常大。到8.3节我们会看到一种叫作椭圆曲线密码学的思路，这种思路尝试用更小的密钥来达到跟迪菲－赫尔曼系统和RSA相同的优势和安全性，可能计算起来也更快。基于椭圆曲线密码学的新系统也有一些新动向，但眼下之前的公钥系统仍然是主流。

2013年泄露的斯诺登文件引发了对迪菲－赫尔曼系统安全性的别样关注。美国国家安全局（NSA）的内部文件表明，NSA正在破解基于迪菲－赫尔曼系统安全机制加密的虚拟专用网络（VPN）流量，我在7.2节也提到过这种加密。2015年，来自法国和美国的一组研究人员宣布，有一种貌似可行的方法让破解可以行得通。这种攻击叫作"原木堵塞"（Logjam），可以分成两部分。第一部分是意识到，我在7.2节说到的有些事情并不完全正确。我说过，在表格里查找 p 值也可以，因为 p 值不用保密。不利因素在于，解决离散对数问题的大量工作在只知道 p 的情况下就能完成，而不需要知道 g、A 和 B。这就意味着如果伊芙知道很多人都在同一张表格里查阅同样几个素数 p，她就可以在还没有人发任何消息之前对这些素数提前做好计算。到有消息发出来的时候，她破解消息的速度就比完全没有准备要快得多。这些研究人员在分析这种预计算攻击时发现，用最多225位素数的迪菲－赫尔曼系统可能在学术团队面前就已经不堪一击，而用最多300位素数的系统则好像会在NSA面前形同虚设，面对别的政府也同样如此。他们同样发现，他们详细考察过的VPN约有三分之二都喜欢用一个众所周知的300位或更小的素数。

攻击的另一部分只涉及安全网页浏览。我说过RSA是加密网页链接最常见的方式，但迪菲－赫尔曼系统也有人在用。研究人员发现，如果网站服务器用的是迪菲－赫尔曼系统，伊芙就可以骗过系统，让系统使用比爱丽丝和鲍勃想用的更小的素数 p，从而篡改消息。这是降级攻击的一个例子，如果跟预计算攻击结合起来，就可以让网站服务器变得不堪一击，即使服务器偏好使用大素数。研究中有约25%的网站可以降级到10个最常用的300位素数之一，还有约8%能降级到150位素数。

　　顺便提及，对使用RSA的网站服务器的降级攻击在2015年也被发现了。这就是FREAK攻击，其中FREAK代表"分解RSA出口级密钥"。跟"原木堵塞"不一样，FREAK只能用于软件有特定错误的浏览器和服务器。一般来讲，在任何情况下都不要用少于300位的迪菲-赫尔曼和RSA密钥，这已经成为业内共识。除了给软件打上补丁，大部分软件生产商现在都转而完全禁止使用这种密钥，并鼓励使用至少600位的密钥。

　　迪菲-赫尔曼和RSA还有一个挑战与量子计算有关，我们会在第九章对此进行探索。我们会看到，如果量子计算机进入日常生活，就会让迪菲-赫尔曼系统和RSA都变得非常不安全。我们也会看到两大类接替系统，名字有点儿让人五里雾中：后量子密码学是要尝试为任意类别的计算机设计出可以防御量子攻击的系统，而量子密码学则试图利用量子物理本身的优势，设计出新的加密系统。

附录一　公钥密码学的隐秘历史

　　公钥密码学实际上不但有段众所周知的历史，也有一段隐秘历史，对密码学来说也许恰如其分。1997年人们了解到，在20世纪70年代早期，并不是只有默克勒、迪菲和赫尔曼有这么奇怪的想法。实际上，早在1969年，也就是上述三位谁都还没走上成名之路以前，就有詹姆斯·埃利斯（James Ellis）也证明了可以用公钥加密。跟他们三位不一样的是，他的发现被雪藏了将近30年。

　　个中缘由十分明确：詹姆斯·埃利斯在政府通信总部（GCHQ）工作，这个部门差不多算是英国的国安局。特别是他效力于通信电子安全小组（CESG），而正是这个小组负责向英国政府就电子通信和数据的安全提出建议。跟默克勒和迪菲一样，埃利斯一开始想的问题是，两个人是否真有必要在未曾秘密设定密钥的情况下交流秘密信息。但跟迪菲不同的是，埃利斯并不担心要在密钥分发问题上信任第三方，毕竟他工作的地方就是专门干这类事情的组织。他真正愁的是密钥分

发的组织管理问题。如果为一个大型组织工作的数千人需要通信，而且其中任意两人都需要对两人之间的交流保密，那就会有好几百万不同的密钥需要处理。

跟其他人一样，埃利斯一开始也认为这种情况无法避免。不过，他当时正在读一些背景资料，因此发现了一篇匿名文章，讲的是20世纪40年代贝尔电话实验室的语音扰频器项目。这是个用于模拟电话线路的系统，思路是这样的：如果爱丽丝想通过安全线路发给鲍勃一条

235 消息，那么在传送时负责向线路中加入随机噪声的是鲍勃而不是爱丽丝。如果鲍勃了解噪声的内容，他就可以在自己的终端对混合信号进行操作，去除噪声，还原消息。伊芙没办法理解噪声信号，爱丽丝也永远没必要知道鲍勃究竟做了什么。埃利斯知道，这个模拟系统本身并不实用，也无法完全适合数字用途，但是他有了一个重要想法。如果鲍勃在系统中积极参与，爱丽丝就算不知道加密密钥也可以向鲍勃发送加密消息。

无独有偶，埃利斯的突破也是在他躺着的时候找到的，这点也跟罗纳德·李维斯特一模一样。一天晚上，埃利斯躺在床上，开始想有没有可能为数字通信构造一种与语音扰频器项目类似的非对称密钥系统。如果能做到的话，每个通信参与者就都只需要一个私钥就够了 —— 这样的系统处理起来比对称密钥系统要容易得多。这个问题一旦有了恰当的表述，得出答案也就是分分钟的事。答案就是做得到，而且他对怎样做到已经有了一个想法。

跟默克勒之谜一样，埃利斯的原始想法同样"简单，但也低效"。埃利斯的说法是："这只是表明这样的系统在理论上有可能，但还没有一个实际可行的形式。"一开始，埃利斯假设有三张巨大的数字表格。他把这些表格想成是机器（其原因稍后即明），并依次标记为 M_1、M_2、M_3。我更喜欢把这些表格看成是巨大的书本，或是好几套书。实际上，可以把 M_2 看成是整个都堆满了代码本的大房间。关于代码我们说得不多，但是代码本实际上就是词典，其中的字词也是按字母顺序

排列的。但每个条目给出的不是字词的定义，而是一个代码组，比如说一个5位数，与该字词相对应。M_2房间里的每一本代码本都与其他代码本全然不同，而且每本都有一个卷册编号。这个房间就是加密室。房间M_3则是解密室，与M_2很相似，只是其中的代码本是按代码组的顺序排列的，而不是字母顺序。M_2中的每个加密代码本在M_3中都有一个相应的解密代码本，反之亦然。M_3的卷册编号系统与M_2的也完全不同，原因容我稍后详述。不过对爱丽丝和鲍勃来说很幸运，无论给卷册编号的图书管理员有多精神失常，他还是准备了巨大的索引卷，这就是M_1。卷M_1让你可以通过解密卷册编号找到与之相应的加密卷册编号，但是，这一点很重要：并没有反过来的索引让你能反向查阅。

现在如果爱丽丝想发给鲍勃一条消息，首先她得问鲍勃要一个加密密钥。鲍勃随便抽取一个解密卷册编号 d，在卷 M_1 中查阅一番，并将相应的加密密钥 e 发给爱丽丝，同时将 d 保存为私钥。爱丽丝到 M_2 房间找出加密卷册 e，用这卷代码本加密自己的消息，再发给鲍勃。鲍勃则来到 M_3 房间，找出解密卷册 d 用以解密消息。图 7.16 显示了这个过程，这个图应当能让你回忆起很多我们前面见过的内容。

爱丽丝	鲍勃

"我有条消息要发给你。"

选取私人加密密钥 d
用 d 和 M_1 查出公开
加密密钥 e

P
$\downarrow (M_2,\ e)$
C　　　　　　　$\leftarrow e$

$C \rightarrow$

C
$\downarrow (M_3,\ d)$
P

图 7.16　埃利斯的公钥系统

伊芙又该当如何呢？如果她偷听了对话，就会知道 e 和密文。她有三个选项，但哪个都算不上好。她可以去 M_2 房间找到卷册 e，在其中查找密文中的每个代码组。由于卷 e 并不是按代码组排序的，她很可能得查阅大半卷（如果不是全卷）代码本才能找到。或者她也可以前往 M_3 房间，尝试用每一本书来解密密文，直到有一本给出的明文合情合理为止。最后，她还可以去翻阅索引卷 M_1，直到找到跟加密卷册编号 e 对应的解密卷册编号 d。因为 M_1 并没有反向索引，她很可能还是得把这本书从头到尾都翻上一遍，除非走了狗屎运。如果卷册编号数字和每卷的大小都足够大，那所有这些选项都非常糟糕。

这样的设想一点儿都谈不上实用，就算计算机化了也仍然如此。如果这是在电脑上面，那存储这些巨大的代码本是方便了，但伊芙搜索起来也会更快，所以电脑帮不上忙。埃利斯把 M_1、M_2 和 M_3 叫作"机器"时，想的是能找到某种"进程"，不用实际存下全部信息就能表现得跟完整的代码本或表格一样。尽管用到了单词游戏机，这个进程可能还是要算成数学的而非机械的。无论如何，埃利斯只是个训练有素的工程师，并没有精力去折腾那些他觉得这个系统在数学上必须的精妙之处。后来他说："我在数论上是个小白，实际应用还是留给别人吧。"

接下来几年，这个项目在通信电子安全小组和政府通信总部都没有受到重视。一些数学家试图在推理中找出漏洞，但徒劳无功。也有一些人试着找出可行的数学系统来实现这个想法，但也同样一无所获。1973年年底，当克利福德·柯克斯（Clifford Cocks）受雇于通信电子安全小组时，面对的就是这样的局面。跟埃利斯不同，柯克斯是位训练有素的数学家，有剑桥大学的本科学历，还在牛津大学读过一年研究生。柯克斯分到了一位导师，正是这位导师有一天在茶歇时跟他介绍了埃利斯的想法。

当柯克斯准备攻克这一难题时，他还有好几个优势。首先，他不但受过数学训练，而且还潜心钻研过后来成为公钥密码学基础的那些数学知识。其次，他从没读过埃利斯的文章，或是其他任何关于这个问题已经完成的工作，因此完全可以另起炉灶。再次，这个问题是作为智力游戏而非任务给出的，因此毫无压力。最后，正如他后来所说："那天晚上我什么事情都没有，我觉得这一点其实也有帮助。"那天晚上下班后，柯克斯回到租住的地方，算出来一个系统，跟后来被叫作 238 RSA的系统如出一辙。鲍勃的私人密钥 p 和 q 代替了我们描述的埃利斯系统中的解密卷册编号，鲍勃的公钥 n 代替了加密卷册编号。在柯克斯版的RSA中，加密指数 e 等于 n，因此加密密钥只有一个部分。"机器"M_2 和 M_3 是模指数运算，M_1 则是将 p 和 q 乘起来得到 n。

与柯克斯的工作相伴随的安全条例禁止他在家时写下任何与工作相关的内容。好在这个系统够简单，到了第二天早上他还能记得一清二楚，因此这天他在上班时仔细写了一篇短文。柯克斯的导师激动万分，埃利斯听说之后也很高兴，但只是谨慎乐观。还有一个人也对此兴致勃勃，这就是柯克斯从小玩到大的朋友马尔科姆·威廉森(Malcolm Williamson)，也在通信电子安全小组工作。威廉森之前没听说过埃利斯的想法，对此特别怀疑。在柯克斯告诉他这个想法之后，威廉森疑窦丛生，于是回家去试着证明这个系统行不通。证明当然是徒劳无功，但这天晚上晚些时候，也就是八个或十二个小时之后，威廉森意识到他也有了一个全然不同的方法来实现跟埃利斯类似的想法。威廉森的发现就是现在我们叫作三次传递协议的系统，这也是一个公钥系统，跟波利哥-赫尔曼密码密切相关。（关于三次传递协议可参看8.1节。）他还是只有到第二天上班的时候才能把他的发现写下来，而且直到几个月之后的1974年1月，他才将这个想法详细写成完整的文章。同时，威廉森也跟埃利斯讨论了他的三次传递协议，埃利斯明显不那么小心翼翼了，还对这个想法做了改进。在数次交流之后，威廉森又有了另一个可以让公钥加密"更便宜、更快捷"的思路，正好跟迪菲和赫尔曼的思路一模一样。

寻找更便宜、更快捷的方法可能会变得极为重要。但现在，政府通信总部对公钥加密（或者按埃利斯起的名儿叫"无秘加密"）的一般

看法，已经从不可能转变为不实用。但是，威廉森对整个事态有不同
看法。他的第二篇文章是关于密钥协议系统的，文中写道："我开始怀
疑无秘加密的整个理论。"困扰他的问题是对离散对数问题和因数分
239 解问题的难度，既无法证明也无法证伪。他说，正因为如此，他的第
二篇文章耽搁了两年才动笔。最终，政府通信总部没有任何人为实现
真正的公钥系统做出任何贡献。

　　事后来看这并不怎么叫人觉得意外。政府安全部门恐怕并不是开
发公钥系统的好地方。虽说公钥系统当然有助于解决密钥分发问题，
其真正优势还是在于让两个素未谋面的人安全通信，但在同一个政
府部门工作的两个人不大有这个问题。而且，这样的机构在碰到新的、
未经验证的加密系统时，甚至比一般人更加小心谨慎。如果有人1977
年发现了快速因数分解的方法，或是解决了离散对数问题，那么只是
MIT或斯坦福之类的地方会有一些人感到遗憾；但要是政府通信总部
或国家安全局在将他们的系统改为公钥系统之后，过了一年有人破解
了这套系统，就可能会酿成国家安全的大灾难。

　　所以，什么都没有发生。1977年李维斯特、沙米尔和阿德曼申请
他们的专利时，威廉森试图阻止，但他的上司决定什么都别做。1987
年，埃利斯认为"继续保密没有任何好处"，于是按他的版本写了一
篇文章。但他的上司并不同意，这篇文章也被宣布此后十年都是机密
文件。最后到了1997年12月23日，政府通信总部在其网站上发布了
5篇文章：埃利斯最早的文章、柯克斯的文章、威廉森的两篇，以及埃
利斯的《无秘加密史》。但这一切对埃利斯来说来得太晚了，他已经于
11月25日与世长辞，辞世将近一个月之后，这个世界才知道他的所作
240 所为。

第八章

其他公钥系统

8.1 三次传递协议

即使爱丽丝事先没有跟鲍勃安全会面，现在我们也知道了有两种办法，可以让她将秘密消息安全发送给鲍勃。他们可以用密钥协议系统来为对称密钥密码选择一个隐藏密钥，也可以用非对称密钥系统，这样爱丽丝知道鲍勃的公开加密密钥，但只有鲍勃自己知道私人解密密钥。还有第三种办法，用的是对称密钥加密，让爱丽丝在两人未事先公开或私下交换或商定任何密钥的情况下，仍能发信息给鲍勃，这就是三次传递协议。做一般用途时三次传递协议很没效率，但是很有意思，而且有时候也挺方便。

如果把非对称密钥加密看成是带邮件投递口的上了锁的门，那对称密钥加密就可以看成是带一把挂锁和两把一模一样的钥匙的手提箱，如图8.1所示。如果爱丽丝想给鲍勃发消息，就把消息放进手提箱，用挂锁锁上。鲍勃拿到手提箱之后用另一把钥匙打开挂锁，就能读到消息了。

现在我们假设手提箱上面上锁的地方够大，可以独立锁上两把挂锁；爱丽丝和鲍勃各有一把挂锁，钥匙也不一样。爱丽丝把消息放进手提箱，锁上挂锁，然后送鲍勃，如图8.2所示。这就是三次传递协议的第一次传递。

鲍勃没法打开爱丽丝的挂锁，因为他没有钥匙。但是，他可以把自己的挂锁锁上，再把箱子送回给爱丽丝。这就是第二次传递，如图8.3所示。

现在爱丽丝打开自己的挂锁，再把箱子送回鲍勃那里，如图8.4
241 所示。这就是第三次传递。请注意，手提箱仍然是用鲍勃的锁锁上的，
因此伊芙无法打开。现在，鲍勃就可以打开自己的锁，读到消息了。
整个过程中，手提箱在传递时始终是上了锁的，爱丽丝和鲍勃也始终
没有共享或交换过任何形式的密钥。

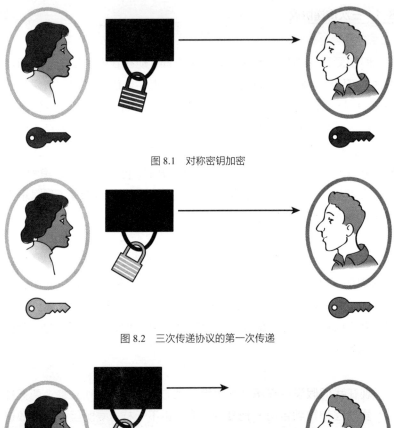

图 8.1　对称密钥加密

图 8.2　三次传递协议的第一次传递

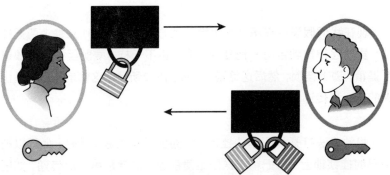

图 8.3　三次传递协议的第二次传递

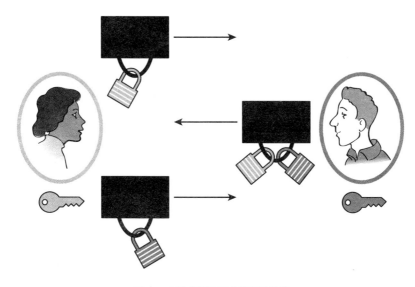

图 8.4　三次传递协议的第三次传递

要让这个过程能够实现,我们用的对称密钥密码得满足两个特性。[242]
首先,鲍勃的加密和爱丽丝的加密不能互相干扰,否则就相当于鲍勃
把爱丽丝的锁也锁进去了,爱丽丝就没法再打开了。用专业术语来讲
的话,就是爱丽丝的加密和鲍勃的加密要能满足交换律,就像我们在
3.4 节讨论过的那样。先由爱丽丝加密后再由鲍勃加密,要跟两人的
加密顺序反过来是一样的结果。我们研究过的密码中,只有少数几种
有这样的特性,比如加法密码、乘法密码,以及基于这些密码的多表
密码和序列密码。仿射密码、希尔密码和换位密码有时候也可以,但
只有爱丽丝和鲍勃将密钥限制在很小的范围内才行。我们见过的设
计用于现代计算机的对称密钥密码,除了波利哥-赫尔曼指数密码外,
没有一个有这样的特性。

要理解所需的另一个特性,我们来考虑一下如果爱丽丝和鲍勃都
用加法密码会发生什么。令爱丽丝的密钥为 a,鲍勃的密钥为 b,同时
令 P 为明文的第一个字母。这样一来,三次传递协议就会如图 8.5
所示。

爱丽丝

鲍勃

选取密钥 a
明文 P

$\downarrow$

$P{+}a\,(\bmod 26)$

$\downarrow$ $\rightarrow$ $\downarrow$

$((P{+}a){+}b){-}a \equiv P{+}b\,(\bmod 26)$ $\leftarrow$ $(P{+}a){+}b\,(\bmod 26)$

                              $\rightarrow$ $\downarrow$

                                             $(P{+}b){-}b \equiv P\,(\bmod 26)$

图 8.5　用加法密码完成的三次传递协议

问题在于，头两轮传递过后，伊芙有了 $P{+}a$ 和 $(P{+}a){+}b$（mod 26）。因此她可以发起已知明文攻击，求出 $b \equiv ((P+a)+b)-(P+a)$（mod 26），然后就可以用 b 解密第三次传递的信息，从而得到 $P \equiv (P+b)-$

爱丽丝

伊芙

鲍勃

选取密钥 a
明文 P

选取密钥 b

$\downarrow$ $\rightarrow$ $\downarrow$

$P{+}a\ \,(\bmod 26)$ $(P{+}a){+}b\,(\bmod 26)$

$\downarrow$ $\leftarrow$ $((P{+}a){+}b){-}(P{+}a) \equiv b\,(\bmod 26)$

$((P{+}a){+}b){-}a \equiv P{+}b\ \,(\bmod 26)$

                            $\rightarrow$

                 $(P{+}b){-}b \equiv P\,(\bmod 26)$

                                            $\downarrow$

                                    $(P{+}b){-}b \equiv P\,(\bmod 26)$

图 8.6　用加法密码完成的三次传递协议并不安全

b（mod 26），如图8.6所示。所以，除了要满足交换律，爱丽丝和鲍勃的加密还得能防御已知明文攻击才行。在我们知道的密码中，只剩下一种密码满足这个条件，这就是波利哥-赫尔曼密码。

图8.7所示为三次传递协议的正确打开方式，用的是波利哥-赫尔曼密码。爱丽丝和鲍勃需要商定同一个大素数 p，但也仅此而已。你也可以把它看成是波利哥-赫尔曼指数密码和迪菲-赫尔曼密钥协议的综合运用。

244

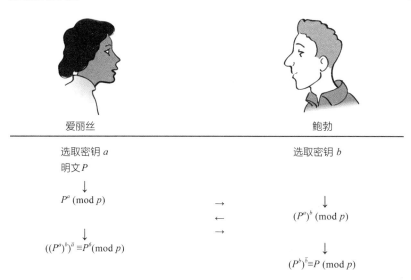

图 8.7　用波利哥-赫尔曼加密的三次传递协议

245

假设爱丽丝想用这套系统给鲍勃发消息。他们商量好模块大小为 2，将字母按 6.1 节的方式转换为数字，也使用在那一节用过的同一个素数模 $p = 2819$。爱丽丝选取 $a = 113$ 作为自己的隐藏密钥，也验证了 a 有以 2818 为模的逆元，也就是 $\bar{a} = 2419$。鲍勃选的隐藏密钥是 $b = 87$，也验证了 b 同样有以 2818 为模的逆元，即 $\bar{b} = 745$。于是三次传递协议就会像这样：[49]

───────────

[49] 此处明文大意为"告诉我三次"，暗合"三次传递协议"的传递方式。——译者注

明文	te	ll	me	th	re	et	im	es
数字	20,5	12,12	13,5	20,8	18,5	5,20	9,13	5,19
合并	2005	1212	1305	2008	1805	520	913	519
				爱丽丝发给鲍勃				
113 次方	1749	1614	212	774	2367	2082	2156	1473
				鲍勃发给爱丽丝				
87 次方	301	567	48	1242	1191	1908	2486	986
				爱丽丝发给鲍勃				
2419 次方	1808	2765	289	692	2307	2212	1561	2162
				鲍勃解密				
745 次方	2005	1212	1305	2008	1805	520	913	519
拆分	20,5	12,12	13,5	20,8	18,5	5,20	9,13	5,19
明文	te	ll	me	th	re	et	im	es

现在我们用的是指数密码，对伊芙来说要读取消息有多难呢？她可以像前面那样试着发起已知明文攻击，但这就要求解决离散对数问题。跟在迪菲－赫尔曼问题中一样，伊芙在这里也有额外信息。因此也跟在迪菲－赫尔曼问题中一样，有可能绕过离散对数问题来破解三次传递协议。没有人知道如何才能做到，而且似乎可能性也不大。实际上，结果证明在某种意义上，解决迪菲－赫尔曼问题和破解三次传递协议的难度可谓半斤八两：如果伊芙能快速解决其一，那么其二也不在话下，反之亦然。

我管它叫三次传递协议的这个加密系统还有好几个名字，包括沙米尔的三次传递协议、马西－奥穆拉（Massey-Omura）系统、无秘加密等。阿迪·沙米尔是作为玩"精神扑克"的一种方式发明的这个系统，就是爱丽丝和鲍勃想在电话里玩扑克牌，但是并没有交换真正的牌，也没有哪个玩家能够作弊。这个系统发表于1979年的一份技术报告，随后于1981年收进一本献给马丁·加德纳的文集。之后没多久，时为加州大学洛杉矶分校（UCLA）电气工程学教授的詹姆斯·奥穆拉（James Omura）听说了沙米尔系统的基本思路，但并没听说运用波利哥－赫尔曼密码这部分。于是，他独立解出了剩下的细节。当时他正跟詹姆斯·马西（James Massey）共事，这位前同事已经离开UCLA，后来去了苏黎世的瑞士联邦理工学院。他俩使三次传递协议适用于波利哥－赫尔曼密码的有限域模 2 版本，也提高了计算机在有限域的运算速度。1983年，马西在欧洲一场大型密码学会议上介绍了这些思路，但这次会议没有任何会议记录发表。马西和奥穆拉版本的系统第一次以书面形式出现似乎是他们的专利申请，该申请提交于1982年，获批则是在1986年。

三次传递协议要求进行大量模指数运算，因此跟迪菲－赫尔曼协议比起来要慢很多，后者同样可以为像是高级加密标准（AES）这样的密码约定密钥，用于交换消息。三次传递协议还要求来来回回发送更多信息，因此总而言之就是相当不实用，例外只是些屈指可数的特殊情况，比如精神扑克。当然，这个思路还是挺酷的，对吧。

8.2　贾迈勒（ElGamal）

我们已经看到，尽管第一个实用的公钥加密系统（迪菲－赫尔曼密钥协议）利用了离散对数问题的难度来证明其安全性，但第一个成功的非对称密钥加密系统利用的却是因数分解问题。直到1984年，才有一位在斯坦福与马丁·赫尔曼共事的埃及研究生塔希尔·贾迈勒（Tahir ElGamal）提出与离散对数问题有关的非对称密钥系统。我们对耽搁这么久并不意外，因为贾迈勒加密需要的有些思路在早期公钥系统中还没出现。

由于这是非对称密钥系统，鲍勃一开始就得设置好密钥。跟在迪菲－赫尔曼系统中一样，他选了一个非常大的素数 p，以及以 p 为模的生成元 g。随后他选了一个 1 到 $p-1$ 之间的私钥 b，并计算 $B \equiv g^b$（mod p）。数字 p、g 和 B 构成了鲍勃的公钥，也被他发布出来。同样跟在迪菲－赫尔曼系统中一样，p 和 g 不需要保密，就算鲍勃用的数字别人也在用，也无伤大雅。

247

在我们的例子当中鲍勃总有点儿想偷懒，于是他接着用了7.2节中他跟爱丽丝曾用于迪菲-赫尔曼系统的 $p = 2819$ 和 $g = 2$。他决定选取 $b = 2798$ 为私钥，并算出 $B \equiv 2^{2798} \equiv 1195 \pmod{2819}$。他公开发布了 p、g 和 B，并将 b 藏在深闺。

如果爱丽丝想发给鲍勃一个带有明文 P 的消息模块，她就得先查阅鲍勃的公钥。之后她在 1 到 $p-1$ 之间随机选了一个数 r。这个数字叫作现用值（nonce），意思是现取现用，一用即弃。爱丽丝用 r 算出另外两个数，即 $R \equiv g^r \pmod p$ 和 $C \equiv PB^r \pmod p$。R 和 C 这两个数字一起组成了爱丽丝发给鲍勃的密文模块。爱丽丝将 r 保密，实际上她已经用完了这个数，想扔的话就可以扔掉了。

为什么鲍勃需要两个数字来解密密文？思路是这样的：B^r 是个障眼数，也可以叫掩码，用来将明文 P 掩盖起来。为了从密文中分解出障眼数，鲍勃需要 R，这是一条暗示。障眼法和暗示的想法，就是要发明像是贾迈勒这样的系统必须先有的新思路之一。

248   因此，爱丽丝的加密过程如下：[50]

现用值 r	1324	2015	5	2347	2147
暗示 g^r	2321	724	32	1717	2197
障眼数 B^r	93	859	1175	229	1575
明文	al	lq	ui	et	fo
数字	1, 12	12, 17	21, 9	5, 20	6, 15
合并	112	1217	2109	520	615
乘以障眼数	1959	2373	174	682	1708
密文	2321, 1959	724, 2373	32, 174	1717, 682	2197, 1708

---

[50] 此处明文大意为"现用值现，鸦雀无声"。——译者注

现用值 r	1573	2244	2064	2791	1764
暗示 g^r	1050	941	1336	1573	188
障眼数 B^r	2395	798	1192	1215	1786
明文	rt	he	no	nc	ex
数字	18,20	8,5	14,15	14,3	5,24
合并	1820	805	1415	1403	524
乘以障眼数	726	2477	918	1969	2775
密文	1050, 726	941, 2477	1336, 918	1573, 1969	188, 2775

请注意，爱丽丝得到的密文取决于她选取的随机现用值。这就使贾迈勒成了一款盖然性加密方法，就像我们在 7.7 节见过的那样。我们也会看到，贾迈勒加密中的现用值对防御特定攻击来讲是必需的，不过这些值同样也能在那一节提到的普通前向搜索攻击中保护密码。

鲍勃要解密就得计算 $C\overline{R^b}$ (mod p)。因为 $R \equiv g^r$ (mod p)，于是

$$R^b \equiv (g^r)^b \equiv (g^b)^r \equiv B^r \pmod{p},$$

所以，

$$C\overline{R^b} \equiv (PB^r)\,\overline{B^r} \equiv P \pmod{p},$$

鲍勃就这样得到了明文。

对上面的例子，鲍勃的解密过程如下：

密文	2321, 1959	724, 2373	32, 174	1717, 682	2197, 1708
暗示 R	2321	724	32	1717	2197
障眼数 R^b	93	859	1175	229	1575

$C\overline{R^b}$	112	1217	2109	520	615
分开	1,12	12,17	21,9	5,20	6,15
明文	al	lq	ui	et	fo
密文	1050, 726	941, 2477	1336, 918	1573, 1969	188, 2775
暗示 R	1050	941	1336	1573	188
障眼数 R^b	2395	798	1192	1215	1786
$C\overline{R^b}$	1820	805	1415	1403	524
分开	18, 20	8, 5	14, 15	14, 3	5, 24
明文	rt	he	no	nc	ex

请注意，鲍勃一直都没发现爱丽丝用的现用值是多少，这个值一般来讲反正也不重要。整个系统如图8.8所示。

爱丽丝 　　　　　　　　　　　　　　鲍勃

选取 p 和 g
选取密钥 b
用 b 算出公钥 $B \equiv g^b \pmod p$
发布公开加密密钥 (p,g,B)

查阅鲍勃的加密密钥 (p,g,B)
选取随机密钥 r

$$r$$
$$\downarrow (p,g)$$
$$R \equiv g^r \pmod p$$

明文 P
$$\downarrow (p,B,r)$$
$$C \equiv PB^r \pmod p$$

$(R,C) \rightarrow$ 　　　　　　　　(R,C)
$$\downarrow (p,b)$$
$$P \equiv C\overline{R^b} \pmod p$$

图 8.8　贾迈勒加密系统

看待贾迈勒加密的另一种方式是，把鲍勃的公钥看成迪菲−赫尔曼密钥协议的前一半。爱丽丝的随机现用值和暗示组成了密钥协议的后一半，创建的密钥则作为一次性密钥流用于以 p 为模的乘法密码。鲍勃在自己这一边利用暗示生成同样的密钥流，并由此解密乘法密码。如果伊芙有理由怀疑爱丽丝多次使用同一个现用值或现用值序列，她就能知道密钥流也会重复。这种情况实际上与重复使用一次性密码本是一样的，伊芙也能发起我们在5.2节见过的同样的攻击。假设爱丽丝没有重复使用现用值，那么伊芙想要从公钥 p、g、B 和密文 R、C 中得到 P 就等价于从 p、g、$B \equiv g^b \pmod p$ 和 $R \equiv g^r \pmod p$ 中找出 $B^r \equiv g^{rb} \pmod p$。换句话说，这个问题与迪菲−赫尔曼问题如出一辙。

贾迈勒加密从未申请专利，这一点跟迪菲−赫尔曼系统和RSA都不一样。因此，这种加密方式已经成为免费和开源加密程序的常用选择，比如优良保密协议（PGP）和GNU [51] 隐私卫士（GPG）。如今迪菲−赫尔曼系统和RSA的专利已经过期，专利权不再是大问题，这些程序现在也都将RSA和贾迈勒系统列入加密选项。贾迈勒数字签名方案也与贾迈勒加密有关，这种方案跟贾迈勒加密同时发展起来，现在已经有很大影响，也产生了一些很流行的变化版本。更多内容可参看8.4节。

8.3 椭圆曲线密码学

1985年左右，有两位分别叫尼尔·科布利茨（Neal Koblitz）和维克托·米勒（Victor Miller）的数学家分别认识到，我们见过的很多公钥系统都可以适用于某些数学对象，这就是椭圆曲线。关于椭圆曲线，你要搞清楚的第一件事情是，虽说它名字里有椭圆，椭圆也确实

[51] GNU是一个自由操作系统，其内容软件完全以GPL（GNU通用公共许可协议）方式发布。这个操作系统是GNU计划的主要目标，名称来自GNU's Not Unix!的递归缩写，因为GNU的设计类似Unix，但它不包含具著作权的Unix代码。GNU的创始人，理查德·马修·斯托曼（Richard Matthew Stallman），将GNU视为"达成社会目的技术方法"。——译者注

是曲线，椭圆曲线却跟椭圆不是一回事。椭圆看起来像压扁的圆，有两条对称轴，也只有一个部分，如图8.9所示。但椭圆曲线只有一条对称轴，有可以无限延长的两端，有的还可以有两个部分，如图8.10所示。

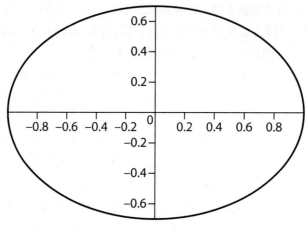

图 8.9　椭圆（并非椭圆曲线！）

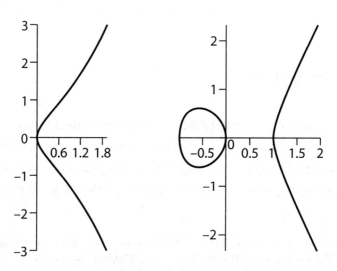

图 8.10　两条椭圆曲线：$y^2 = x^3 + x$ 和 $y^2 = x^3 - x$

椭圆曲线由下列方程定义：

$$y^2 = x^3 + ax^2 + bx + c,$$

这个方程早在17世纪就出现了，当时数学家正开始研究椭圆的弧长。关于椭圆曲线人们发现了很多有趣之处，但对我们来说能派上大用场的是，椭圆曲线都满足"加法律"，也就是可以让曲线上的两点"相加"从而得到第三点。在曲线上做加法的方式其实跟数字的加法 251 没什么关系，但曲线加法也有我们在数字加法上能看到的一些特征。

从一个有图的例子开始大概最能说明问题。假设我们有椭圆曲线

$$y^2 = x^3 + 17,$$

因为

$$3^2 = (-2)^3 + 17,$$

而且

$$5^2 = 2^3 + 17,$$

所以 $P = (-2, 3)$ 和 $Q = (2, 5)$ 两点都在该曲线上（图8.11）。得有一个规则告诉我们怎么得到 $P+Q$ 点。我们先通过 P、Q 两点画 252 一条线。这条线总是 [52] 跟曲线相交于第三点，我们管这个点叫作 R（图8.12）。这时候就轮到对称轴出场了：将 R 关于 x 轴的对称点找出来，就是我们要找的 $P+Q$ 点，如图 8.13 所示。

––––––––––––––––––

[52] 好吧，几乎总是。可能你也见过一些例外情况。不管怎样，很快我们也会看到这些例外的。——作者原注

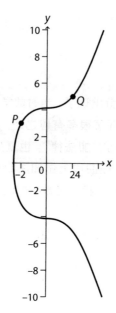

图 8.11　$y^2 = x^3 + 17$，以及曲线上两点 $P = (-2, 3)$ 和 $Q = (2, 5)$

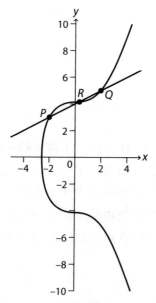

图 8.12　$y^2 = x^3 + 17$，以及曲线上 P、Q、R 三点

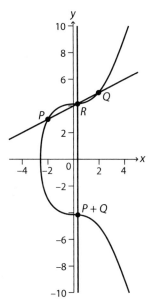

图 8.13　$y^2 = x^3 + 17$，以及曲线上 P、Q、R、$P+Q$ 各点

现在对我们例子中的方程，有 $P = (-2, 3)$ 和 $Q = (2, 5)$，用高中几何知识就能算出经过这两点的直线方程，并用点斜式表示出来：

$$y - 3 = \frac{5-3}{2-(-2)}\big[x - (-2)\big],$$

也就是

$$y = \frac{1}{2}x + 4.$$

现在就可以求出椭圆曲线与直线相交于何处了：

$$y^2 = x^3 + 17 \quad 且 \quad y = \frac{1}{2}x + 4,$$

253

于是

$$\left(\frac{1}{2}x + 4\right)^2 = x^3 + 17,$$

亦即

$$x^3 - \frac{1}{4}x^2 - 4x + 1 = 0,$$

上述方程的根为

$$x_1 = 2, \quad x_2 = -2, \quad x_3 = \frac{1}{4}。$$

我们已经知道横坐标为 2 和 −2 的点是什么点了，所以 R 肯定是横坐标为 $\frac{1}{4}$ 的点。因此

$$y = \frac{1}{2}x + 4 = \frac{1}{2} \times \frac{1}{4} + 4 = \frac{33}{8},$$

所以 $R = (\frac{1}{4}, \frac{33}{8})$。关于 x 轴求对称点也就是将纵坐标的值乘以 −1，因此最后结果是 $P + Q = (\frac{1}{4}, -\frac{33}{8})$。

为什么最后我们还要来一步求对称点呢？同样的问题是，这么干到底有啥意思？数学家会对这种"加法"感兴趣的原因是，这种加法很多时候都跟数字的加法表现得一模一样。比如说，如果 P 和 Q 是椭圆曲线上任意两点，那么你通过这两点画线时，这两点的顺序无关紧要，因此

$$P + Q = Q + P.$$

也就是说，椭圆曲线上的加法满足交换律，数字的加法和乘法同样如此，但是我们在 3.4 节见过的排列的乘积就不是这样。尽管有些困难，但是我们仍然可以证明，对任意三点 P、Q 和 S，有

$$(P + Q) + S = P + (Q + S),$$

　　因此，这种加法还满足结合律。

　　现在是时候看看例外情况了。第一种情况很容易讨论：如果你想将一个点，比如说前面用到的 Q 点，自己跟自己相加，结果会怎样？这里我们需要引入一点微积分。记得在微积分里我们会有两个点，那我们让两个点互相靠近直到重合，这时候经过这两个点的线就变成了切线。因此对第一种情形，我们不再经过两点画一条线，而是经过点 Q 画出切线，如图 8.14 所示，后续操作则照搬上面即可。切线会跟椭圆曲线有另一个交点，交点的对称点就是 $Q + Q$。点 $Q + Q$ 也叫 $2Q$，255 就跟高中算术一样，如图 8.15 所示。如果我们经过两个不一样的点画出一条线，结果发现这条线没有跟曲线相交于第三点，而是与其中一个点相切，这时上面的逻辑也仍然成立。

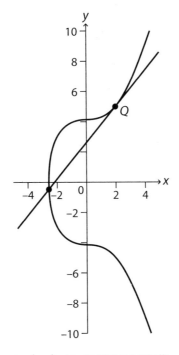

图 8.14　$y^2 = x^3 + 17$，及经过点 Q 的切线

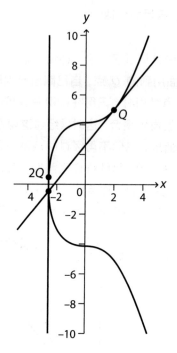

图 8.15　$y^2 = x^3 + 17$，及 Q、$2Q$ 点

这种情况下除了要用一点微积分知识来找出切线斜率之外，方程求解还是跟前面一样。我们有 $Q = (2,5)$，切线斜率可以通过隐式差分求得：

$$y^2 = x^3 + 17,$$

所以

$$2yy' = 3x^2,$$

或写作

$$y' = \frac{3x^2}{2y},$$

因此，（2，5）点的切线方程为

$$y - 5 = \frac{3 \times 2^2}{2 \times 5}(x - 2) \quad ,$$

256

亦即

$$y = \frac{6}{5}x + \frac{13}{5} \quad .$$

仿照前面，我们可以求出切线与曲线的交点：

$$y^2 = x^3 + 17 \quad \text{且} \quad y = \frac{6}{5}x + \frac{13}{5} \quad ,$$

上述方程组的解为

$$x_1 = 2 \, , \, x_2 = 2 \, , \, x_3 = -\frac{64}{25} .$$

因此，交点横坐标为 $-\dfrac{64}{25}$，纵坐标则应为

$$\frac{6}{5}x + \frac{13}{5} = -\frac{59}{125} \, ,$$

最后结果就是 $2Q = (-\dfrac{64}{25}, -\dfrac{59}{125})$. [53]

要正确理解下一个例外情况可能有点难度。如果将位于竖直线上的两个点 P 和 Q 加起来，就不会有第三个交点。但是，如果仍然想象有一点 P' 在向点 P 不断接近，并经过 P' 和 Q 作一条线，就会看到第三个交点 R' 的纵坐标值绝对值越来越大，如图 8.16 所示。当 P' 257 与 P 重合时，我们就说交点在无穷远处，并写作 $P + Q = \infty$。无穷远处的点其对称点就是它本身，这部分我们就不用操心了。

另外，只要有一条竖直线，我们就将无穷远处的点看成是该竖直

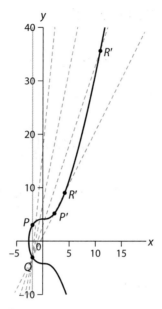

图 8.16 $y^2 = x^3 + 17$，及位于竖直线上的 P、Q 点

线与曲线的交点之一。根据对称性，另外两个点必须关于 x 轴对称。因此，我们也可以这样来看图 8.16：$P + \infty$ 是 Q 关于 x 轴的对称点，也就是 P 点自身。这展现了椭圆曲线加法跟数字加法的另外两个相似之处。首先，椭圆曲线加法也有单位元，也就是表现得像零的点，将这个点与任何点相加，都不改变原来的点。也就是说，$P + \infty = P$ 对任意的 P 点都成立。其次，任意点都有加法逆元可以与其自身相互抵消，因为如果 Q 是 P 的对称点，则 $P + Q$ 就等于上面的单位元。为了强调与负数的相似之处，我们可以用 $-P$ 来表示 P 的对称点，这样就可以写作 $P + (-P) = \infty$，或是 $P - P = \infty$。

258

　　现在我们见识过了椭圆曲线的加法定律，那么对于椭圆曲线能如何应用于密码学，你大概也开始有点儿概念了。但要能真正大显身手，我们还得引入一样东西，就是第一章讲的"绕回去"的思路。要进行这项操作，我们会选定一个素数 p，如果两个点的坐标值以 p 为模同余，我们就把这两个点看成是一样的。

比如说，我们还是用前面的曲线

$$y^2 = x^3 + 17,$$

以及素数 $p = 7$。我们看到了点 $P = (-2, 3)$ 在曲线上，但以 7 为模的话点 P 与点 $(5, 3)$ 是同一点。$3^2 = 5^3 + 17$ 并不成立，但是

$$3^2 \equiv 5^3 + 17 \pmod 7$$

是成立的。因此我们可以说，点 $(5, 3)$ 是在曲线模 7 上。那点 $P + Q = \left(\frac{1}{4}, -\frac{33}{8} \right)$ 呢？$\frac{1}{4}$ 以 7 为模等价于 $\overline{4}$，也就是 2，而 $-\frac{33}{8}$ 等价于

$$-33 \times \overline{8} \equiv 2 \times \overline{1} \equiv 2 \times 1 \equiv 2 \pmod 7,$$

因此

$$P + Q \equiv (2, 2) \pmod 7,$$

你也可以检查检查，下列式子是否成立：

$$3^2 \equiv 5^3 + 17 \pmod 7.$$

上式确认了 $P + Q$ 在椭圆曲线模 7 上。如果我们遇到一个点，需要找出其逆元但是找不到，我们就把这个点当作 ∞。我们一开始拿来练手的椭圆曲线的几何图形，到我们以 p 为模的时候就派不上什么用场了，但用来做加法的所有公式都仍然有效，我们讨论过的所有特征也仍然存在。因此，在以 p 为模的椭圆曲线上，讨论起加法来没有任何问题。

尽管我们把在椭圆曲线上将两点结合起来的方法叫作加法，还是有一个很重要的地方让这种操作与数字的加法不甚相似，倒是更像乘

法。这是因为对椭圆曲线加法来说，也有一个离散对数问题。还记得
259　吧，数字的离散对数问题就是，伊芙有数字 C、P 和素数 p，需要找出
整数 e 使得下式成立：

$$C \equiv P^e \pmod{p}.$$

对本节剩下的部分我准备将上面的问题叫作模指数离散对数问题，
以此与下面我将介绍的另一个问题区分开来。

请记住，$2P$ 用椭圆曲线的加法定律来看就是 $P+P$。一般地，eP
等于将 P 点与其自身用加法定律相加 e 次，而 OP 就是 ∞，因为这是
加法定律中的单位元。这样一来，椭圆曲线离散对数问题就是，伊芙
有椭圆曲线方程、点 C、点 P 以及素数 p，需要找出整数 e 使得下式
成立：

$$C \equiv eP \pmod{p}.$$

跟模指数离散对数问题一样，椭圆曲线离散对数问题我们也认为
很难，但是无法确切证明。实际上，椭圆曲线的问题似乎还要更难几
分，因为有些我们知道可以用来解决模指数离散对数问题的方法，似
乎在椭圆曲线问题上并不能起到同样作用。

现在来谈论椭圆曲线密码学总算可以说是万事俱备了。按照尼
尔·科布利茨的说法，1984 年他还是华盛顿大学的教授，正在参与对
椭圆曲线的研究。这时候他收到了另一位数学家的来信，宣称自己知
道一种用椭圆曲线来对大整数进行因数分解的方法。科布利茨深知大
整数的因数分解对 RSA 的安全性来说至关重要，因此这封信使他开始
考虑椭圆曲线与因数分解。在得出任何结果之前科布利茨却不得不出
访苏联，并在那里待了好几个月，这是早就计划好了的。在苏联期间
他产生了用椭圆曲线离散对数问题来构建密码系统的想法，但是你懂
的，在苏联显然不可能有人会跟美国人讨论密码学问题。科布利茨给

远在美国的另一位数学家写了封信阐述自己的想法，一个月之后他收到了回信。科布利茨的想法何止是好，简直称得上绝妙，此时在IBM工作的维克托·米勒也独立提出了同样的思路。最终科布利茨和米勒两人都就此问题于1985年发表了论文。

260

米勒的文章阐释了爱丽丝和鲍勃怎样才能执行椭圆曲线迪菲－赫尔曼密钥协议。他们要选取一些公开信息，也就是一条特定的椭圆曲线和一个特别大的素数 p，但是不用像模指数迪菲－赫尔曼系统中的那么大，因为我们认为椭圆曲线要难解得多。专家认为，要达到与我在7.2节提到的用于模指数迪菲－赫尔曼系统的600位素数相当的安全性，在椭圆曲线系统中"只"需要素数有70位左右就够了。

接下来爱丽丝和鲍勃需要找一个点 G。跟在数字模运算中的情形不一样，不大可能找到一个能生成曲线上所有点的 G 点，但这个 G 点总可以生成大量曲线上的点。像7.2节那样要为模指数迪菲－赫尔曼系统找到以 p 为模的生成元，爱丽丝和鲍勃如果不想自己算的话可以查表，在这里也同样如此。

至于秘密信息，爱丽丝选取一个数字 a，鲍勃选取一个数字 b。然后爱丽丝在椭圆曲线上算出点 $A \equiv aG \pmod{p}$，并将 A 发给鲍勃，鲍勃也算出点 $B \equiv bG \pmod{p}$ 并将 B 发给爱丽丝。最后爱丽丝再算出 $aB \equiv abG \pmod{p}$，鲍勃也算出 $bA \equiv baG \pmod{p}$，而 $baG \equiv abG \pmod{p}$，于是爱丽丝和鲍勃又一次有了共同的小秘密，并可以用作隐藏密钥。系统的全过程如图8.17所示。

要得到爱丽丝和鲍勃共享的小秘密，伊芙就必须解决椭圆曲线迪菲－赫尔曼问题，也就是从 aG 和 bG 算出 abG。跟以 p 为模的数字运算一样，我们认为这个问题很可能跟椭圆曲线离散对数问题一样难，后者我们已经认为很难了，不过二者究竟难度如何，谁也打不了包票。这两个难题在人们脑海中徘徊的时间没有前面说过的其他难题那么久，但也已经超过了25年，而伊芙的运气也没好到哪儿去。在椭圆曲线上

以 p 为模找到离散对数的最新记录是34位亦即112比特的素数模

$$p = \frac{2^{128} - 3}{11 \times 6949} .$$

该计算在200多台 PS3 游戏机的集群上断断续续跑了6个月才完成。

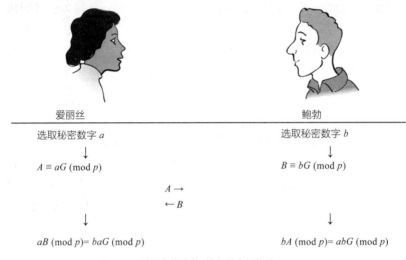

爱丽丝　　　　　　　　　　　　　　　　　鲍勃

选取秘密数字 a　　　　　　　　　　　　选取秘密数字 b

↓　　　　　　　　　　　　　　　　　　　↓

$A \equiv aG \pmod{p}$　　　　　　　　　　　$B \equiv bG \pmod{p}$

$A \rightarrow$

$\leftarrow B$

↓　　　　　　　　　　　　　　　　　　　↓

$aB \pmod{p} = baG \pmod{p}$　　　　　　$bA \pmod{p} = abG \pmod{p}$

图 8.17　椭圆曲线迪菲–赫尔曼密钥协议

能拟合到椭圆曲线上的公钥加密系统并不是只有迪菲–赫尔曼系统。RSA并不行，因为虽然有素数和素数多项式，但是好像并没有什么好办法在椭圆曲线上定义素数点。因此，因数分解问题看起来并没有合适的等价形式。但是，三次传递协议和贾迈勒加密都是基于离散对数问题，因此都可以在椭圆曲线上找到相应形式，科布利茨的文章对此有详细阐述。椭圆曲线贾迈勒加密是模指数版本的直接应用，从图 8.18 可见端倪。

但是轮到椭圆曲线三次传递协议的时候就有点儿棘手了。除了我们前面讨论过的问题，现在爱丽丝和鲍勃还有必要知道以 p 为模的椭圆曲线上有多少个点。这是因为，他们需要下面这个欧拉–费马定理

的等价形式：

爱丽丝 鲍勃

选取椭圆曲线、p、G
选取秘密数字 b
用 b 产生私人加密密钥 $B \equiv bG \pmod{p}$
公布公开加密密钥 (曲线, p, G, B)

查阅鲍勃的加密密钥 (曲线, p, G, B)
选取随机秘密数字 r

$$\overset{r}{\downarrow}(p,\ G)$$
$R \equiv rG \pmod{p}$
明文 P (表示为椭圆曲线上一点)

$$\downarrow(\text{曲线},\ p,\ B,\ r)$$
$C \equiv P + rB \pmod{p}$

$(R、C)\ \rightarrow$

$(R,\ C)$
$$\downarrow(\text{曲线},\ p,\ b)$$
$P \equiv C - bR \pmod{p}$

图 8.18 椭圆曲线贾迈勒加密系统

> **定理（椭圆曲线欧拉–费马定理）**： 对任意的椭圆曲线和任
> 意素数 p，令 f 等于曲线上以 p 为模不同点（包括∞）的数目，那
> 么对曲线上的任意点 P，有
>
> $$fP \equiv \infty \pmod{p}$$

263

同样，要是爱丽丝和鲍勃不想劳神计算 f，他们可以找一条曲线和
一个 p 值，然后查一下 f 值是多少。要是他们想自己算一下的话，也
有相当快的计算方法。

我们说椭圆曲线欧拉–费马定理很有用，是因为

$$fP \equiv \infty \equiv 0P \pmod{p}.$$

所以在以 p 为模的椭圆曲线上，对于表达式 aP，对 a 的计算实际上是以 f 为模进行的，这就跟在表达式 $k^a \pmod n$ 中，对 a 的计算实际上是以 $\phi(n)$ 为模来进行是一样的。因此，图8.19中的 a 和 b 必须有以 f 为模的逆元，而且图中的 $\bar{a}$ 和 $\bar{b}$ 必须以 f 为模取得。有了这些，接下来的每一步你就都能照搬过来了。

椭圆曲线加密系统花了点时间才流行起来，不过近些年这个系统已经引发了更多关注。到本章结束我们展望未来的时候，我会再讲一讲这里头有些什么缘故。

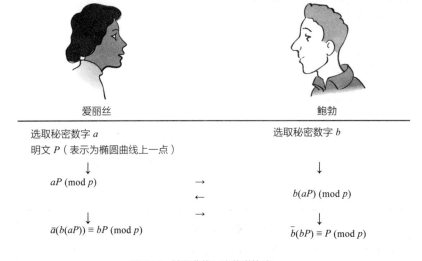

图 8.19　椭圆曲线三次传递协议

8.4　数字签名

在7.2节我曾引述怀特菲尔德·迪菲的话，他说他跟马丁·赫尔曼发明的公钥密码学是"两个问题加一个误解"的结果。在那里我们没有讨论第二个问题，这就是身份认证问题：数字信息的接收方如何才能确认发送方是谁？对称密钥密码学解决了这个问题，但应用很受限。如果爱丽丝和鲍勃共有的隐藏密钥只有他俩知道，那么鲍勃收到用这个密钥加密的消息时，就能知道只有爱丽丝能发送这条消息。但是，这个系统在有些情况下并不完美。如果爱丽丝和鲍勃未能交换隐藏密钥,他们就无法用隐藏密钥证明自己是谁,也无法用于隐藏秘密了。另外,假设爱丽丝和鲍勃确实有隐藏密钥,鲍勃也能用这个密钥确认是爱丽丝发的某条消息。那现在如果鲍勃要向第三方证明是爱丽丝发的消息,又该怎么办?最少最少他也得展现隐藏的加密密钥,但通常并不可取。接着鲍勃还得证明爱丽丝真的有这个密钥而且没有交给别人,但要是没有爱丽丝的协助,这一点很难做到。而且,就算鲍勃这些全都做到了,他也仍然无法证明这条消息不是他自己写的,因为爱丽丝知道的密钥他也同样知道。

我们需要的就是数字签名,像文件上的手写签名一样很难伪造,也很难从一个文件中移除,又附到别的文件上面。把你自己的手写签名扫描下来附在电子邮件或文件后面?这可算不上好主意,因为如果有人想复制文件的签名部分并附到别的文件上,简直易如反掌。再或者,说不定就有人能搞到有你签名的一小片纸,那这人自己就能将其扫描并附到文件上。

在迪菲和赫尔曼的第一篇论文中,他们还不知道怎样构造非对称密钥加密系统,但是已经知道如何用这样的系统来提供"就算之前的签名已经有人见过也无法伪造出来的依赖于时间和消息的数字签名"。我们还需要两个假设:首先,将明文消息当成是密文来处理是可行的;其次,就算执行加密和解密的顺序是反的,你最后还是能得到同样的消息。这些假设并非永远成立,但总有些时候是成立的。

如果爱丽丝想给鲍勃发一条带签名的消息,她可以把消息拿过来用自己的解密密钥进行处理,就好像这是一段密文一样。因为爱丽丝的解密密钥是私钥,所以她是唯一能这么操作的人。鲍勃收到消息之后,就可以用爱丽丝的加密密钥进行处理,将解密密钥那一步操作抵消掉。爱丽丝的加密密钥是公钥,因此鲍勃并不需要跟爱丽丝有共享的小秘密就能确认签名。如果鲍勃最后得到的消息可以识别,他就能知道这条消息肯定来自爱丽丝。有时候爱丽丝还可以将未签名消息和签名消息一起发给鲍勃,这样鲍勃就可以进行比较,这也是一个好主

意。请记住这里我们不是要对消息保密，而只是要验证消息而已。另外，鲍勃也可以向第三方（比如说卡罗尔）展示，这条消息确实是爱丽丝签发的。因为任何人都能得到爱丽丝的公开加密密钥，卡罗尔也能自己确认鲍勃给她的密钥不是假的。而且鲍勃没有爱丽丝的私人解密密钥，卡罗尔也知道鲍勃无法自己给消息签名然后号称是爱丽丝签的。

RSA系统是最早可以真正用以上方式进行数字签名的系统，所以我们就拿RSA来举个例子好了。爱丽丝准备发给鲍勃一条签名消息。她的私钥素数是 $p = 59$、$q = 67$，因此她的公钥模数是 $n = 3953$。这种情况下，她的公开加密密钥叫成验证密钥可能更为恰当，我们将其记为 v。出于速度的考虑，爱丽丝希望这个密钥小一点，因此选了 $v = 5$。爱丽丝算出 $\phi(n) = (p - 1) \times (q - 1) = 3828$，这就意味着她的私人解密密钥，也可以叫作签名密钥，是 $\bar{5} = 2297 \pmod{3828}$。我们将这个密钥用希腊字母 σ 表示，这个字母也代表"签名"的意思。一如往常，爱丽丝将 n 和 v 公布出来，剩下的部分则秘而不宣。要对消息 M 签名的话，爱丽丝可以给鲍勃发签名 $S \equiv M^\sigma \pmod{n}$：[54]

消息	ev	er	yw	he	re	as	ig	nx
数字	5, 22	5, 18	25, 23	8, 5	18, 5	1, 19	9, 7	14, 24
合并	522	518	2523	805	1805	119	907	1424
2297 次方	2037	2969	369	3418	3746	1594	1551	1999

这样一来，鲍勃通过计算 $M \equiv S^v \pmod{n}$ 可以恢复消息并检查签名：

签名	2037	2969	369	3418	3746	1594	1551	1999
5 次方	522	518	2523	805	1805	119	907	1424
分开	5, 22	5, 18	25, 23	8, 5	18, 5	1, 19	9, 7	14, 24
消息	ev	er	yw	he	re	as	ig	nx

[54] 此处明文大意为"到处都是签名"，最后一位x是空白符号。——译者注

这条消息讲得通，因此鲍勃可以下结论说确实是爱丽丝发的，并非伪造。整个RSA数字签名方案如图8.20所示。

另外还有一些东西值得添到这个方案里。因为任何人都能验证签名并恢复消息，所以数字签名并不能用于保密。不过，如果爱丽丝希望自己发给鲍勃的消息既签过名也加过密，那也没问题。爱丽丝有自己的 p、q、σ 和公开的 n、v，鲍勃也有自己的 p、q 和 d，以及公开的 n 和 e。请注意，爱丽丝的 p、q 和 n 跟鲍勃的不一样。爱丽丝用她的私人签名密钥 σ 签名之后，还可以将整个信息再用鲍勃的公开加密密钥 e 加密一次。鲍勃拿到消息之后，先用自己的私人解密密钥 d 解密，再用爱丽丝的公开验证密钥 v 验证签名。

爱丽丝   鲍勃

选取秘密数字 p、q
用 p 和 q 求出公开验证密钥 (n, v)
用 p 和 q 求出私人签名密钥 σ

公布验证密钥 (n, v)

$$M$$
$$\downarrow (n, \sigma)$$
$$S \equiv M^{\sigma} \pmod{n} \qquad\qquad S \rightarrow$$

查阅爱丽丝的验证密钥 (n, v)

$$S$$
$$\downarrow (n, v)$$
$$M \equiv S^{v} \pmod{n}$$

图 8.20　RSA 数字签名方案

数字签名与公钥加密结合的另一种常见方式是用于证书。我们尚未讨论的问题之一是，鲍勃如何才能知道，爱丽丝的公钥，加密公钥也好验证公钥也好，真的就是爱丽丝发布的？鲍勃必须确保公钥不是

伊芙在哪儿贴出来试图愚弄大家的，那样伊芙就能读取大家发出的信息了。爱丽丝在公布公钥之前，可以让特伦特为其公钥签名，这是一位可信权威。特伦特发给爱丽丝一份证书，实际上就是陈述一下爱丽丝的公钥是什么。这份证书有特伦特的私人签名密钥作为签名。鲍勃如果有特伦特的公开验证密钥，就能验证签名并得到保证说爱丽丝的公钥是正确的。如果鲍勃没有特伦特的密钥，他可以从别人那里拿到别人为特伦特签名的证书，依此类推。这就叫作证书链。网页浏览器就是用的这种证书，来验证安全的网络站点是否真的属于号称所属的机构。浏览器会内置一组公钥，这组公钥很可能在编写浏览器软件时就确认过；证书链最终会抵达这组公钥中的一个，这时证书链就终止了。

顺便说一句，基于RSA数字签名的证书目前在网络上是最常见的。这可能是因为第一款使用证书的网页浏览器网景（Netscape）只有一种内置证书，而这份证书就是由RSA资讯安全公司签发的。RSA资讯安全公司的证书服务部门后来分离出来，成了一家名叫威瑞信（VeriSign）的公司，如今已归入赛门铁克（Symantec）公司旗下。赛门铁克旗下还有几家别的公司也颁发网络证书，如今在互联网证书领域仍然独领风骚，至少截至2013年都还是这样。IE、火狐、Chrome、Safari等常见浏览器都支持基于另一个系统的证书，即数字签名算法。268 稍后我会再介绍一点关于数字签名算法的内容。

伪造者弗兰克可以伪造一条消息并试图让鲍勃相信这条消息来自爱丽丝，现在我们看到了数字签名可以保护爱丽丝和鲍勃不受这样明火执仗的影响。还有一些攻击要隐晦得多，防御这些攻击也需要在方案中添加一些别的东西。第一种攻击叫重放攻击。爱丽丝给鲍勃发签名消息时，弗兰克可以偷听并记录下来。稍后弗兰克可以重放这条消息给鲍勃，假装是爱丽丝放的。鲍勃验证签名就会得出结论说这条消息来自爱丽丝，因为一开始确实是爱丽丝签发的这条消息。如果这条消息很简单，像是"八点钟来见我"、"将某文件发给我"之类，就算同一条消息在不同时间收到了两次，鲍勃可能也看不出来哪儿有毛病，但是却很可能带来大麻烦。弗兰克甚至可以设法在第一次发送时拦截消息，这样鲍勃就只会收到一次，但时间却是错的。这个问题的标准解决办法是，在消息中增加一部分作为时间戳，这样消息就没法重复或重放了。时间戳在签名之前就要放进消息中，这样弗兰克如果改动时间戳，就会使签名失效。不过爱丽丝和鲍勃需要确保他们的时钟是同步的，而这个需求会带来一连串其他问题。

另一种攻击类型叫作存在性伪造。前面我们看到，伊芙能加密任意明文导致了前向搜索攻击，存在性伪造攻击也来自相应事实，即弗兰克可以验证任意签名。发起这种攻击时，弗兰克任取一串随机数字或比特，并将爱丽丝的验证密钥用于这串数字，就当它是签名一般。随后，弗兰克将用验证密钥生成的"消息"加上他一开始用的"签名"一起发给鲍勃。这条消息只是一大堆随机数字或比特，怎么都不会像英语或别的什么语言的字词。但签名会正确验证为爱丽丝的签名。有些情形下，比如说鲍勃只是期望收到一份仅包含签名公钥的证书，这种攻击可能就会给鲍勃带来大麻烦，甚至可能导致安全缺口。防御前向搜索攻击的方法是在加密过程中加入随机性。与此相反，防御存在性伪造的方法是增加体系性，从而降低随机性。例如，鲍勃如果知道证书不止含有公钥，应该还有爱丽丝的名字或时间戳，或两者兼备，那弗兰克要试过足够多的随机签名来生成能让鲍勃信以为真的消息,269就着实不太可能了。

RSA数字签名方案是可逆数字签名的一个例子，有时也叫作带消息恢复的数字签名，因为验证过程是签名过程的反转，能返回原始消息。也有不可逆的数字签名方案，生成的签名不能用于恢复原始消息。这时候爱丽丝就需要把消息和签名都发给鲍勃。有时这样的方案也叫作带附件的数字签名，因为签名通常是作为消息的附件发送的。

签名不可逆听起来好像不大方便，但这种方案确实有一些优点。其一是签名可以比消息短得多，计算起来也就快得多。另外，爱丽丝可以在一个时间点发给鲍勃消息的签名，证明自己知道什么信息，随后再揭示包含这些信息的消息。

不可逆数字签名的一个例子是贾迈勒签名方案，这个方案跟贾迈勒加密有密切关系，二者也是同时发展起来的，整个方案可参看图8.21。贾迈勒签名方案有重大影响，有不少很常见的变化版本，其中就有数字签名算法（DSA）。DSA是美国国家标准技术研究所在1994年最早认可的数字签名系统，到现在也还是联邦标准。DSA刚提出来时还颇有争议，但现在似乎人们已普遍接受。同样也有椭圆曲线贾迈勒数字签名方案和椭圆曲线数字签名算法（ECDSA），后者跟DSA一样，一直到2000年都还是联邦标准。

2010年年底，有家公司用（错）了ECDSA引起轩然大波，至少在对密码学感兴趣的人群中可以这么说。索尼在其发布于2006年的PS 3 视频游戏机中用了 ECDSA，其中数字签名用于确认经索尼授权

爱丽丝

鲍勃

选取 p、g

选取秘密数字 a

用 a 算出公开的 $A \equiv g^a \pmod p$

公布公开验证密钥 $(p、g、A)$

选取随机秘密数字 r

$$r$$
$$\downarrow (p, g)$$
$$R \equiv g^r \pmod p$$

消息 M
$$\downarrow (p, a, r, R)$$
$$S \equiv \overline{r}(M-aR)\pmod{p-1}$$

$(R、S、M) \rightarrow$

查阅爱丽丝的验证密钥 $(p、g、A)$

$(R、S、M)$
$$\downarrow (p, g, A)$$
$$A^R R^S \equiv g^M \pmod p \text{ 吗}?$$
如是，则签名为真

图 8.21　贾迈勒数字签名方案

的代码在游戏机上运行，并防止未授权代码擅自运行。但是，索尼似乎忽略了关于ECDSA的一项重要事实。跟贾迈勒加密和贾迈勒数字签名一样，DSA和ECDSA用的也是随机现用值。我们在8.2节划过重点，如果现用值被重复使用，系统就会很不安全。2010年年底有一群黑客披露，索尼每个签名都用的是同样的现用值。这让他们有机可乘，于是他们恢复了索尼的私人签名密钥，并为PS 3自行创建软件。很快另一名黑客也发现了密钥，并在自己的网站上公布出来。索尼对这些黑客提起诉讼，2011年4月达成了庭外和解。

8.5　展望

我说过三次传递协议现在用起来太慢，只有一些极为特殊的情形会用到，实际应用中可能很少见到。如果有人能发现一种对称密钥密码，满足交换律而且能防御已知明文攻击，运算速度还跟现代分组密码有得一拼，那肯定会让三次传递协议立马变得秀色可餐。但目前来看，可能性并不大。

原始版本和椭圆曲线版本的贾迈勒加密，结果证明在适应性选择密文攻击面前会败下阵来。这种攻击源于伊芙试图读取爱丽丝发给鲍勃的密文，如果伊芙能骗过鲍勃，让鲍勃解密一条相关密文（这就是适应性所在）并揭示解密结果，伊芙就能发现原始信息。人们提出了很多贾迈勒加密的变体来修复这个问题。其中有个比较简单的叫作迪菲－赫尔曼集成加密方案（DHIES），用了跟贾迈勒加密一样的障眼数和暗示，但是将障眼数和信息结合起来用的是对称加密，不是模乘法运算。其椭圆曲线版本叫作椭圆曲线集成加密方案（ECIES），这个方案引来不少关注，原因是就同一安全水平而言，椭圆曲线需要的密钥似乎更短，而RSA和基于数据遗失防护（DLP）的模指数密钥都要更长。因此对同等水平的安全需求来说，椭圆曲线系统可能更快也更便利。日本政府的一个委员会和不少工业委员会都已经认可ECIES，但美国政府仍未表态。

　　我说过用椭圆曲线的优势之一是密钥更短。很多情形下这个优势都很方便，尤其是存储器很小的时候，比如智能卡和射频识别标签。如果密钥能分解成小片段，不用一次操作整个密钥，就会更加便利。上述操作可以在更一般的曲线类型上完成，这就是超椭圆曲线。超椭圆曲线由下面的方程式定义：

$$y^2 = x^n + a_{n-1}x^{n-1} + a_{n-2}x^{n-2} + \cdots + a_2x^2 + a_1x + a_0,$$

　　其中 n 大于 4。与椭圆曲线相比，这些曲线的加法规则要复杂得多，一次要操作一系列的点，而不是一次加一个点。整个系列的点数组成的密钥与椭圆曲线的密钥大小类似，但超椭圆曲线加密所需的有些计算可以一次只做一个点。

　　椭圆曲线的另一优势是，有时候在加法律之外，这些曲线有些额外的结构也很有用。比如说，有的椭圆曲线有"配对"函数，也就是除了别的特性，还满足对某些曲线上的点 G 以及任意两个整数 a、b，都有

$$f(aG,\ bG) = f(G,\ G)^{\ ab}.$$

　　这个特性可用于三方迪菲-赫尔曼密钥协议，让三方商定一条秘密信息：如果爱丽丝选定一个秘密数字 a 并算出公开的 $A = aG$，鲍勃选定秘密数字 b 并算出公开的 $B = bG$，卡罗尔再选定秘密数字 c 并算出公开的 $C = cG$，那么

$$f(B,\ C)^{\ a} = f(A,\ C)^{\ b} = f(A,\ B)^{\ c} = f(G,\ G)^{\ abc}.$$

　　这样三个人就都能算出秘密信息来了。配对函数可能还有个用途，就是基于身份的加密。思路是这样的：假设爱丽丝想给鲍勃发消息，她没有去查阅鲍勃的公钥，反而用鲍勃的电子邮件地址或是别的什么公开信息自己生成了一个公钥。这样不但很方便，爱丽丝还不用担心伊芙会篡改密钥来源。随后爱丽丝执行一系列与贾迈勒加密类似的计

算，但也会涉及鲍勃公钥和特伦特（可信权威）公钥的配对。鲍勃则用配对函数和自己独有的隐藏密钥解密，这个隐藏密钥由特伦特用特伦特的隐藏密钥生成。欲知详情，请阅读尾注中的参考文献。

2005 年，美国国家安全局（NSA）通报了一套经批准的加密算法"套件 B"，用于在美国政府内部和向美国政府传递机密和其他敏感资讯。这些算法一开始包括对称密钥加密的高级加密标准（AES），椭圆曲线迪菲-赫尔曼系统，以及另一种用于密钥协议的椭圆曲线算法，即椭圆曲线数字签名算法，还有一种用于帮助创建短的、不可逆的数字签名的算法。AES 和短签名算法不只是政府标准，也已经十分商业化，NSA 明确表示希望椭圆曲线算法也能步其后尘。NSA 还特别提到了椭圆曲线密码学因为密钥更短带来的速度和安全性方面的优势。　273

尽管有这些优势，甚至还有 NSA 的推动，椭圆曲线密码学在商业上并未很快流行起来。原因之一是密码学家本质上都很保守，只要系统看起来没有人能破解，他们就倾向于墨守成规。人们未能成功破解系统的时间越久，未来就越不可能出现意外惊"喜"。

最近有两项进展让椭圆曲线算法的采用疑云密布。第一项进展跟一个系统有关，这个系统可以生成随机数字，用于产生隐藏密钥、公钥系统的秘密信息以及盖然性加密的随机选择。这个系统叫作双重椭圆曲线确定性随机比特发生器（Dual EC DRBG），最早发表于 2004 年，2006 年被美国国家标准技术研究所（NIST）采用为推荐标准，同时被采用的还有另外三个随机数生成器系统。这个双重椭圆曲线生成器名副其实，用了两个椭圆曲线离散对数问题[55]。再加上一些别的原因，这个系统跟另外三个系统比起来要慢得多，这就有点儿奇怪了。另外，研究人员早就发现随机数有点偏差，这个问题理应让该系统被剔除出标准的队伍，除非它还有什么别的并非显而易见的优势。最后还有一点，标准的默认设置还包括一些未经解释的随意选择。从数据

---

[55] 此处原文仅有"椭圆曲线"，根据作者意见添加了"离散对数问题"。——译者注

加密标准（DES）的S盒以来，系统中未经解释的选择就已经让密码学家疑窦丛生，他们怀疑可能已经有某些操作削弱了系统。

然后到了2007年，有两位来自微软的研究人员发现，如果有人知道在这些随意选择中，某两个选择之间有什么确定关系，就能在观察一小会儿输出情况之后，利用这一点来预测由系统产生的本应随机的数字，他们也展示了如何做出预测。有了这道后门，知道关系的任何人就都能破解用这种系统来产生秘密信息的任意加密系统了。

到这时大家都在怀疑，是NSA操纵了标准，让他们自己能破解系统。不过在2013年斯诺登泄密以前，这些怀疑都并未摆上桌面。斯诺登泄露的文件指出，最开始是NSA提出了双椭圆曲线确定性随机比特生成器，并推动这个系统成功进入标准，甚至还成了国际标准。最终NIST从推荐标准中移除了这个系统，不过在此之前，已经至少有一位知名密码学家主张完全抛开椭圆曲线系统，表示这种系统"含有NSA但凡能做到就会施加影响的常量"。

2015年，第二项进展削弱了关于采用椭圆曲线算法的争议。这一年的8月，NSA宣布了用一套新算法替代套件B的初步计划，这套新算法能抵御我们下一章会谈到的量子计算机的攻击。不幸之处在于，如果量子计算机成为现实，大部分椭圆曲线算法都会在这种计算机面前变得不堪一击。NSA并未披露在考虑用哪些算法来代替椭圆曲线算法，但在9.2节我们会看到一些备选方案。与此同时，NSA向那些尚未采用椭圆曲线算法的人建议"现在不要为此进行大量投入"，并将迪菲-赫尔曼系统和RSA加入可接受算法的列表，在过渡期间建议用于机密和敏感资料。NIST依葫芦画瓢，于2016年4月完成了一份关于防量子密码学近况的报告。报告透露，防量子算法的新标准将以与高级加密标准（AES）竞标相似的过程来开发，但NIST可能会支持来自不同类别的多种备选方案。提交截止日期计划在2017年年底，随后还有3到5年的公开审查，才会宣布最终标准。

第九章

密码学的未来

9.1 量子计算

我们已经好几次说到,现在我们用的公钥密码的安全性有赖于某些著名数学问题显而易见的难度,比如离散对数问题和因数分解。还没有人发现解决这些问题的简单方法,但是也没有人能证明这样的解法不存在。因此总是有这样的可能,某一天突然有人宣布自己发现了新的数学手段,可以把这些代码统统破解。

就算没有新的数学手段出现,也有可能一种新型计算机就能让这些代码现出原形。最可能的备选是基于量子物理的计算机。尽管还没有人公开展示过能解决大型问题的量子计算机,过去几十年研究人员还是已经开始想办法搞清楚如何为这种计算机编写程序。人们管这个新领域叫量子计算,对密码学很可能会有重大的负面影响。

让量子物理与经典物理截然不同的特点中,最著名的可能就是叠加了:就像薛定谔假设中的那只猫一样,量子粒子可以同时处于两个或两个以上的状态。1935年,物理学家埃尔温·薛定谔(Erwin Schrödinger)提了这样一个问题:如果将猫放在封闭的盒子中,既看不到也听不到这只猫,那盒子中会发生什么。一小块放射性物质也放进了盒子里,使得在一小时的时间内有50%的概率会有原子衰变,还有50%的概率什么也不会发生。如果盒子里的盖革计数器检测到衰变,就会激活一个自动给猫喂食的机器;否则一任其旧。现在一小时到了,₂₇₆猫是吃饱了还是饿着呢?(图9.1)根据量子物理的理论,在我们打开盒子找到答案之前,原子既衰变了又没衰变,所以这只猫又饥又饱。跟这只猫可以同时处于两种不同状态一样,一个量子比特也能同时既

是0又是1，而并非两者必居其一。

图9.1　薛定谔的猫是饥还是饱？

关于量子计算已经有诸多描述，这让量子计算听起来好像一瞬间就能解决我们的所有问题。假设我们想用量子计算机来分解一个数，比如说4。首先我们将一串量子比特设置成代表4的二进制数，也就是100。接下来我们将另一串量子比特设置成可能的因数，但不是将每一个可能的因数一个一个设置出来，而是将因数量子比特设置成下面的样子：

$$\begin{Bmatrix} 0 \\ \text{或} \\ 1 \end{Bmatrix}, \quad \begin{Bmatrix} 0 \\ \text{或} \\ 1 \end{Bmatrix}.$$

因此，每个量子比特都同时是0和1，并一起组成了"量子数字"：

$$\begin{Bmatrix} 00 \\ \text{或} \\ 01 \\ \text{或} \\ 10 \\ \text{或} \\ 11 \end{Bmatrix},$$

也就是0、1、2和3。我们要找的是小于4的因数，所以到3就可以了。接下来我们可以用4除以这些量子数字，如果商是小于4的整数就保留，如果不是就输出0。最后得到的量子比特就是

$$\left\{\begin{array}{c}00\\或\\00\\或\\10\\或\\00\end{array}\right\}.$$

现在得提到薛定谔思想实验的另一部分了：在打开盒子之前，那只猫都是又饥又饱的，但是一旦我们打开盒子往里看，那只猫就立即"坍缩"为某个状态。套用到我们的量子因数分解中的话就是，当我们检查量子计算机的输出时，答案有时候是00，意味着这不是一个非明显除数（即除了1和这个数本身以外的其他除数），对我们没用。有时候也会是10，这个是有用的，因为2是一个除数。但是我们用概率算法也能做到这些，所以只用叠加我们什么都没捞着。

不过，量子物理还有一个特性我们可以加以利用。考虑如图9.2所示的设置，单个的亚原子粒子，比如说电子或光子，被发往分光镜的方向。我们就用光子来举例，那么分光镜可以是半镀银的反光镜。如果重复发送光子，就会有一半的时候光子能穿过分光镜继续前进，另一半的时候光子被反射，走向另一个方向，这就是我们用探测器观察到的情况（如图9.3）。但现在为止粒子的行为完全遵循概率原则。　278

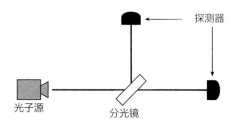

图9.2　用一个分光镜进行的实验

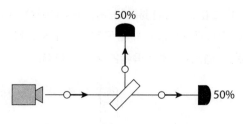

图 9.3　每个探测器显示一半的读数

　　现在考虑如图9.4所示的设置，其中有两个分光镜，还有两个全反射屏障，比如全镀银的反光镜，粒子总是会被反射。如果每个分光镜都在半数时候让粒子通过，那么每个探测器探测到的就有两种可能路径，所有路径的概率都一样。因此我们仍然预期每个探测器都会探测到半数的粒子，但实际发生的却未必是这样。根据不同的具体设置，我们可能会在同一个探测器上不断检测到粒子（图9.5）。

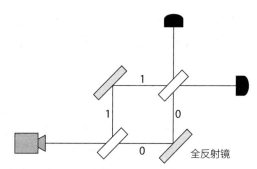

图 9.4　用两个分光镜进行的实验

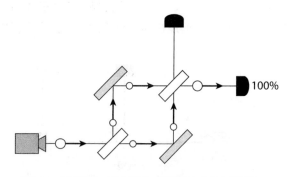

图 9.5　探测器之一没有读数，探测器之二有全部读数

物理学家这样解释：每个粒子都以某种方式既穿过了分光镜也被分光镜反射，这就使粒子在路径再次重合时发生了自我干涉。反光镜的设置可以使某种情况下的粒子自我干涉导致粒子抵消，另一种情况下导致粒子自我加强，因此检测器之一从来没有粒子的读数，另一台则一直能检测到粒子。为充分利用量子计算，我们不只要利用叠加，还得利用干涉。

我无意在此探讨更多细节，简单来说就是1985年，物理学家大卫·多伊奇（David Deutsch）描述了第一个量子算法，该算法用量子计算机解决一个计算问题会比用传统计算机来得快。具体问题没什么意思，但这个技术极为重要。该技术直接导致了第一个"有用的"量子算法于1994年出现，即彼得·秀尔（Peter Shor）发现的用量子计算机做（盖然性）因数分解的算法，它比用传统计算机的任何已知算法都要快。实际上，这个算法可以跟任何因数分解算法（无论是传统的还是量子的）差不多一样快，也能找到大素数。因此，这种算法的广泛使用将令RSA岌岌可危。秀尔的文章也展示了如何快速解决离散对数问题，因此迪菲－赫尔曼系统，以及基于迪菲－赫尔曼的所有其他系统乃至所有变体，包括椭圆曲线离散对数问题在内，也都不再固若金汤。

开发大型量子计算机的进程一直很慢，但最近似乎正在加速发展。当前的限制因素是我们能构建并保持稳定的量子比特的数目。2001年，一个由来自IBM的科学家和斯坦福大学的研究生组成的团队宣布，他们用带7个量子比特的量子计算机对15进行了因数分解，这是秀尔的算法能奏效的最小数字。2012年，英国一个团队发现了用更少的量子比特分解21的方法，而在中国还有一个团队仅用4个量子比特就分解了143，用的还是另一种算法。2014年有人宣称，用来分解143的4量子比特的算法，可以用于分解56513这么大的数，但是只有在这些数有特殊格式的时候才行。

如果量子计算机会令所有常见的公钥加密都在劫难逃，那对称密钥系统又会怎样呢？对称密钥的情形倒是没有那么惨烈，但量子计算

机还是会有影响。1996年，一位在美国电话电报公司贝尔实验室工作的美籍印度裔计算机科学家洛夫·格罗夫尔（Lov Grover）发明了一种量子算法，可用于（盖然性）数据库搜索，比用传统计算机进行的搜索要快得多。特别是如果待搜索的总量为 N 项，比如对称系统的 N 个密钥，格罗夫尔的算法能在 $\sqrt{N}$ 步以内就完成搜索。最小长度的 AES 密钥准确来讲有128比特，所以用传统电脑发起的蛮力攻击要搜索 2^{128} 个密钥，但格罗夫尔的算法相当于只搜索 $\sqrt{2^{128}} = 2^{64}$ 个密钥就行了。量子计算机的应用让对称密钥密码的有效密钥长度立马折损一半，至少就蛮力搜索来讲是这样。如8.5节所述，NSA现在推荐在过渡到新的防量子算法之前，可以采用256比特的 AES 密钥。

9.2　后量子密码学

如果量子计算机变得到处都是，密码学家还能做什么？对对称密钥系统来说，目前似乎增加密钥长度就够了。对公钥系统来说，人们正在研究通常叫作后量子密码学的新领域，不过更恰如其分的名字也许还是防量子密码学。这些系统的基础是就算用量子计算机也不能轻易解决的一些问题。因数分解和离散对数问题不管用了，这些系统要转而依赖于像是解决多元多项式系统、在 n 维斜方网格中找出一点到其他点的最短距离，或是找出与一组比特串最接近的那个比特串这样的问题。以前这些方法通常都没有人用，因为效率太低。不过时移世易，现在它们逐渐变得炙手可热，而我们在8.5节也已经看到，至少NSA和NIST都认为，是时候转而采用这些方法了。

作为例子，我们来看一下基于点阵的加密。点阵是在有坐标轴的 n 维空间中有均匀间隔的网格点，三维点阵的例子如图9.6所示。人们认为有两个标准点阵问题难度很大，就算用量子计算机也不好对付。每种情形下的点阵都由 n 个点生成，也由这 n 个点决定，如图9.7所示。生成点阵的意思是，以坐标轴原点为起点，将给定的点延展为规律的均匀网格。最短向量问题是，给定点阵的生成元，在点阵上找出与坐标轴原点最近的点，二维情形可参看图9.8。最近向量问题是，给定点阵的生成元以及不在点阵上的另一点，找出点阵上与该点最近的点，二维的情形可参看图9.9。

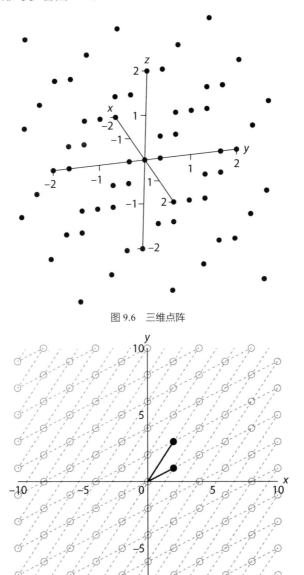

图 9.6　三维点阵

图 9.7　两点（实心点）及由这两点生成的点阵（空心点）

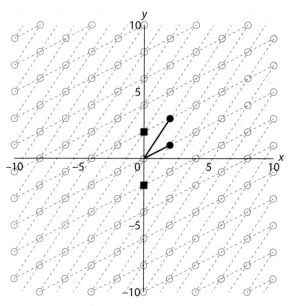

图9.8　最短向量问题：两个生成元（实心点），由这两点生成的点阵（空心点），以及点阵上离原点最近的点（实心方块）

283

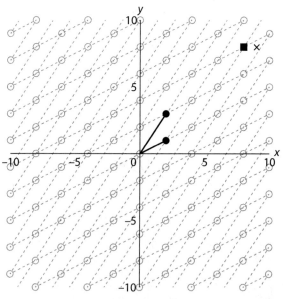

图9.9　最近向量问题：两个生成元（实心点），由这两点生成的点阵（空心点），不在点阵上的一点（十字点）以及点阵上离该点最近的点（实心方块）

　　这些点阵问题可能看起来也没多难，实际上这些示例也确实很简单。要让点阵问题变难，还需要两个条件。其一是增加维度，实际可用的加密系统可能要用到在500维或更高维度空间中的点阵。即便如此，如果网格中的角度都很接近直角，找到正确的点也还是轻而易举。因此，第二个必要条件就是让这些角度离直角越远越好，如图9.10所示。二维情形下可能光靠肉眼就能看出有多组生成元可以生成同一个点阵，也就很容易找到一组角度方便得多的网格。但如果你能想象出500维空间中的点阵，角度还像图9.10中那样，你也许就能窥见一二要解决密码点阵问题会碰到的麻烦了。

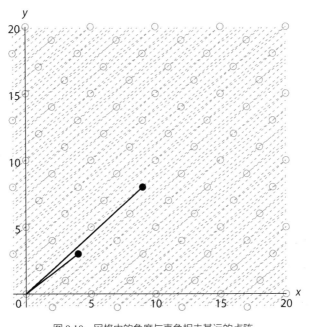

图9.10　网格中的角度与直角相去甚远的点阵

　　我们就专注于最近向量问题好了，反正后面也会用这个问题来讲我们的密码系统示例。1984年，拉斯洛·鲍鲍伊（László Babai）指出，利用点阵生成与我们在1.6节见过的用于希尔密码的那种方程组之间的联系，要大致解决这个问题很简单。继续看二维的例子，假设一个₂₈₄点阵由点(k_1,k_3)和(k_2,k_4)生成，那么点阵上的任意点都可以用两

个整数 s 和 t 表示出来：

$$s(k_1,k_3)+t(k_2,k_4)=(sk_1+tk_2, sk_3+tk_4).$$

另一方面，假设点阵上有一点 (x,y)，如果想知道这个点是怎样生成的，我们可以列出方程来求解：

$$(x,y)=(sk_1+tk_2, sk_3+tk_4),$$

也就是下列方程组：

$$x=sk_1+tk_2,$$

$$y=sk_3+tk_4.$$

这跟我们在 1.6 节见过的有两个方程、两个未知数的方程组基本上是一回事，能解出那个方程组的方法在这里也同样屡试不爽。求出来的整数 s 和 t 就可以用来表示点阵中的点。如果是 n 维空间，那就是有 n 个方程、n 个未知数的方程组，前面的解法仍然百试百灵。

如果要算的点不在点阵中会出现什么结果？肯定还是能求出 s 和 t，只不过就不是整数了。如果对 s 和 t 四舍五入到最接近的整数，那么对不在点阵上的这一点就能得到可能是与其最近的点阵上的点。例如在图 9.11 中，用十字表示的点可以写成 $4.250(k_1,k_3)+1.125(k_2,k_4)$，四舍五入得到 $4(k_1,k_3)+1(k_2,k_4)$，即图中用实心方块表示的点。

鲍鲍伊方法将不在点阵上的给定点（十字点）四舍五入为点阵上一点（实心方块点）。对这个给定点来说答案是对的。实际上，这一方法可将灰色平行四边形中的所有点都四舍五入到该实心方块点。而六边形实线内的点实际上是与实心方块点最近的点。两个区域大部分重叠，说明鲍鲍伊方法对该点阵通常能有正确结果。

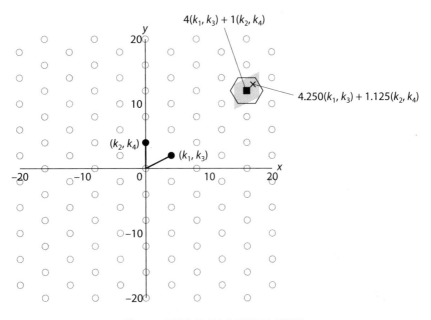

图 9.11　用鲍鲍伊方法求解最近向量问题

好，如果点阵网格的角度接近直角，那么四舍五入得到的点很可能就是给定点在点阵上的最近点。如果点阵网格的角度与直角相去甚远，如图9.12所示，那么鲍鲍伊方法找到的点阵上的点可能与给定点是很近，但未必是最近的。图中的十字点可以写成 $2.4(k_1, k_3) - 1.4(k_2, k_4)$，四舍五入得到 $2(k_1, k_3) - 1(k_2, k_4)$，在图中用空心方块点表示。但点阵上与十字点真正最近的是实心方块点，可表示为 $3(k_1, k_3) - 3(k_2, k_4)$。同样的思路在 n 维空间中也成立，涉及的维度越高，找到正确的点也就越难。

实心方块点是给定点（十字点）在点阵上的最近点，但鲍鲍伊方法将给定点四舍五入为空心方块点，对该给定点而言并非正确答案。实际上，鲍鲍伊方法将灰色平行四边形中所有点都四舍五入到同一个空心方块点，而正方形实线区域内的点才是真正与空心方块点最近的点。两个区域重叠很小，说明鲍鲍伊方法对该点阵通常得不到正确结果。

286

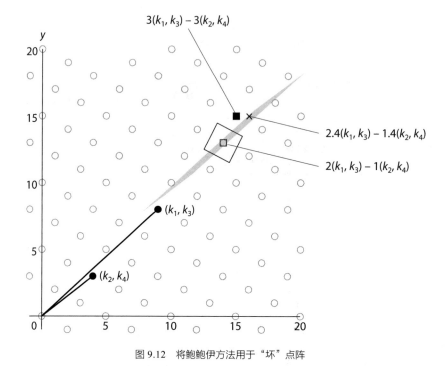

图 9.12　将鲍鲍伊方法用于"坏"点阵

怎样把上述结果应用到非对称密钥加密系统中呢？假设鲍勃知道一组"好"生成元和一组"坏"生成元，都能生成同一个点阵，如图 9.13 所示。好生成元得到的网格角度十分接近直角，而坏生成元虽然得到同样的点阵，网格的角度却与直角相去甚远。坏生成元可以当成是鲍勃的公钥，好生成元就是私钥了。对二维的例子，公钥可以是（50，40）和（58，46），网格角度为 0.24°；私钥可以是（2，4）和（4，−2），网格角度为 90°。请记住在实际应用中，我们会用到比这高得多的维度。

爱丽丝想给鲍勃发消息的话，可以将消息转换为数字，并用数字和坏生成元找到点阵中的一点。这个密码与我们前面见过的密码有一个区别，就是如果每个"模块"只包含非常小的信息片段的话，这个密码实际上会更安全。所以，这个例子中我们将每个字母分成两个十进制数字，并当成两个不同的数字来处理。每对数字都能给出点阵上

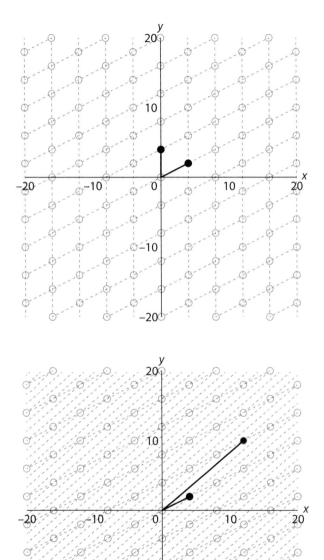

图 9.13　同一点阵的一组好生成元（上图）和一组坏生成元（下图）

288

的一点。 [56]

明文	l	a	t	t	i
数字	12	1	20	20	9
分开	1, 2	0, 1	2, 0	2, 0	0, 9
点阵点	166, 132	58, 46	100, 80	100, 80	522, 414

明文	c	e	n	o	w
数字	3	5	14	15	23
分开	0, 3	0, 5	1, 4	1, 5	2, 3
点阵点	174, 138	290, 230	282, 224	340, 270	274, 218

随后爱丽丝给每个点加上一个很小的随机现用值，就像8.2节中的贾迈勒系统要用的障眼数一样。结果得到的点与点阵上的点很近但并不在点阵上，这就是爱丽丝要发给鲍勃的密文。例如：

明文	l	a	t	t	i
数字	12	1	20	20	9
分开	1, 2	0, 1	2, 0	2, 0	0, 9
点阵点	166, 132	58, 46	100, 80	100, 80	522, 414
现用值	1, 1	1, 1	−1, 1	1, −1	1, 1
密文	167, 133	59, 47	99, 81	101, 79	523, 415

明文	c	e	n	o	w
数字	3	5	14	15	23
分开	0, 3	0, 5	1, 4	1, 5	2, 3
点阵点	174,138	290,230	282,224	340,270	274,218

---

[56] 此处明文大意为"点阵点起来"。——译者注

现用值	1, 1	1, 1	1, 1	−1, 1	−1, −1
密文	175,139	291,231	283,225	339,271	273,217

要解密这些点，鲍勃可以用鲍鲍伊方法和私钥中的好生成元来找到点阵中的点，鲍勃基本可以肯定他找到的就是爱丽丝用过的点。找到点之后，鲍勃就可以反解出原始明文了。

289

密文	167, 133	59, 47	99, 81	101, 79	523, 415
鲍鲍伊的 s 和 t	43.3, 20.1	15.3, 7.10	26.1, 11.7	25.9, 12.3	135.3, 63.1
取整	43, 20	15, 7	26, 12	26, 12	135, 63
点阵点	166, 132	58, 46	100, 80	100, 80	522, 414
数字	1, 2	0, 1	2, 0	2, 0	0, 9
合并	12	1	20	20	9
明文	l	a	t	t	i

密文	175, 139	291, 231	283, 225	339, 271	273, 217
鲍鲍伊的 s 和 t	45.3, 21.1	75.3, 35.1	73.3, 34.1	88.1, 40.7	70.7, 32.9
取整	45, 21	75, 35	73, 34	88, 41	71, 33
点阵点	174, 138	290, 230	282, 224	340, 270	274, 218
数字	0, 3	0, 5	1, 4	1, 5	2, 3
合并	3	5	14	15	23
明文	c	e	n	o	w

伊芙也可以试着找找点阵上的点，但她只有坏生成元。她也可以用鲍鲍伊方法来试，但恐怕只能得到错误的点阵点：

密文	167, 133	59, 47	99, 81	101, 79	523, 415
伊芙的 s 和 t	1.6, 1.5	0.6, 0.5	7.2, − 4.5	− 3.2, 4.5	0.6, 8.5

取整	2, 2	1, 1	7, − 5	− 3, 5	1, 9
点阵点	216, 172	108, 86	60, 50	140, 110	572, 454
数字	2, 2	1, 1	7, − 5	− 3, 5	1, 9
合并	22	11	??	??	19
明文	v	k	?	?	s
密文	175, 139	291, 231	283, 225	339, 271	273, 217
伊芙的 s 和 t	0.6, 205	0.6, 4.5	1.6, 3.5	6.2, 0.5	1.4, 3.5
取整	1, 3	1, 5	2, 4	6, 1	1, 4
点阵点	224, 178	340, 270	332, 264	358, 286	282, 224
数字	1, 3	1, 5	2, 4	6, 1	1, 4
合并	13	15	24	61	14
明文	m	o	x	?	n

290   要在点阵上找到正确的点，伊芙就得解决最近向量问题。我们相信，如果生成元坏得够彻底，维度也足够高，这个问题就会变得非常难，就算伊芙有量子计算机也无济于事。

这个系统叫作戈德赖希–戈德瓦塞尔–哈勒维密码系统，简称GGH，是根据三位以色列计算机科学家奥代德·戈德赖希（Oded Goldreich）、莎菲·戈德瓦塞尔（Shafrira Goldwasser）和沙伊·哈勒维（Shai Halevi）命名的，他们三人于1997年发明的这个系统如图

291 9.14所示。但很不幸，也是在1997年，人们发现这个系统在实际应用中并不安全。爱丽丝的障眼数跟点阵尺寸比起来必须很小，否则鲍勃找到的最近的点就不是爱丽丝一开始用的点了。但结果就是伊芙也能利用这一点，让这个问题跟标准的最近向量问题比起来要好解得多。

还有一些别的基于点阵的密码系统尚未被破解，其中很多用的元素都与GGH大同小异。看起来最有前途的基于点阵的系统叫作

爱丽丝   鲍勃

- 选取维度 n
- 选取一组秘密生成元 $b_1,\cdots,b_n$
- 用 $b_1,\cdots,b_n$ 为同一点阵创建一组公开生成元 $B_1,\cdots,B_n$
- 公布公开加密密钥 $B_1,\cdots,B_n$

- 查阅鲍勃的加密密钥 $B_1,\cdots,B_n$
- 选取很小的随机秘密点 r
- 从明文数字 $P_1,\cdots,P_n$ 开始
  ↓
- 计算密文点
$C=P_1B_1 + P_2B_2 + \cdots + P_nB_n + r$

$C \rightarrow$

C
↓

- 用鲍鲍伊方法及 $(b_1,\cdots,b_n)$ 对 C 取整
  ↓
- 解方程组:(四舍五入的 C) = P_1B_1 + P_2B_2 + $\cdots$ + P_nB_n 从而得到 $P_1,\cdots,P_n$

图 9.14 GGH 加密系统

NTRU,是三位布朗大学的研究人员于1996年发明的,他们的名字是杰弗里·霍夫斯坦(Jeffrey Hoffstein)、吉尔·皮弗(Jill Pipher)和约瑟夫·希尔弗曼(Joseph Silverman)。NTRU一开始是用别的数学方法来描述的,但不久后被证明等价于使用点阵的系统。从来没有人明确指出NTRU有什么含义,但有传言说可能代表"我们就是数学理论家"或"数学理论家中大用"。有一次杰弗里·霍夫斯坦被问到这个问题,他回答说:"你想让它代表什么,它就代表什么呗。"

GGH和NTRU都有相关的数字签名系统,本书尾注中有更多信息,可供参考。

9.3 量子密码学

　　另一种可能性就是，让我们能造出量子计算机的量子物理学，同样也能用于保护我们免受量子计算攻击。量子密码学是研究如何将量子物理学原理与密码学的聪明才智结合起来创造密码系统的学问。量子密码学最早的例子是由史蒂芬·威斯纳（Stephen Wiesner）于20世纪60年代末提出来的，当时他还是哥伦比亚大学的物理系研究生。威斯纳提出了两个想法。第一个想法是同时发送两条信息，这样接收者就能选择接收任意一条，不能两条都收取。第二个想法是制造带序列号的、无法复制的货币，也就无法造假。跟瑞夫·默克勒一样，从他的教授到同事，几乎谁都不能理解也无法相信威斯纳，他的论文也一再被科学期刊退稿，直到1983年才终于发表。

292

　　有那么一个人倒是真心欣赏威斯纳的论文，他就是查尔斯·本尼特（Charles Bennett）。本尼特和威斯纳还在布兰戴斯大学读本科的时候就认识，在最后选定计算机科学之前，本尼特还攻读过化学、物理和数学。因此，他是能理解量子密码学的理想人选。在他们职业生涯的某个时候，威斯纳向本尼特展示了他手稿的副本。跟威斯纳期待的一样，本尼特一下子就着了迷。接下来他断断续续想着这个事儿想了十年左右，但是他也不知道有了这些想法之后究竟该做些什么。直到1979年他参加一个会议，在酒店海滩上碰到了吉勒·布拉萨德（Gilles Brassard）。本尼特知道布拉萨德在会议上有个密码学讲座，立马就开始跟他聊威斯纳的想法。布拉萨德在马丁·加德纳的一篇专栏里读到过关于本尼特工作的报道，但是完全没办法将这个名字跟在海滩上游泳的这个人联系起来。最终两人不打不相识，并开始一起研究量子密码学，造就了BB 84协议和其他成果。

　　BB 84协议得名于本尼特和布拉萨德的名字以及该协议首次发表的年份，这是个密钥协议系统，跟威斯纳的系统很像，是用偏振光子传递信息。你可以将光子的偏振看成光子振动的方向，如果光子平行于地面向你飞来，从你的角度观察，它可以左右振动，也可以上下振动，还可以是这两者之间的某个方向。（图9.15）要检测光子的偏振，我们需要偏振滤光片。偏振滤光片的设计使得只有与其偏振方向相同的光子才能通过该滤光片。因此图9.16中，只有竖直方向振动的光子通过了滤光片，水平方向的就不行。

293

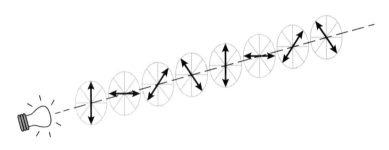

图 9.15　偏振光子

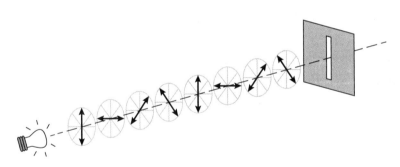

图 9.16　偏振光子射向滤光片

　　有意思的地方在于如果光子的振动方向是斜的，比如45°角的时候会发生什么。根据量子物理，我们可以把斜向振动看成是竖直振动状态和水平振动状态的叠加。至于滤光片，可以看作会使光子随机坍缩为其中一个状态。因此，如果有大量光子斜向偏振，就会有一半穿过滤光片，一半被拦截，这个结果也还不算意外。但是你可能会觉得穿过去的光子仍然得是斜的，要不就是强度会减半，或是别的什么类似的状态，但这个感觉大错特错。只要光子能穿过竖直的偏振滤光片，它看起来就会跟别的竖直偏振光子一模一样。没办法弄清楚它到底一开始就是竖直偏振的，还是由斜向偏振坍缩而来。同样，如果光子没

能穿过，也是没办法弄清它到底是水平偏振的，还是也斜向偏振但就是点儿背。图9.17给出的光子跟图9.16一样，但是这些光子试图通过滤光片之后的情形。

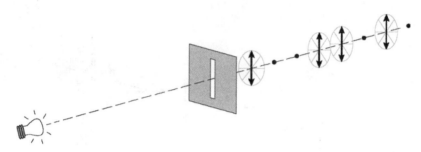

图 9.17　偏振光子穿过滤光片之后

再来一条注意事项我们就万事俱备了。就跟斜向偏振状态可以看成竖直偏振和水平偏振状态的叠加一样，竖直或水平偏振的光子也完全可以看成是两个斜向偏振状态（从左上到右下，以及从左下到右上）的叠加。因此，如果有竖直或水平偏振的光子试图穿过斜向偏振滤光片，那就有一半的机会穿过，一半的机会被拦截，如图9.18所示。如果这个光子顺利过关了，就会跟别的斜向偏振光子没有任何差别。

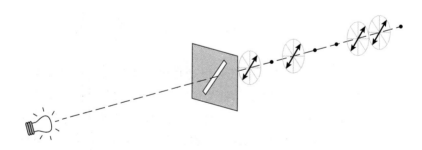

图 9.18　偏振光子穿过斜向滤光片

现在可以来看看BB84协议是怎么回事了。爱丽丝和鲍勃需要有一个通信线路，爱丽丝可以通过这个线路向鲍勃发送单个偏振光子；还需要有一个普通的双向通信方式（不需要是单光子级别的）。伊芙说不定能监听一条或两条线路。爱丽丝首先选定两组随机比特。第一组比特决定爱丽丝是用竖直和水平体系还是斜向体系，前者我们用⊞表示，后者则用⊠表示。在⊞体系中，竖直偏振光子（↕）用来代表1，水平偏振光子（↔）代表0。而在⊠体系中，左下 — 右上偏振光子（↗）代表1，左上 — 右下偏振光子（↘）代表0。第二组随机比特决定用选定的体系发送什么数字。接下来的例子中，我不打算列出第一组比特，因为只需要关注选中的体系。

295

爱丽丝的体系	⊠	⊠	⊠	⊠	⊞	⊞	⊞	⊠	⊞	⊠
爱丽丝的比特	0	1	0	0	0	0	0	1	0	0
爱丽丝的光子	↘	↗	↘	↘	↔	↔	↔	↗	↔	↘

现在鲍勃也来选定一组随机比特，并用这组比特来选择用什么体系也就是什么偏振滤光片来探测光子。如果对有些光子，鲍勃的体系跟爱丽丝的一致，鲍勃就能正确探测到这些光子，并将其转换回正确的比特数值。如果不一致，光子就会随机坍缩到某个状态，鲍勃得到的比特值也就是随机的，这个值跟爱丽丝的可能一样也可能不一样。

爱丽丝的体系	⊠	⊠	⊠	⊠	⊞	⊞	⊞	⊠	⊞	⊠
爱丽丝的比特	0	1	0	0	0	0	0	1	0	0
爱丽丝的光子	↘	↗	↘	↘	↔	↔	↔	↗	↔	↘

鲍勃的体系	⊠	⊠	⊞	⊞	⊞	⊞	⊞	⊞	⊠	⊠
鲍勃的光子	↘	↗	↕	↔	↔	↔	↔	↕	↘	↘
鲍勃的比特	0	1	1	0	0	0	0	1	0	0

请记住，在这个阶段爱丽丝和鲍勃谁都不知道有哪些比特被正确接收了。

现在爱丽丝和鲍勃打开他们的双向通信线路。对每个比特，爱丽丝都告诉鲍勃自己用的是什么体系，但不会说出自己发送的是什么数；鲍勃则告诉爱丽丝自己用的是不是同样的体系。如果体系一致，两人就将这个比特保留下来，否则弃之。

爱丽丝的体系	⊠	⊠	⊠	⊠	⊞	⊞	⊞	⊠	⊞	⊠
爱丽丝的比特	0	1	0̸	0̸	0	0	0	1̸	0̸	0
爱丽丝的光子	↘	↗	↘	↘	↔	↔	↔	↗	↔	↘

鲍勃的体系	⊠	⊠	⊞	⊞	⊞	⊞	⊞	⊞	⊠	⊠
鲍勃的光子	↘	↗	↕	↔	↔	↔	↔	↕	↘	↘
鲍勃的比特	0	1	1̸	0̸	0	0	0	1̸	0̸	0

从示例中你也可以看到，偶尔他们也必须扔掉仅仅由于随机概率而确实一致的比特，这也是没办法的事。尽管如此，平均会有一半左右的体系是一致的，所以爱丽丝和鲍勃可以保留大约一半的比特。这些比特随后可以作为隐藏密钥用于安全的、非量子的对称密钥密码，就跟别的密钥协议系统效果一样。要是万一丢掉的比特太多，剩下的不够他们选的对称密钥密码用的，他们可以回到协议，用同样的方法收集更多比特。

如果伊芙一直都在监听这两条通信线路的话会怎样？她同样可以随机选定一组体系，并试着像鲍勃一样检测光子(见下页)。

爱丽丝的体系	⊠	⊠	⊠	⊠	⊞	⊞	⊞	⊠	⊞	⊠
爱丽丝的比特	0	1	0̸	0̸	0	0	0	1̸	0̸	0
爱丽丝的光子	↘	↗	↘	↘	↔	↔	↔	↗	↔	↘

鲍勃的体系	⊠	⊠	⊞	⊞	⊞	⊞	⊞	⊞	⊠	⊠
鲍勃的光子	↘	↗	↕	↔	↔	↔	↔	↕	↘	↘
鲍勃的比特	⓪	①	✗	∅	0	⓪	⓪	✗	∅	⓪
伊芙的体系	⊞	⊞	⊞	⊠	⊠	⊞	⊞	⊠	⊞	⊠
伊芙的光子	↔	↔	↕	↘	↗	↗	↔	↗	↔	↘
伊芙的比特	0	0	1	0	1	0	0	1	0	0

　　她同样可以偷听爱丽丝和鲍勃的对话，从而知道自己的体系有哪些能跟爱丽丝和/或鲍勃的对得上。但是对她来讲，只有那些跟爱丽丝和鲍勃的体系都一致的比特才有用。

爱丽丝的体系	⊠	⊠	⊠	⊠	⊞	⊞	⊞	⊠	⊞	⊠
爱丽丝的比特	⓪	①	∅	∅	⓪	⓪	⓪	✗	∅	⓪
爱丽丝的光子	↘	↗	↘	↘	↔	↔	↔	↗	↔	↘
鲍勃的体系	⊠	⊠	⊞	⊞	⊞	⊞	⊞	⊠	⊠	⊠
鲍勃的光子	↘	↗	↕	↔	↔	↔	↔	↕	↘	↘
鲍勃的比特	⓪	①	✗	∅	⓪	⓪	⓪	✗	∅	⓪
伊芙的体系	⊞	⊞	⊞	⊠	⊠	⊠	⊠	⊞	⊠	
伊芙的光子	↔	↔	↕	↘	↗	↔	↗	↔	↘	
伊芙的比特	0	0	✗	∅	1	⓪	⓪	✗	∅	⓪

　　如果伊芙的跟爱丽丝的体系对上了，但跟鲍勃的对不上，这个比特就得扔掉。而如果鲍勃的跟爱丽丝的对上了，跟伊芙的却对不上，伊芙也完全没办法知道自己的比特是对是错。平均而言，最后爱丽丝和鲍勃会保留的比特当中，伊芙大概能保证正确截获一半左右。就概率来讲，剩下的可能也有一半左右是正确的，但伊芙并不知道到底是哪些，所以那些比特对她来讲还是毫无用处。伊芙已经成功搞到了一半爱丽丝和鲍勃的有效密钥，但只要爱丽丝和鲍勃考虑到了这一点，

他们还是能有恃无恐。

实际上，对伊芙来讲情况远比我们看到的还要糟糕。我没有考虑
297　伊芙用错误的探测器拦截光子时，光子会坍缩成另一种状态的问题，
这会影响鲍勃接收的结果。所以实际发生的是像下面这样的情形：

爱丽丝的体系	⊠	⊠	⊠	⊠	⊞	⊞	⊞	⊠	⊞	⊠
爱丽丝的比特	[0]	[1]	0̸	0̸	[0]	[0]	[0]	X̸	0̸	[0]
爱丽丝的光子	↘	↗	↘	↘	↔	↔	↔	↗	↔	↘
鲍勃的体系	⊞	⊞	⊞	⊠	⊠	⊞	⊞	⊠	⊠	⊠
鲍勃的光子	↔	↔	↕	↘	↗	↔	↔	↗	↔	↘
鲍勃的比特	0	0	X	0̸	1	[0]	[0]	X	0̸	[0]
伊芙的体系	⊠	⊠	⊞	⊞	⊞	⊞	⊞	⊞	⊠	⊠
伊芙的光子	↘	↘	↕	↔	↕	↔	↔	↕	↘	↘
伊芙的比特	[0]	[0]	X	0̸	[1]	[0]	[0]	X	0̸	[0]

伊芙如果猜错了体系，光子就会坍缩，那么有一半的机会鲍勃收
到的光子是不对的。如果爱丽丝和鲍勃有理由认为伊芙可能在偷听，
他们只需要选定一组理应一致的随机示例比特，并在公共信道披露
出来。如果这组比特确实一致，他们可以把这些比特扔掉，并用剩下
的部分做密钥：要么伊芙确实没有偷听，要么就是她运气实在太好了。
如果这组比特不一致，那伊芙肯定在偷听，爱丽丝和鲍勃得重新开始，
或是去找另一条通信线路。

BB 84 发表后的 5 年里，量子密码学领域并没有什么动静。最终
本尼特和布拉萨德决定，他们得为这个体系创建一个真正能用的原型，
好让人们认真看待他们的想法。在三名学生的帮助下，本尼特和布拉
萨德于 1989 年 10 月下旬破天荒地执行了第一个量子密码学密钥协议，
这也正是两人初次会面十周年的时候。量子传输的距离只有 32.5 厘

米，因此并没有多少实用价值，但他们证明了可行性。

本尼特和布拉萨德求仁得仁，研究人员开始对他们的想法感兴趣，人们也很快开始在实用层面上构建系统。2014年，来自日内瓦大学和康宁公司的一个团队已经能通过长达307千米的光缆实施量子密钥分发协议，对目前正在使用的几乎所有光纤网络来说，这个距离都足够实际应用了。隐藏密钥比特每秒能生成12700个，就算是一次性密码本系统可能都够用。另外在2006年，来自欧洲和亚洲多个研究所的一个团队，在加那利群岛相距144千米的两个岛屿之间，用激光传输露天实现了BB84协议。研究人员认为，这次成功有理由与地面和低轨道卫星之间的传输相比拟，虽然到卫星的距离会更长，但大气中的干扰应该更少。

甚至在这些实验之前，早在2004年4月21日就有了量子密码学商业可能性的演示 ——尽管实际上可能比真正的使用情景更具戏剧性。当时第一个量子密码学保护下的银行转账，从奥地利维也纳市政厅转到了奥地利联合信贷银行在本市另一个地方的总部。必需的光缆长约1.5千米，特别铺设在维也纳的下水管道系统中。现在有几家公司有在售的或研发中的量子密码学设备，量子密码学保护下各式各样的多功能计算机网络也由美国、奥地利、瑞士、日本、中国等国家的研究人员建立起来了。以日本的网络为例，该网络有6条线路，长度从1千米到90千米不等。2010年，每秒生成304000比特的隐藏密钥被用于在其中一条45千米长的线路上加密直播视频，用的密码是一次性密码本。当时传输需要的昂贵设备可能对很多组织机构的安全需求来说都不够值当，但到了2013年，俄亥俄州一家非营利研发承包商安装了一套系统，号称是美国第一套商用量子密钥分发系统（QKD）。其中一位研究人员表示："我不知道是不是人人都会（采用QKD），但我确实觉得那些资料价值很高的公司和组织会的。"

当然，采用量子密码学并不意味着密码分析就再也没有用武之地了。本书讨论过的绝大部分密码分析攻击都落入了有时会叫作纯密码

分析的范畴。这个术语的定义很松散，涉及的技术在考虑明文和/或密文（有时也包括明文所使用的语言）之外，只需要很少的（或根本不需要）其他信息。对初学者来说，这就排除了可能字攻击，这种攻击方法通常要求伊芙不但知道消息本身，还得知道消息上下文的一些信息。纯密码分析同样假定伊芙无从了解爱丽丝和鲍勃的加密技术或机器的内部运作，只能看到输入和输出。最后，纯密码分析还假设爱丽丝以及她所用的任何机器都完全按照设计好的方式进行加密。利用加密进程内部运作的信息（包括爱丽丝可能的失误或伊芙强加的错误）发起的密码分析攻击，叫作实现攻击。

人们普遍认为，如果伊芙没有任何途径得知爱丽丝和鲍勃所用设备的内部运作，一切运转也都符合预期，那么伊芙无论怎么努力，BB 84 都固若金汤。但有一件事并不总能如人所愿，那就是建造能确保每次都正好只产生一个光子的发射器。很多系统用的都是非常弱的激光，在激发时经常发不出来光子，有时候能产生一个光子，偶尔还会产生多个光子。如果一个脉冲没有光子，鲍勃就收不到任何信息，他和爱丽丝就得一起将这个比特扔掉，就好像鲍勃选检测体系没选对一样。如果一个脉冲有多个光子，这些光子就会以同样的方式偏振，那究竟有多少个以及鲍勃检测到的是哪个就无关紧要了。

然而，伊芙可以利用光子数量的这种变化，发起光子数分束攻击。这种攻击的基础是，尽管伊芙要得知光子的偏振就必须干扰光子，但她可以不改变光子的偏振就决定一个脉冲中光子的数目。因此，如果爱丽丝的激光发送的光子不止一个，伊芙就可以十分小心地分出一个光子来，再将剩下的发给鲍勃。因为现实世界中有的光子在传输时就是会消失不见，爱丽丝或鲍勃可能根本不会察觉伊芙的所作所为。伊芙可以将她捕获的光子存在某种量子存储设备中，直到自己有机会听到爱丽丝和鲍勃交流检测体系，这样她就可以用正确的检测体系来检测正确的光子了。

只利用偶发的多光子脉冲并不能让伊芙得到密钥中的多少比特，

但情况还会变得更糟。伊芙还可以就把单光子脉冲部分或全部屏蔽掉，爱丽丝和鲍勃同样没法知道这究竟是有人故意的，还是遭遇了偶然损失。如果伊芙屏蔽了该屏蔽的单光子脉冲，也拦截了该拦截的多光子脉冲，她就能得到大部分甚至全部爱丽丝和鲍勃的最终密钥，同时爱丽丝和鲍勃还都蒙在鼓里。

300

爱丽丝和鲍勃也有一些办法来防御这种攻击，包括开发更好的光子发生器，以及对 BB84 做出改进。另一种很有希望的防御方法用的是假脉冲，就是爱丽丝故意制造出比正常情况更多或更少的光子。在发送光子时，爱丽丝除了发送正常情况下会用于计算出密钥的常规脉冲，还在常规脉冲之间随机掺杂一些假脉冲。到爱丽丝和鲍勃进行双向非量子通信时，除了说出偏振体系，爱丽丝还会告诉鲍勃哪些脉冲是假的。如果伊芙正在发起量子数分束攻击，那么假脉冲在传输中折损的比例就会跟常规脉冲折损的比例不同。如果差别够大，爱丽丝和鲍勃就能得出结论说伊芙在偷听，并采取适当措施。

量子数分束攻击本质上是一种被动攻击，伊芙在实施中对爱丽丝和鲍勃通信的干扰是最小的。另外还有一些对量子密码学的攻击方式，同样利用了爱丽丝和鲍勃所用设备的特性，但是要求伊芙对爱丽丝和/或鲍勃的设备乃至通信线路有更多主动干扰。这类主动攻击有很多都已经证明可成功用于商业性的在售系统。例如在明亮照明攻击中，伊芙用特别定制的明亮激光脉冲攻击鲍勃的检测器，特定检测器会被弄"瞎"，甚至会被骗得以为正在接收爱丽丝的光子。

9.4 展望

埃德加·爱伦·坡（Edgar Allan Poe）有一句名言："大体上可以断言，人类的聪明才智无法创造出人类自身无法破解的密码。"理论上可以证明他是错的：只要是在适当的情形下，正确执行像是一次性密码本以及 BB84 协议这样的技术，那么可以证明这些技术在伊芙的任何攻击手段面前都是安全的。但是在实际生活中，爱伦·坡无疑是

对的。每当"坚不可摧"的系统投入实际应用，总会有某种始料未及
301 的厄运出现，最终给了伊芙趁虚而入的机会。只要人们还在试图发送
秘密消息（这是肯定的），编码学家和密码分析人员之间的赛跑就还
会继续。而且，只要人们还在热衷于权势、金钱、关系，等等，我也敢
302 肯定，秘密消息就还会存在下去。

符号列表

备注：某些符号（如 C、P、k 等）使用极为频繁，因此我只列出了第一个或头几个例子。

A	爱丽丝在不同协议中的公开信息
B	鲍勃在不同协议中的公开信息
C	代表密文的数字
$C_1, C_2, \ldots$	在多字密码中代表密文字母的数字
G	椭圆曲线上能生成该曲线上大量点的一点
M	代表待签名消息的数字
P	代表明文的数字
P, Q, R	椭圆曲线上的点
$P_1, P_2, \ldots$	多字密码中代表明文字母的数字
R	贾迈勒加密的暗示
S	代表消息数字签名的数字
$\phi(n)$	n 的欧拉 ϕ 函数
σ	数字签名的私人签名密钥
a	爱丽丝在不同协议中的秘密信息
b	鲍勃在不同协议中的秘密信息
d	不同密码的解密指数
e	不同密码的加密指数
f	椭圆曲线上以某素数为模的点数
g	以某素数为模的生成元
k	对称密钥密码的密钥
$k_1, k_2, \ldots$	在多字密码中代表密钥各部分的数字

续表

m	另一对称密钥密码的密钥	
n	合数模	
p	素数	
q	另一素数	
r	贾迈勒加密的随机现用值	
v	数字签名的公开验证密钥	

注 释

前 言

xi　"每一个方程式都会让图书的销量减半"：史蒂芬·霍金（Stephen W. Hawking），《时间简史：从大爆炸到黑洞》。[1]

xi　"数学和一团乱麻"：J.W.S."Ian"Cassels（1922—2015），剑桥大学纯数学系前系主任，引自 Bruce Schneier, Applied Cryptography, 2d ed. (New York: Wiley, 1996), p. 381.

第一章　密码和替换密码

1　"代码由……"：David Kahn, The Codebreakers, rev. ed. (New York: Scribner, 1996), p. xvi.

2　"很可能最开始并不是恺撒发明的"：Edgar C. Reinke, "Classical cryptography," The Classical Journal 58:3 (1962).

2　"他（恺撒）除了……"：Suetonius, De Vita Caesarum, Divus Iulius (The Lives of the Caesars, The Deified Julius; c. 110 CE), paragraph LVI.

2　x 变成 A：实际上，恺撒的罗马字母表既没有 w 也没有 z，但思路是一样的。

2　"你也有份吗布鲁图"：拉丁原文为 "Et tu, Brute," in Latin. William Shakespeare, Julius Caesar (1599), act 3, scene 1, line 77.

3　"高斯将'绕回去'理论化"：见 In Carl Friedrich Gauss, Disquisitiones arithmeticae (New Haven and London: Yale University Press, 1966), Section I.

3　"把字母变成数字"：请注意，据我们所知，在高斯身后又过了数十年，才有人将模运算应用于密码学。有证据表明，查尔斯·巴贝奇（在第二章将出现数次）从 19 世纪 30 年代开始有上述应用。（Ole Immanuel Franksen,《巴贝奇与密码学》，或《海军少将蒲福密码之谜》，*Mathematics and Computers in Simulation* 35:4 (1993),pp. 338—339）似 乎 是 Marquis Gaëtan Henri Léon de Viaris 于 1888 年最早在出版物中涉及模方程与密码学，他也因发明了最早的印刷密码机器而知名。（Kahn, *The Codebreakers,* p. 240.）

---

[1] 本书的中文版已由湖南科学技术出版社出版。

2—3 译成密码（encipher）与解回明文（decipher）：解码（decode）和解密（decrypt）的定义与此类似。请注意，现代密码学家会说成密码分析的地方，有些以前的著作用的是解密。这种旧式用法在某些别的语言中也是标准用法，因此从翻译成英文的著作中也会看到这样的说法。

4 在恺撒看来：也有证据表明，恺撒有时也用移位并非为 3 的密码，以及其他更加复杂的密码。（Reinke, "Classical cryptography."）

4 "系统必须……"：Auguste Kerckhoffs, "La cryptographie militaire, I," Journal des sciences militaires IX (1883).

4 主要用于军事和政府：从科克霍夫文章的标题你大概也已经猜到了，这句话同样出自 La Cryptographie Militaire（《军事密码学》）。

4 不将你的系统保密带来的优势：让你的系统公开还有另一个优势，这个优势最近已经得到广泛认可。试用同一系统的人越多，系统的任何缺陷被发现的可能性就越大。同样的基本思路也是开源软件运动的重要组成部分。

5 奥古斯都的系统：Suetonius, The Divine Augustus, 第 LXXXVIII 段。

5 移位式密码，或加法密码：很多密码都不止一个名称，尤其是如果这种密码既能用模运算也可以不用模运算来描述的话。通常我会用涉及模运算的术语，除非我打算说明别的问题。

7 乘法密码：乘法密码实际上只是抽取法的另一个名称。

10 向左移动 k 个字母：或者也可以向右移动 $26 - k$ 个字母，因为 $26 - k \equiv -k \pmod{26}$。

11 $\bar{3}$：实际上这个数字并没有单一的标准符号，$\bar{3}$ 和 3^{-1} 都很常见，而高斯就把这个数字叫作 ⅓ (mod 26)。(Gauss, Disquisitiones arithmeticae, Article 31.)

17 埃特巴什码：在希伯来字母表中，第一个字母为 aleph，加密后变成最后一个字母 tav；第二个字母 bet，加密后变成倒数第二个字母 shin。而在希伯来文中这四个字母会拼成 atabash。

17 耶利米书中的埃特巴什码：Kahn, The Codebreakers, pp. 77—78. 埃特巴什码在丹·布朗的《达·芬奇密码》中也有一定戏份。(Dan Brown, The Da Vinci Code, 1st ed. (New York: Doubleday, 2003), Chapters 72—77.)

18 肯迪：Ibrahim A. Al-Kadi, 《密码学起源：阿拉伯人的贡献》, Cryptologia 16 (1992).

20 希尔密码：Lester S. Hill, "Cryptography in an algebraic alphabet," The American Mathematical Monthly 36:6 (1929)

24 仿射希尔密码：因为加法这一步对每个字母的操作都是独立的而且各不相同，这步操作也可以看成是我们在第二章会见到的多表密码的例子。

24 最常见的两个字母的组合：Paker Hitt, Manual for the Solution of Military Ciphers (Fort Leavenworth, KS: Press of the Army Service Schools, 1916),

24　　最常见的三个字母的组合：Hitt, *Manual*, Table V.

24　　希尔的机器：Louis Weisner 及 Lester Hill，"信息保护者"，美国专利号 1845947，1932 年。http://www.google.com/patents?vid=1845947

24　　多表替换密码与机器设备：德国军队在第二次世界大战中使用的恩尼格玛密码机就是这种机器，在 2.8 节可以读到更多细节。

24　　重新变得极为重要：4.5 节可以看到例子。

26　　几乎和破解一样简单：仿射希尔密码有 6 个密钥数字，因此伊芙需要 6 个方程，　306　也就是 3 组明文。一般地，在破解仿射希尔密码时，伊芙需要的明文模块的数量为模块大小加 1，因此仿射希尔密码的改进并不大。

第二章　多表替换密码

29　　阿拉伯同音密码：Al–Kadi，"Origins of cryptology."

29　　曼托瓦同音密码：Kahn, *The Codebreakers*, 107.

31　　元音字母的同音密码：Kahn, *The Codebreakers*, 108.

32　　英语文本的预期频率：Henry Beker and Fred Piper, *Cipher Systems* (New York: Wiley, 1982), Table S1.

32　　威廉姆·弗里德曼：《破译紫色密码的人》，Ronald William Clark, *The Man Who Broke Purple: The Life of Colonel William F. Friedman, Who Deciphered the Japanese Code in World War II* (Boston: Little Brown, 1977).,

33　　伊丽莎白·弗里德曼：伊丽莎白·史密斯·弗里德曼（Elizebeth Smith Friedman）名字的第三个音写作 e（更常见的写法是写作 a），是因为她妈妈不想让孩子的小名成为 Eliza。Clark, Man Who Broke Purple, p. 37.

34　　威廉姆·弗里德曼与重合指数：重合指数的概念毫无疑问是弗里德曼首先提出的，但也应该指出，此处给出的版本是由其助手所罗门·库尔巴克（Solomon Kullback）表述的。

35　　26 个字母的字母表：如果所处理的密文字母数量不同，那么具体数字会有变化，但基本思路不变。

35　　不要再次选取同一个 A：如果允许两次都选同一个字母可就太不公平了，因为这两个字母当然会一致。在我们前面考虑的例子中，文本量非常大，因此同一个字母会被选中两次的概率很低，可以忽略不计。

35　　φ 检验：William Friedman, 弗里德曼和库尔巴克用希腊字母 φ 表示重合的实际数字，这也是我们这个重合指数的分子，亦即将指数乘以 322 ×321。

35　　简单替换密码：明文来自马克·吐温《汤姆·索亚历险记》第二章。

36　　同音密码：明文来自马克·吐温《汤姆·索亚历险记》第五章。

36　　欧洲的频率分析：这一技术可能很早就为人所知但并未公开。Kahn, *The Codebreakers*, p. 127.

37　52 格：阿尔伯蒂用的拉丁字母表有 24 个字母，他还有一些格子是用作代码的数字。为重点关注这台机器的多表特性，上述情况我均未涉及。

37　"不是正常顺序……"：Kahn, *The Codebreakers*, p. 128.

37　密文字母表：这是我们前面见过的乘法密码。

39　阿尔伯蒂密码的缺陷：Kahn, *The Codebreakers*, p. 136.

39　先做加法，后做乘法：我将此处留给有兴趣的读者作为练习。可以证明，这里实际上是个 $kP + m$ 密码，只是如果你先乘后加，得到的结果会有所不同。在 3.3 节我们会看到更多此类情形。

39　第一部印刷出来的关于建筑学的著作：*De Re Aedificatoria*, 出版于 1485 年。

40　特里特米乌斯那些奇怪的作品：例子可参见 Thomas Ernst "The numerical-astrological ciphers in the third book of Trithemius's Steganographia," *Cryptologia* 22:4 (1998); Jim Reeds, "Solved: The ciphers in book III of Trithemius's Steganographia," *Cryptologia* 22:4 (1998).

40　回到起点：实际上特里特米乌斯没有用最后一行，但稍后我们会用到。

41　特里特米乌斯的其他表格：C. J. Mendelsohn, "Blaise de Vigenère and the 'Chiffre Carré,'" *Proceeding of the American Philosophical Society* 82:2 (1940), p. 118.

41　贝拉索的生平：Augusto Buonafalce, "Bellaso's reciprocal ciphers," *Cryptologia* 30:1 (2006).

41　贝拉索的密钥字母：多数现代作者会将明文字母表这一行标记上密钥 a，并去掉最后一行。为什么在这里我没有这样写，很快就会一清二楚。无论如何，贝拉索早已心知肚明，密钥字母怎么排列都无关紧要。

42　"tre teste di leone" [2]：贝拉索家族的纹章为"Azzurro a tre teste di leone d'oro poste di profilo e linguate di rosso"（蓝色区域内有三个红舌金狮头的侧面像），Augusto Buonafalce, "Bellaso's reciprocal ciphers."

43　密钥数字与明文数字相加：换句话说，加密方程就是 $C \equiv P + k \pmod{26}$，对反转表格来说则为 $C \equiv k - P \equiv 25P + k \pmod{26}$。

43　"穿着他的衣服招摇过市……"：Buonafalce, "Bellaso's reciprocal ciphers."

43　表格法与重复密钥密码的结合：到底是谁最早想到这种结合的还没有完全厘清，很可能还是贝拉索想到的，但他很快放弃了这一想法，转而选择了更复杂的系统。

45　密文字母实际上也是随机的：在 5.2 节我们会看到这一点的更多应用。

45　巴贝奇：Franksen, "Babbage and cryptography."

45　卡西斯基：Kahn, *The Codebreakers*, p. 207.

46　因数：因数与除数的含义完全一样，但出于某种原因，因数一词在讨论卡西斯基检验时更为常用。

307

---

[2] 该页所用密钥短语，为意大利语，大意为"三个狮子头"。——译者注

48　κ检验：弗里德曼实际上将 κ 检验用于解开稍有不同的另一密码，在 5.1 节我们会看到这一应用。

48　"这里有只爱德华熊……"：A. A. Milne, *Winnie-the-Pooh*, reissue ed (New York: Puffin, 1992), Chapter 1.

48　"小猪仔住在……"：Milne, *Winnie-the-Pooh*, Chapter 3.

49　没什么特别的理由说不是随机的：两道密钥不同的密文重合的概率并非完全随机，但对这个检验来说足够接近了。

50　重合概率的百分比：请注意，在明文的选择上我们实在是运气很好。50 的 3.8% 约为 2，50 的 6.6% 则约为 3，二者差别很小，不足以在正常误差范围内可靠区分这两种情况。所用文本应该至少有 100 个字母，两到三倍更好。

308

50　明文滑动 4 位：上面那一行文本结束时我也"绕回开头"了，这对我们的论证没有影响，但会让可资比较的文本更长一点。

50　别的常见含义："滑动"通常指用于不同种类的替换密码的一种特殊设备，"移位"一词则通常用于加法密码。

53　把频率加起来：William Friedman, *Military Cryptanalysis. Part II, Simpler Varieties of Polyalphabetic Substitution Systems* (Laguna Hills, CA: Aegean Park Press,1984), pp. 21, 40. 实际上，这是 χ 检验的特殊情形之一，我们在 5.1 节会见到（并证明）这种检验。

55　蛮力搜索：只要伊芙的选择相对有限，那么是不是加法密码都不太重要。

55　多表密码：明文来自路易斯卡罗（Lewis Carroll）的《爱丽丝漫游仙境》第一章。

57　巴贝奇：Franksen, "Babbage and cryptography," p. 337. 破解重复密钥加密的多重乘积密码有一种更现代的手段，涉及用密钥之一的长度叠置，然后观察列之间的"区别"。密钥之一会抵消，剩下的是用同一密钥加密的明文之间的区别。与 5.1 节那些相关的技巧可以用于分析区分出来的明文，并提取出第二个密钥。完整描述可参看……

58　哈格林：Kahn, *The Codebreaker*, p. 425—426

58　M-209 的使用：Robert Morris, "The Hagelin cipher machine (M-209): Reconstruction of the internal settings,"*Cryplologia* 2:3 (1978) 中说道："20 世纪 50 年代初以前，这种机器都一直在美国军队中广泛用于战略目的。"

60　不活跃位置的凸起：实际上在我见过的 C-362 的图片中，这一点并不是特别清晰。(Jerry Proc, "Hagelin C-362," http://www.jproc.ca/crypto/c362.html.) how many, if any, inactive positions there are. In fact, there seem to have been several different versions of the C-36, which may have had different numbers of lugs and/or positions. The M-209 definitely had two inactive positions.

61　C-36 重复密钥替换密码：严格说来最早的替换密码是用反转表格实现的，后来的则是表格法。更重要的一点在于，乘积密码仍然是重复密钥密码，实际上这还是一种交互反转表格密码。

61   销钉与凸起的设置：这里用的是带有固定凸起的 C–36 的实际凸起设置，参见 http://fredandre.fr/c36.php?lang=en.

62   "bor，bork，bork！"（该页示例中的明文）：ABC，"The Muppet Show: Sex and Violence，" Television, 1975.

62   C–36 的密钥设置：严格来讲，可以让转轮的初始位置不变，用销钉全部可变来补足。但是改变初始位置要容易得多，因此通常都用这个方法来让密钥产生额外变化。

63   对活跃销钉在统计上加以区分：方法之一是用我们将在 5.1 节见到的 χ 检验。

63   对哈格林密码机的唯密文攻击：Wayne G. Barker, *Cryptanalysis of the Hagelin Cryptograph* (Laguna Hills, CA: Aegean Park Press,1981), 特别是第五章；以及 Beker and Piper, *Cipher Systems*,2.3.7 节中确定凸起设置的方法稍有不同。

63   对哈格林密码机的已知明文攻击：*Cryptanalysis of the Hagelin Cryptograph* 特别是第六章；以及 Beker and Piper, *Cipher Systems*, 的 2.3.5 ～ 2.3.6 节；后者沿袭了 Morris, "The Hagelin cipher machine."。Barker, *Cryptanalysis of the Hagelin Cryptograph*, 中也有另外几种攻击，分别利用了不同类型的信息。

64   最近的研究：Karl de Leeuw, "The Dutch invention of the rotor machine, 1915—1923," *Cryptologia* 27:1 (2003).

64   另外四人：关于这四位的时间顺序，可参看 Friedrich L. Bauer, "An error in the history of rotor encryption devices," *Cryptologia* 23:3 (1999)。但是请注意，该文写于凡·亨格尔和斯宾格勒的作品曝光之前。

64   有证据表明科赫搞到过……：de Leeuw, "Dutch invention."谢尔比乌斯在提交自己的专利文件之前是否见过荷兰的专利申请，在我看来尚未水落石出。

64   独立发明：特别是达姆的转子机，跟其他人的转子机工作方式都有所不同。可参看 for example, Friedrich Bauer, Decrypted Secrets,3rd, rev., updated ed. (Berlin [u.a.]: Springer, 2002), Section 7.3.

64   乘法密码用于转子机：没有什么特别的理由要将乘法密码用在转子机上，反而是有理由不要这么做：对初学者来说这些还不够。不过，乘法会让公式书写变得更简单，基本原理也没有太大区别。

65   从这个过程得到的公式：如果你想简化公式，就会发现实际上这是一个仿射密码，不过对本文来说这一点并不重要。

66   每 26 个字母：请注意，德国著名的恩尼格码转子机的大多数版本，运转都比这里复杂得多。欲了解部分种类的恩尼格码密码机及相互区别，包括转子运转的区别，可参看 Geoff Sullivan, and Frode Weierud, "Enigma variations: Anextended family of machines," *Cryptologia* 22:3 (1998).

68   公式嵌套：如果所用的转子布线更复杂，方程也会更加复杂。你也许会试着用乘法来简化方程，但对更实用的系统根本做不到。

70　恩尼格码的密钥设置：后期的复杂设置还包括多达 8 个转子，其中有 3 个（有的情况下是 4 个）会被选中，可旋转 / 可重新设置的反射器，还有机制的变化，用于确定在第一次转动之后多久再转下一次。

70　恩尼格码：关于恩尼格码及其早期历史，已有很多精彩叙述。我曾参考过的 包 括 Those that I have consulted include Józef Garliński, The Enigma War: The Inside Story of the German Enigma Codes and How the Allies Broke Them, hardcover, 1st American ed. (New York: Scribners, 1980), Chapters 1—2 and Appendix; Bauer, Decrypted Secrets, Section 7.3; and Konheim, Cryptography, Sections 5.6—5.7.

310

70　确定转子布线：Kahn, The Codebreakers, pp. 973—974; 亦可参看 Garliński, Enigma War, Appendix; and Bauer, Decrypted Secrets, Section 19.6。还有很多其他方法，被设计用于多多少少有些特殊的情形。

71　确定密钥设置：Kahn, The Codebreakers, pp. 975—976 关于可能字攻击，可以参看 Garliński, Enigma War, Appendix; and Bauer, Decrypted Secrets, Section 19.6。波兰和英国研发出了一些现代计算机非常重要的前身，用于执行必要的蛮力搜索。

71　可能字：关于这一技术，更多信息可参阅 5.1 节。

71　对转子机的现代攻击：See Konheim, Cryptography, Sections 5.4—5.5 and 5.8—5.9 for details.

71　凡·亨格尔与斯宾格勒：de Leeuw, "Dutch invention."

72　赫伯恩：Kahn, The Codebreakers, pp. 417—420.

72　谢尔比乌斯：Kahn, The Codebreakers, pp. 421—422; David Kahn, Seizing the Enigma, 1st ed. Boston: Houghton Mifflin, 1991, pp. 31—42.

72　发明人获利甚微：另一种著名的转子机是英国的 Typex，明显是在第二次世界大战恩尼格码密码机的基础上制造出来的。(Louis Kruh and C. A. Deavours, "The Typex Cryptograph," Cryptologia 7:2 (1983).) 同样，苏联于 1956 年引入了自己的 Fialka 转子机。(Paul Reuvers and Marc Simons, "Fialka," http://www.cryptomuseum.com/crypto/fialka/) 据推测，两国均未考虑过补偿转子机最早的发明人。日本在第二次世界大战中用的密码机也是一种转子机，美国称其为"红色密码"，其原理与达姆的发明类似，但更为知名的"紫色密码"用的是另一种思路。日本密码机的更多细节，可参看 Computer Security and Cryptography (Hoboken,NJ: Wiley-Interscience, 2007), Chapter 7.

73　达姆与哈格林：Kahn, The Codebreakers, pp. 425—427.

第三章　换位密码

75　　斯巴达密码棒的真实性：Thomas Kelly，"The myth of the skytale," *Cryptologia* 22 (1998). 也有可能密码棒是真实的，但用法跟这里完全不同。可参看 for instance, Reinke, Classical cryptography.

75　　发送出去的卷轴：Plutarch, Plutarch's Lives (London; New York: Heinemann; Macmillan, 1914), Lysander, Chapter 19.

76　　带话给斯巴达人：希罗多德认为这句话出自赛斯的西蒙尼德。William Lisle Bowles 译，引自 Edward Strachey，"The soldier'sduty," *The Contemporary Review* XVI (1871).

78　　只有四种可能：如果我们用的数字不是像 3 和 11 这样的素数，可能的情形会多一点。你能说出有多少种可能吗？

78　　从矩形中读出信息的方法：Hitt, Manual, Chapter V, Case 1,pp. 26—27.

78　　弗里德曼 1941 年的手册：William Friedman, *Advanced Military.*

79[3]　不允许有任何变形：Hitt, *Manual* Chapter V,Case 1-i,p,29.

80　　"完全不依赖任何密钥"：Hitt, *Manual*, Chapter V, Case 1, p. 30.

80　　阿盖尔伯爵密码：David W. Gaddy, "The first U.S. Government Manual on Cryptography," *Cryptologic Quarterly* 11:4 (1992).

80　　亚伯拉罕·林肯的密码样例：关于这一密码系统起源的细节，可参看 Gaddy, "Internal struggle: The Civil War," pages 88—103 of Masked Dispatches: Cryptograms and Cryptology in American History, 1775—1900, 3rd ed. National Security Agency Center for Cryptologic History, 2013 for more details on the origin of this cipher system.

81　　肯迪的排列密码：Al-Kadi, "Origins of cryptology."

81　　伊本·杜拉辛的排列密码：Al-Kadi, "Origins of cryptology."

81　　伊本·杜拉辛排列密码样例：Kahn, The Codebreakers, p. 96.

81　　"为玫瑰干杯"：Al-Hasan ibn Hani al-Hakami Abu Nuwas, "Don't cry for Layla," Princeton Online Arabic Poetry Project, https://www.princeton.edu/ ~ arabic/ poetry/layla.swf.

82　　用符号表示排列：请注意，有的数学家更喜欢用字母去了哪而非字母从哪来来表示排列。我们会发现本书所用版本更方便，尤其是密码操作会重复或丢弃消息中一些元素的时候，本节稍后和第四章我们都会遇见这种情况。

---

[3] 这条引文的原文页码应为79页，而非80页。——译者注

82　"战斗与宝剑……"：Abu at-Tayyib Ahmad ibn al-Husayn al Mutanabbi, "al-Mutanabbi to Sayf al-Dawla," Princeton Online Arabic Poetry Project, http://www.princeton.edu/ ~ arabic/poetry/al_mu_to_sayf.html.

83　逆排列：注意这里 4132 这个数字又出现了。这可不是巧合，你能找出联系吗？

83　HDETS REEKO NTSEM WELLW：明文来自穆泰奈比，"al-Mutanabbi to Sayfal-Dawla."

84　函数：是的，这里跟你在高中学过的函数概念就是一回事，只不过这里是作用于字母和位置，而不是真正的数字。4.3 节我们会对此进行更多讨论。

84　无用排列：你知道无用排列怎么写吗？

85　扩展函数：其实密码学家经常管这种函数叫"扩展排列"，虽然这种函数并非排列。我觉得叫成"扩展函数"算是折中。

86　压缩函数：又叫压缩排列。

88　排列的乘积不满足交换律：不管当讲不当讲我还是得说，并非所有数学家都按同样的顺序书写排列的乘积。有人喜欢先做右侧的排列，后做左侧的，而不是按本书的方式进行。如果你是这样的人，可不要写信来讨伐我哦！

88　只用扩展函数加密，……除非你真是想潮一把，就像我们在 4.3 节会看到的那样。

90　对应密钥 POERTY 的密码：这里没有搞错，这回密钥单词和排列带来的是同样的数字。你能看出来为什么吗？

92　带密钥的纵行换位第一次出现：John (J. F.) Falconer, Rules for Explaining and Decyphering All Manner of Secret Writing, Plain and Demonstrative with Exact Methods for Understanding Intimations by Signs, Gestures, or Speech . . . , 2nd ed. (London: Printed for Dan. Brown . . . and Sam Manship . . . , 1692), p. 63.　312

92　约翰·福尔克纳：Kahn, The Codebreakers, p. 155.

92　基于带密钥的纵行换位的密码：参见 Kahn, The Codebreakers 中的多种参考文献。

92　快速解密带密钥的纵行换位：注意这里又要用到"鞋袜"原则。爱丽丝不带密钥写下明文，然后用密钥读出密文；鲍勃反向操作这个过程，先用密钥写下密文，再不带密钥读出明文。

96　虚无主义者换位密码：Kerckhoffs, "La cryptographie militaire, I," pp. 16—17. 可不要把虚无主义者换位密码跟虚无主义者替换密码弄混，这是两回事。

96　第二次世界大战中的双重换位：Kahn, The breakers, p. 539. 准确地说，这通常是 104 页补充阅读 3.2 中讲到的"没有完全填满的矩形网格"的变化形式。关于英国和盟军在第二次世界大战中所用密码的更多细节，另请参阅 Between Silk and Cyanide, 1stUS ed (New York: Free Press, 1999) for much more on ciphers used by British and Allied agents during World War II.

97　字母频率是一样的：除了一些非常少见的空白字符。

97　约有 38.1% 会是元音字母：我只把 a、e、i、o、u 算成了元音字母，你可以存疑，但只要你能一以贯之，这个问题真的无关紧要。

98　方差：如果你熟悉标准差，方差就是标准差的平方。不过在我们的情形中，方差用起来更容易。

99　不含 a、e、i、o、u 的十个字母的单词：其实我没能找到任何 10 个字母的单词不含 a、e、i、o、u 的，倒是找到一个 11 个字母的单词，这就是 twyndyllyng，表示"小小双胞胎"的术语，现已废弃。也许你还知道别的？

99　无可救药的混乱排列：如果这是个排列密码而非带密钥的纵行换位，"无可救药的混乱排列"可能是有点过甚其词。最可能的情况是，在每一行密文中我们都将两三行并非连续的明文混在了一起。尽管如此，这种统计学方法还是会起到很大作用。

101　仅有的看起来能跟在第一列后面的：当然我们也得考虑第一列也有可能就是最后一列。这样的话我们可以找找哪一列可以放在第一列前面，或是找到掉过头来（该例中就是将字母都后移一位）之后能跟在它后面的一列。

102　两字母组合的频率：此处我们跟 1.6 节那样，用的是 Hitt, *Manual*, Table IV 中的表格。

102　频率相加：William Friedman, Military Cryptanalysis. Part IV, Transposition and Fractionating Systems (Laguna Hills, CA: Aegean Park Press, 1992), p. 5.

102　从数学上来讲是错的：Friedman，Military Cryptamalysis. Part IV.P.6.

102　采用对数：在 Friedman, *Military Cryptanalysis*. Part IV, p. 6, 中，弗里德曼描述道："这个建议我要好好感谢 A. W. Small 先生，他是这个办公室一位年轻的密码分析师。为了加快和方便拼字过程中列的匹配，要用到制表机器，而这个原则让制表机器成为可能。"现在我们管"制表机器"叫计算机。

103　我们取 log 0.0001：我们不能取 0 的对数，因为 0 的对数无意义。

103　对数权重越是接近 0：因为 0 是 1 的对数。

103　只在第二列出现了：或者如果我们掉个头到下一行，也可以考虑第五列。

103　带密钥的纵行换位密码：明文来自霍华德·罗杰·加里斯（Howard R. Garis）所著《威利叔叔的冒险》（*Uncle Wiggily's Adventures*），(New York: A. L. Burt, 1912), Story I.

103　猜出密钥单词：请注意，这里无法准确说出产生排列的密钥单词究竟是什么。例如，密钥单词 WORD 和 IDEA 就会产生同样的密码，你可以试试看。

105　换位密码的叠置：实际上，将接触法用于排列密码看起来跟我们见过的将叠置用于重复密钥密码非常像，而我们即将看到的多重拼字游戏也会跟我们在 5.1 节将看到的叠置非常像。

106　多重拼字游戏：明文是霍华德·加里斯系列著作的书名。

107　轮转的表格：在行首我们用的是 $k+1$ 而非 k，这样"没头脑密钥"就是 $k=0$，用起来很方便。

107　马德里加：W. E. Madryga, "A High Performance Encryption Algorithm," in Proceedings of the 2nd IFIP International Conference on Computer Security: a Global Challenge, edited by James H. Finch and E. Graham Dougall (Amsterdam: North-Holland, 1984).

107　RC5：Ronald L. Rivest, "The RC5 encryption algorithm," in Bart Preneel (ed.), Fast Software Encryption (Springer Berlin Heidelberg, 1995).

107　RC6：Ronald L. Rivest et al., "The Re6™ block cipher,"，NIST，1998 年 8 月，AES 提案系列。顺便提及，RC5 和 RC6 都是罗纳德·李维斯特发明的，到第七章我们会再次见到他。RC6 并非独立发明，在高级加密标准的角逐中进入了决选，到第四章我会详细说说。

107　"大聚会"：Gonzalo Alvarez et al., "Akelarre: A new block cipher algorithm," in 314 Stafford Tavares and Henk Meijer (eds.), Proceedings of the SAC ' 96 Workshop(Kingston, ON: Queen's University, 1996).

107　马德里加缺陷：Alex Biryukov and Eyal Kushilevitz, "From differential cryptanalysis to ciphertext-only attacks," in Hugo Krawczyk (ed.), Advances in Cryptology—CRYPTO '98 (Springer Berlin Heidelberg, 1998).

107　针对 RC5 的攻击：B. S., Kaliski and Yiqun Lisa Yin, "On the security of the RC5 encryption algorithm," RSA Laboratories (September 1998).

107　RC6 与 AES 的比较：James Nechvatal et al., Report on the development of the Advanced Encryption Standard (AES), NIST (October 2000).

107　"大聚会"部分基于 RC5：Alvarez et al., "Akelarre."

108　针对"大聚会"的攻击：Niels Ferguson and Bruce Schneirer, "Cryptanalysis of Akelarre," in Carlisle Adams and Mike Just (eds), *Proceedings of the SAC'97 Workshop* (Ottawa, ON: Carleton University, 1997); Lars R., Kriudsen and Vincent Rijmen, "Ciphertext-only attack on Aklarre," *Cryptologia* 24:2 (2000). 这些论文的第二篇里有实际上能绕开除了轮转之外的所有防线的那种攻击。该论文的早期版本之一题为《对对有时得错》（*Two rights sometimes make a wrong*），因为融合了两个高强度密码结果却很弱。

108　与拼字游戏十分类似的操作：实际上这里更简单，有两个原因。首先，列数已知，而列数可变的密码相对更难应用于计算机；其次，因为我们知道这是个轮转，需要尝试的可能性就少了很多。

第四章　密码与计算机

109　波利比乌斯: Polybius, *The Histories* Cambridge, MA: Harvard University Press, 1922—1927, Book X, Chapters 43—47.

109　用火炬传递代码信息: 这种做法历久弥新,对美国人来说最著名的例子要数"一盏灯陆路,两盏灯水路。"[4]

109　"密码如下……": Polybius, *Histories*, X.45.7—12.

110　波利比乌斯的密码没有密钥: 严格来讲,我们都不知道波利比乌斯对消息能否保密到底有没有兴趣,似乎他最关心的只是快速而准确的长距离传递消息。

112　三进制数字的多个表格: 我们也可以用三维表格,但是要在像本书这样的纸面上印刷出三维表格来可不容易。

112　多位数合并的三进制表格: 以 9 为基数的表格与此相似,这并非偶然,而是来自第 r 行第 c 列的字母对应公式 $r \cdot 9 + c$ 与 $r \cdot 9 + (c_1 \cdot 3 + c_2)$ 之间的相似。

113　现代英语中的例子: 培根在他的字母表中只用了 24 个字母,因为他将 i 和 j 看成一样,将 u 和 v 也看成一样,而且他将起头的 a 看成 00000 而非 00001。他还用符号 a 和 b 来代替 0 和 1。实际上,他究竟有没有将自己这些由 a 和 b 组成的字符串看成数字,并没有人知道。但是,这些字符串的顺序,确实跟今天的二进制数字一致。

113　双格式字母表: Francis Bacon, Of the Advancement and Proficience of Learning (Oxford: Printed by Leon Lichfield, Printer to the University, for Rob Young and Ed Forrest, 1640), Book VI, Chapter I, Part III.

114　高斯与韦伯: William V. Vansize, "A new page–printing telegraph," *Transactions of the American Institute of Electrical Engineers* 18 (1902), p. 22.

114　博多: Vansize, "New page–printing telegraph," p.22.

114　韦尔纳姆的博多码: 精确地说,韦尔纳姆面前的博多码并非原始版本,而是一种修订版。

114　不进位加法: 你要是真有兴趣我还可以告诉你,不进位加法也可以看成是以 2 为模的向量加法。对有计算机编程经验的人来讲,还可以当成是按位异或,也就是 XOR。

115　韦尔纳姆方法: Gilbert Vernam, "Secret signaling system," U.S. Patent: 1310719, 1919, http://www.google.com/patents?vid=1310719.

116　劈腿棋盘: 真实系统通常会根据密钥来混合字母与 / 或数字的顺序。

116　"最有意思也最实用": Friedman, *Military Cryptanalysis*. Part IV, p. 97.

---

[4]　1775 年 4 月 18 日夜间曾于波士顿老北教堂(Old North Church)尖顶短暂悬挂的灯笼信号,用来向对岸的殖民地情报员传递英军进军的消息。情报员一夜疾驰,向波士顿以西通告了这一消息,使殖民地有时间组织起民兵队伍迎战,次日晨即在列克星敦和康科德打响了美国独立战争的第一枪。——译者注

116   GedeFu 18: Michael van der Meulen, "The road to German diplomatic ciphers—1919 to 1945," *Cryptologia* 22:2 (1998), p. 144.

116   称之为ADFGVX: David Kahn, "In memoriam: Georges-Jean Painvin,"*Cryptologia* 6:2 (1982), p. 122. 首次引入时的方阵为 5 × 5, 用到的字母只有 ADFGX。密文字母明显经过挑选, 这是改错的早期例子, 因为这些字母的摩尔斯码差别很大, 不易混淆。

117   通用方法概述: In the original version of M. Givierge, Cours de cryptographie (Paris: Berger−Levrault, 1925).

117   开头或结尾完全一样: Kahn, *The Codebreakers*, p. 344. 用现代术语来讲就是差分攻击, 在4.4 节中我们会再次见到这种攻击。

117   分成多少列: Friedman, *Military Cryptanalysis*. Part IV,pp. 123—124.

118   扩散: C. E. Shannon, "Communication theory of secrecy systems," *Bell System Technical Journal* 28:4 (1949).

118   混淆: Shannon, "Communication theory." 多年来, 混淆的常用定义也经历了一些变化。例如 Schneier, *Applied Cryptography*, p. 237, 中定义为"模糊明文与密文之间的关系", 比如通过替换。

118   避免高频字母聚在一起: 否则就有可能区分出, 密文中哪些字母表示行, 哪些字母表示列。还可以用类似方法将这些信息用于元音字母和辅音字母, 以找出列数。这样你就可以试着将列拼成"双字母"组合, 其 φ 检验重合指数与单表密码的一致。完整描述可参见……

120   "不用那么严谨": Shannon, "Communication theory," p. 712.

121   由密钥 k 决定: 为安全起见, U 和 V 也可以有两个不同的密钥。

122   真正开始思考香农的原则: 至少从公开记录看到的情形是这样。像是国家安全局这样的组织在此期间的所作所为, 我们仍然所知甚少。

122   法伊斯特尔, 1944 年: Steven Levy, *Crypto*, 1st paperback ed (New York: Penguin (Non−Classics), 2002), p. 40.

122   法伊斯特尔, 1944—1967 年: Kahn, *The Codebreakers*, p. 980.

122   可能出于国家安全局的压力: Whitfield Diffie and Susan Landau, *Privacy on the Line*, updated and expanded edition (Cambridge, MA: MIT Press, 2010), p. 57.

124   128 比特: 法伊斯特尔明显有同样考虑, 尽管他同时代的人几乎都认为 64 比特在当时已经绰绰有余。参见 See Horst Feistel, "Cryptography and computer privacy," *Scientific American* 228:5 (1973).

126   32 个 4 比特的组: Feistel, "Cryptography and computer privacy."

127   SP 网络示例: 我得说, 这个例子对于 SP 网络结构有个很小的例外。

127   雪崩效应: Feistel, "Cryptography and computer privacy," p.23.

127　　3 比特的例子：Kwangjo Kim, Tsutomu Matsumoto, and Hideki Imai, "A recursive construction method of S-boxes satisfying strict avalanche criterion," in CRYPTO '90: *Proceedings of the 10th Annual International Cryptology Conference on Advances in Cryptology*, edited by Alfred Menezes and Scott A. Vanstone. (Berlin/Heidelberg, New York: Springer-Verlag, 1991).

128　　128 比特的 S 盒：截至本书写作期间，8 比特 S 盒很常见，16 比特 S 盒也偶有耳闻，但我们会期待，到准备好 128 比特 S 盒的轻松量产和 / 或快速编程的时候，我们就需要有更大的 S 盒了。

128　　与逐轮密钥以 2 为模数相加：偶尔该逐轮密钥是以别的数为模加上去的，或是以别的方式结合进去的。

130　　路西法：Levy, *Crypto*, p. 41. 很明显 Lucifer 一语双关，也代表一个很早的名称 Demon，起初这个名字只是 Demonstration（演示）的缩写，而采用缩写的原因仅仅在于，他们所用的计算机系统无法处理 13 个字母的文件名。

130　　IBM 2984：Diffie and Landau, *Privacy on the Line*, p. 251.

130　　征求提案：实际上在 1973 年第一次征求时，IBM 按兵不动，到 1974 年，IBM 的首席科学家才向国家标准局提供了 DSD-1 作为备选。国家标准局第一次征求得到的回应远未达到标准，因此立即重启了征求程序。Levy, *Crypto*, pp. 51—52.

130　　安全局并不想设计高级加密标准：Diffie and Landau, *Privacy on the Line*, p. 59.

130　　标准局请求帮助：schneier, *applied Cryptography*, p.266

130　　从 128 比特削减到 64 比特：Levy, *Crypto*, p. 58, 引自 IBM 产品开发部门主任 Walt Tuchman,

131　　IBM 也有人怀疑：尤其是领导数学团队的 who headed the mathematical team. Levy, *Crypto,* p. 59.

131　　错误检查机制：又是 Walt Tuchman again. Levy, *Crypto*, p. 58.

131　　48 比特密钥：Thomas R. Johnson, *American Cryptology during the Cold War*,1945—1989; *Book III*: *Retrenchment and Reform*, 1972—1980 (Center for Cryptologic History, National Security Agency, 1995), p. 232. 相关语句摘编自 NSA 网站发布的文字，可参看 http://cryptome.org/0001/nsa-meyer.htm.

131　　差分攻击：Eli Biham and Adi Shamir, *Differential Cryptanalysis of the Data Encryption Standard* (New York: Springer, 1993), p. 7. 这种差分攻击与我们在 4.2 节提到的针对 ADFGVX 密码的攻击有几分类似，尽管高水平的扩散使之施行起来要困难得多。

131　　特别扛得住：Biham and Shamir, *Differential Cryptanalysis*, pp. 8—9.

131　　S 盒重新设计过：Don Coppersmith, by personal email cited in Eli Biham, "How to make a difference: Early history of differential cryptanalysis," slides from invited talk presented at Fast Software Encryption, 13th International Workshop, 2006, http://www.cs.technion.ac.il/ ~ biham/Reports/Slides/fse2006-history-dc.pdf, and publicly in D. Coppersmith, "The Data Encryption Standard(DES) and its strength against attacks," IBM Journal of Research and Development 38:3 (1994).

131 处于保密状态直到再次发现：Coppersmith，"Data Encryption Standard."仍然有人怀疑，国家安全局在 S 盒中设置了某种"后门"使之弱化，但总体来看，密码学界还是接受了 Coppersmith 的说法。

132 加入 P 盒的目的：Schneier, *Applied Cryptography*, p. 271.

134 线性密码分析：Schneier, *Applied Cryptography*, p. 293.

134 这种攻击似乎也不为 DES 的设计人员所知：也有可能他们其实知道，但出于某些原因，他们选择了静观其变。Or if it was, they chose for some reason not to do anything about it. Coppersmith，"Data Encryption Standard."

134 1728 个定制芯片：据电子前线基金会《关于电子前线基金会"DES 黑客"机器的常见问答（FAQ）》，"Frequently Asked Questions (FAQ) about the Electronic Frontier Foundation's 'DES cracker' machine," http://w2.eff.org/Privacy/Crypto/Crypto_misc/DESCracker/HTML/19980716_eff_des_faq.html. 其他资料给出的芯片数介于 1536 和 1856 之间。

134 时间与开支：Electronic Frontier Foundation，"'DES cracker' machine."

135 DES 并非牢不可破：Susan Landau，"Standing the test of time: The Data Encryption Standard," *Notices of the AMS* 47:3 (March 2000).

135 提名请求："Announcing request for candidate algorithm nominations for the Advanced Encryption Standard (AES)," *Federal Register* 62:177 (1997).

135 外国评议人：Susan Landau，"Communications security for the twenty-first century: The Advanced Encryption Standard," *Notices of the AMS* 47:4 (April 2000). AES 遴选程序启动时，向美国之外出口密钥长度超过 40 比特的加密软件（包括 DES）仍然是违法的。但只要是在 NIST 注册并承诺不外传算法的外国公民，NIST 也允许他们获取并运行软件。

135 三次公开会议：其中之一在美国之外的意大利罗马召开。

135 只有一个团队全是美国人：Landau，"Communication security."

135 "莱茵德尔"：你可能也猜到了，密码设计者将他们的名字合起来命名了这个密码。据莱门介绍："如果你是荷兰人、弗拉芒人、印尼人、苏里南人或南非人，你觉得这个词该怎么读就怎么读。要不然的话，你可以读成'Reign Dahl,' 'Rain Doll,' 'Rhine Dahl.'。我们也不挑，只要你没读成 Region Deal 就好。" Vincent Rijmen，"The Rijndael page," http://www.ktana.eu/html/theRijndaelPage.htm. Also quoted in Wade Trappe and Lawrence C. Washington, *Introduction to Cryptography with Coding Theory*, 2nd ed. (Upper Saddle River, NJ: Prentice Hall, 2005), pp. 151—152. Most English-speaking people seem to say "Rhine Dahl," or just "A-E-S."

135　AES 模块大小：最初提交的莱茵德尔的模块尺寸，除了 128 比特还允许 192 比特和 256 比特，但 NIST 决定在标准中去掉这些尺寸。请注意，要让密码更安全，增加模块大小并非必选项。

137　巨大的 P 盒：他们专门引用了在现代密码中执行巨大的 P 盒带来的高昂费用，可参见 See, for example, p. 75 and p. 131 of Joan Daemen and Vincent Rijmen, *The Design of Rijndael*, 1st ed.(Berlin/Heidelberg, New York: Springer, 2002).

137　疏散：这里可以看成是扩散的一种形式，尽管疏散并不带来现在认为是亟须的雪崩效应。这里应该也能让你想起 3.2 节用到矩阵的换位密码。

138　希尔密码加密：AES 设计人员因为扩散（diffusion）而将这种转换叫作 D 盒，Daemen and Rijmen, The *Design of Rijndael*, p. 22. 最后一轮去掉了希尔密码这一步。由于技术原因，这样能使解密算法实施起来更有效率。Daemen and Rijmen, pp. 45—50.

138　DES 的 S 盒是人造的：Coppersmith, "Data Encryption Standard."

139　从别的角度看没那么复杂：结果表明这一点有些争议。AES 的 S 盒面对差分和线性攻击可以提供很好的防护，但也有人提出了其他类型的攻击，可能利用 AES 的 S 盒在更高水平上的简便。可参看 for example, Daemen and Rijmen, *The Design of Rijndael*, p. 156.

140　公开列表：据若昂·德门和文森特·莱门，Rijndael (NIST, September 1999), series AES Proposals. , p. 25, 设计人员使用的列表来自 R. Lidl and H. Niederreiter, *Introduction to Finite Fields* (Cambridge, UK: Cambridge University Press, 1986), p. 378.

140　以 2 为模的素数多项式：多项式即使在普通运算中没有因式，在模运算中也还是可能有因式。例如，$x^2 + 1$ 在普通运算中是素数多项式，但以 2 为模就不是了，因为 $(x + 1) \times (x + 1) = x^2 + 2x + 1 = x^2 + 1$。

140　$x^8 + x^4 + x^3 + x + 1$：Daemen and Rijmen, *The Design of Rijndael*, p. 16.DES 的 S 盒有活板，因此人们认为，只要密码设计人员任意选定了数字、多项式等，做出解释、说明准确出处就相当重要。这有助于令人相信这些设计人员没有留后门。有这种解释的数有时候叫作"和盘托出"数。

141　AES 多项式运算：以素数多项式和素数为模进行的这类多项式运算，专门术语叫作有限域运算。

142　有人担心：Nechvatal et al., "Report on the Development of the AES," p. 28.

142　XSL 比蛮力攻击强不到哪儿去：Carlos Cid and Ralf-Philipp Weinmann, "Block ciphers: Algebraic cryptanalysis and Gröbner bases," in Massimiliano Sala,Shojiro Sakata, Teo Mora, Carlo Traverso, and Ludovic Perret (eds.), *Gröbner Bases,Coding, and Cryptography* (Springer Berlin Heidelberg, 2009), p. 313.

142　未来的多项式攻击：Cid and Weinmann, "Block Ciphers," p. 325.

142　已知密钥和相关密钥攻击：可参阅 Niels Ferguson, et al., *Cryptography Engineering* (New York: Wiley, 2010), p. 55 及该书引用的参考资料。

142　并非总能按其设计正确使用：对可以应用已知密钥攻击的情形，可参见 Schneier, *Applied Cryptography*, p. 447, 而针对 WEP（有线等效加密）算法的相关密钥攻击的例子（这一算法最初是用来保护无线局地计算机网络的），可看看 Ferguson et al., *Cryptography Engineering*, pp. 323—324.

142　2011 年对 AES 的攻击：Andrey Bogdanov, Dmitry Khovratovich, and Christian Rechberger, "Biclique cryptanalysis of the full AES," in Dong Hoon Lee and Xiaoyun Wang (eds.), Advances in *Cryptology—ASIACRYPT* 2011 (Springer Berlin Heidelberg, 2011). 关于这一攻击，有部分报道指出 2^{88} 组文本要全部同时存在一个内存中，因此十分不切实际。但实际上，事实并非如此。

142　相当长的时间：Dave Neal, "AES encryption is cracked," *The Inquirer* (August 17, 2011).

143　重新评估 AES：NIST,Announcing the Advanced Encryption Standard(AES), NIST, November 2001. 然而并不知道是否已进行过任何正式的重新评估。

143　国家标准局文件：NBS, "Guidelines for Implementing and Using the NBS Data Encryption Standard," April 1981.

143　保留格式加密的草案：Morris Dworkin, "Recommendation for block cipher modes of operation: Methods for format-preserving encryption," NIST, July 2013.

143　2015 年 4 月的报告：……这份来自 NIST 两位研究人员的报告在结尾处写道："作者承认，国家安全局以一般性用语知会 NIST，FF2 可能达不到 NIST 的安全需求。"

144　1978 年的同态加密：Ronald L. Rivest, Len Adleman, and Michael L. Dertouzos, "On Data Banks and Privacy Homomorphisms," in Richard A. DeMillo, David P. Dobkin, Anita K. Jones, and Richard J. Lipton (eds.), *Foundations of Secure Computation* (New York: Academic Press, 1978).

144　第一个全同态加密的系统：Craig Gentry, "Fully homomorphic encryption using ideal lattices," in *Proceedings of the Forty-first Annual ACM Symposium on Theory of Computing*, Association for Computing Machinery Special Interest Group on Algorithms and Computation Theory (ACM, 2009). Gentry 及部分同事很快据原始方案开发出了一个更简单的版本。对第二种方案的描述有一个很精彩的扩展类比，就是"允许工人穿起珠宝却偷不走原材料"，可以在 Craig Gentry, "Computing arbitrary functions of encrypted data," *Communications of the ACM* 53:3 (2010) 中找到。这两种方案以及大部分此后提出的全同态方案，都是我们会在 7.3 节讨论的那一类非对称密钥加密方案。这些系统往往更容易形成同态，因为更容易进行数学操作。不过 Gentry 也指出，全同态加密方案可以是对称的，也可以不对称。在 Jeffrey Hoffstein et al., *An Introduction to Mathematical Cryptography*, 2nd ed. (New York: Springer, 2014), Example 8.11. 中可以见到相对简单（但并不实用）的对称方案。

320

144 两个政府机构及至少一家公司：NSA Research Directorate staff, "Securing the cloud with homomorphic encryption," *The Next Wave* 20:3 (2014).

144 NSA 文 件：Spiegel Staff, "Prying eyes: Inside the NSA's war on Internet security," *Spiegel Online* (2014).

144 完整文件：NSA, "Summer mathematics, R21, and the Director's Summer Program," *The EDGE: National Information Assurance Research Laboratory* (*NIARL*) *Science, Technology, and Personnel Highlights*, 2008, http://www.spiegel.de/media/media-35550.pdf.

第五章　序列密码

145 "最佳落点"：Mendelsohn, *Blaise de Vigenère and the "Chiffre Carré"*, for example, p. 127.

146 密钥文本：一份当代资料显示，最早对此给出确定形式的是 1892 年 Arthur Hermann 的 一 部 著 作。(Washington, D.C.: US Government Printing Office, 1940), pp. 31, 87.

146 "Dorothy lived in the midst...": L. Frank Baum, *The Wonderful Wizard of Oz* (Chicago: George M. Hill, 1900), Chapter 1.

146 "A slow sort of country...":Lewis Carroll, *Through the Looking-Glass, and What Alice Found There* (1871), Chapter 2.

148 "Mowgli was far and far through the forest...":Rudyard Kipling, *The Jungle Book* (1894), Chapter 1.

148 信息实在太少：请记住，你手里的密文越多，字母频率分析就越有效。对于 2.6 节中的运用"频率求和"手段发起的蛮力攻击，这个原则同样适用。

148 χ 检验与交叉乘积求和：准确来讲，弗里德曼和库尔巴克用希腊字母 χ 表示我所谓的交叉乘积求和中的分子。χ 检验与交叉乘积求和跟 φ 检验一样，首次出现是在 Solomon Kullback, *Statistical Methods in Cryptanalysis* (Laguna Hills, CA: Aegean Park Press,1976). 代数上的等价形式见 Friedman, *Military Cryptanalysis*。

150 同一流动密钥的多条密文：明文取自 Robert Louis Stevenson 一部著作的章节标题。并非每一条都是从标题的开头开始的，也有的是两个标题的部分拼合。

152 我们来换换口味：其实不只是为了换换口味，这样也会让过程变得稍微简单点，不过并不要紧——这个技巧对表格法一样有效，只需要再多一点试错就行了。

152 密文和密钥文本来自常见的书：密钥文本和明文来自 *Just So Stories* (1902), Chapters 1 and 7.

153 可能字：在这个例子中，要是你恰好已经知道我从哪儿搞来的明文，你也许可以考虑试试 best、beloved 等字。

154 弗兰克·米勒: Steven M. Bellovin, "Frank Miller: Inventor of the one-time pad," *Cryptologia* 35:3 (2011). 米勒系统与 155 页所述德国外交部所用系统相似，只是没有用到模运算。

154 有些争议: Kahn, *The Codebreakers*, pp. 397—401, 讲述了这个故事并坚称，是马宾做出的关键决断。Steven M. Bellovin, "Vernam, Mauborgne, and Friedman: The one-time pad and the index of coincidence," Department of Computer Science, Columbia University, May 2014, 则列出了韦尔纳姆和马宾两个版本，并支持韦 321 尔纳姆的说法。

154 绝对不能重复利用: 有种电传打字机模型带一个刀片，会将纸带在读取之后切成两半，就保证不会重复利用了。Kahn, *The Codebreakers*, p. 433.

155 三位密码学家: Werner Kuze, Rudolf Schauffler, and Erich Langlotz. Kahn, *The Codebreakers*, p. 402.

155 德国外交人员的一次性密码本: Kahn, *The Codebreakers*, p. 402—403.

155 一次性密码本牢不可破: Bellovin, "Vernam, Mauborgne, and Friedman," 指出，第一个真正搞懂为什么的人是弗里德曼。

155 香农的证明: Shannon, "Communication theory." This is the same famous paper in which he defined confusion and diffusion; see Sections 4.2 and 4.3. 还是在这篇鼎鼎大名的文章中，他定义了混淆和扩散，参见 4.2 节、4.3 节。很明显 1941 年 Vladimir Kotelnikov 在苏联也发展出了关于绝对安全的理论，但他的著作至今仍是绝密。Natal'ya V. Kotel'nikova, "Vladimir Aleksandrovich Kotel'nikov: The life's journey of a scientist," *Physics-Uspekhi* 49:7 (2006); Vladimir N. Sachkov, "V. A. Kotel'nikov and encrypted communications in our country," *Physics-Uspekhi* 49:7 (2006); Sergei N. Molotkov, "Quantum cryptography and V. A. Kotel'nikov's one-time key and sampling theorems," *Physics-Uspekhi* 49:7 (2006).

156 如何交换随机密钥材料: 跟流动密钥密码不同，爱丽丝和鲍勃不能只是拿两本完全一样的书就行了。

157 备用系统: Kahn, *The Codebreakers*, p. 401.

157 红色电话: Kahn, The Codebreakers, p. 715—716.

157 苏联间谍的一次性密码本: Kahn, The Codebreakers, p. 663—664.

157 卡尔达诺: 在数学界，卡尔达诺是最早发现解三次方程通用公式的人之一，也因此名声在外。

159 密码论: Blaise de Vigenère, *Traicté des Chiffres, ou Secrètes Manières d'Escrire* (*Treatise on Ciphers, or Secret Methods of Writing*) Paris: A. L'Angelier, 1586.

159 "a worthless cracking of the brain": 维吉尼亚认为搞密码分析是"脑子秀逗了"。Vigenère, *Traicté des Chiffres*, p. 12r.

159 额外增加一步: 维吉尼亚同样提出，在加上密钥流之后，还可以考虑继续改动密文。

160　　"waste all your oil"：维吉尼亚对密码分析的另一评论。Vigenère, *Traicté des Chiffres*, p. 198r, quoted in Mendelsohn, Blaise de Vigenère and the "Chiffre Carré."

161　　16 个文本字符：参见"补充阅读 4.1"。

164　　别的重复密钥密码：你会看到逐行密码、重复密钥密码和密钥自动密钥密码三者之间的区别有点儿变动不居。

322　165　　以 10 为模的加法：请记住，这里我们也可以看成是不进位加法。

165　　苏联在第二次世界大战中用的密码：Alex Dettman et al., *Russian Cryptology During World War II*. (Laguna Hills, CA: Aegean Park Press, 1999), p. 40. 我用的初始向量和密钥分别是斯大林格勒战役开始和结束的日期，明文也同样与该战役有关。

165　　只有五位数密钥：外加初始向量，但我们设置该系统的方式使爱丽丝和鲍勃甚至不需要将初始向量保密。不过每条信息的初始向量不应相同。Ferguson, Schneier, and Kohno, *op. cit.*, p.69.

166　　有些专家建议不要使用 OFB：Ferguson et al., *Cryptography Engineering*, p.71.

167　　计数器初始向量要求：Ferguson et al., *Cryptography Engineering*, p.70.

167　　对数据文件有用：Schneier, *Applied Cryptography*, p. 206.

168　　"像兔子一样繁殖"：斐波那契最早提出斐波那契数列时，用的例子就是兔子繁殖的问题。

168　　格罗马克密码：Gromark 意为"带混合字母表和流动密钥的 Gronsfeld"（ GROnsfeld with Mixed Alphabet and Running Key）W. J. Hall, "The Gromark cipher (Part 1)," *The Cryptogram* 35:2 (1969). Gronsfeld 密码只是表格法密码变化形式的名称之一，密钥是数字而非字母，就像我们在这里用到的以及前一节中密钥自动密钥密码中用到的一样。我们的版本并没有用到混合字母表，而且我们也要区分流动密钥和自动密钥密码。因此这里也许叫 Grotrak 密码或 Grolfak 密码更准确。

168　　VIC 密码：David Kahn, "Two Soviet Spy Ciphers," in *Kahn on Codes* (New York: Macmillan, 1984).

169　　线性方程：请注意，希尔密码也用到了线性方程，到我们讨论 LFSR 的密码分析时，这一点就会变得很有关系了。

170　　反馈：在明文反馈模式、密文反馈模式和输出反馈模式中也是一样的。

171　　LFSR 在软件中：这种变化的更多详情可参阅 *Applied Cryptography*, p. 378

171　　可以追溯到 1952 年：也许更早。出自 20 世纪 40 年代后期的 AFSAY-816 声音加密设备用了"移位寄存器"，与 LFSR 非常相似。Thomas R. Johnson, *American Cryptology during the Cold War*, 1945–1989; *Book I: The Struggle for Centralization*, 1945–1960 (Center for Cryptologic History, National Security Agency, 1995), p. 220; David G. Boak, "A history of U.S. communications security" (Volume I).National Security Agency, July 1973, p. 58.

171   KW-26: Melville Klein, *Securing Record Communications*: The TSEC/KW-26 (Center for Cryptologic History, National Security Agency, 2003).

173   相应的十进制数字：爱丽丝不一定会用 ASCII 码将明文转换回字符，因为有些数字（比如 9）可能并不对应可打印字符。

173   四个单元模数是 2 的 LFSR 周期为 15：你能找出来吗？

173   最大周期的 LFSR: See, for example, Solomon Golomb, *Shift Register Sequences*, Rrev. ed. (Laguna Hills, CA: Aegean Park Press, 1982), Section III.3.5.

173    $2j$ 对明文和密文比特：请注意，与周期长度 $2j - 1$ 相比，$2j$ 对只是个小数目。在实际应用中，j 一般小于 100，而就算 $2^{30} - 1$ 也已经是 100 亿之巨了。

174   找出初始向量：用这些方程并不是找出初始向量最快的办法，但这个方法简单有效。   323

175   较难加以分析：参阅 e.g., Schneier, *Applied Cryptography*, p. 412.

175   添加非线性的选项：对后两种选择，Schneier, *Applied Cryptography*, 16.4, 中有大量实例。

175   A5 密码：至少有三种不同的 A5 密码。A5/1 设计用于美国和欧洲。A5/2 较弱，用于经济合作与发展组织以外的市场。Elad Barkan and Eli Biham, "Conditional estimators: An effective attack on A5/1," in *Selected Areas in Cryptography* (Berlin/Heidelberg: Springer, 2006). A5/3 与前两者完全不同，是为 3G 手机设计的，没有用到 LFSR。A5/4 与 A5/3 几乎一样，只是密钥更长。

175   情报部门之间的分歧：Ross Anderson, "A5 (Was: HACKING DIGITAL PHONES)," Posted in uk.telecom (Usenet group), June 17, 1994, http:// groups.google.com/group/uk.telecom/msg/ba76615fef32ba32.

175   在决策中可能起了作用：Ross Anderson, "On Fibonacci Keystream Generators," in *Fast Software Encryption* (Berlin/Heidelberg: Springer, 1995).

175   英国一所大学：Schneier, *op. cit.*, p. 389.

175   发布了几乎完整的描述：Anderson, "*A5 (Was: HACKING DIGITAL PHONES)*."

175   完整设计的逆向工程、公布及确认：Alex Biryukov, Adi Shamir, and David Wagner, "Real Time Cryptanalysis of A5/1 on a PC," in *Fast Software Encryption* (Berlin/Heidelberg: Springer, 2001), Abstract and Introduction. 逆向工程是由智能卡研发协会的 Marc Briceno 完成的。

176   A5/1 密钥设置：真实的 GSM 制式手机的密钥设置比这里要复杂一点，但对这里来讲不重要。参阅 Barkan and Biham, "Conditional estimators."

176   每个 LFSR 移动了 3/4 位：假设每种比特组合的出现概率均相等。

176   周期大大缩短：W. G. Chambers and S. J. Shepherd, "Mutually clock-controlled cipher keystream generators," *Electronics Letters* 33:12 (1997).

176   使用得当：W. Chambers, "On random mappings and random permutations," in *Fast Software Encryption* (Berlin/Heidelberg: Springer, 1995).

177   1994 年就已经出现：Anderson，"*A5 (Was: HACKING DIGITAL PHONES*)."

177   1997 年 的 一 篇 文 章：Jovan Dj. Golic，"Cryptanalysis of alleged A5 stream cipher," in *Advances in Cryptology—EUROCRYPT '97*, edited by Walter Fumy (Konstanz, Germany: Springer-Verlag, 1997).

177   大为改进：Barkan and Biham，"Conditional estimators," 中可以读到对不同文章的总结。

177   各种各样组织管理方面的原因：音频数据或文件的传输需要仔细同步；原始数字化数据的收集则需要连接到手机本身或与手机相连的电脑，等等。

177   2006 年的相关类型攻击：Barkan and Biham，"Conditional estimators."

178   2003 年 的 预 计 算 攻 击：Elad Barkan, et al.，"Instant ciphertext-only cryptanalysis of GSM encrypted communication," in Advances in Cryptology—CRYPTO 2003 (Berlin/Heidelberg: Springer, 2003).

324

178   创建这些表格的项目：Chris Paget and Karsten Nohl，"GSM: SRSLY?" Slides from lecture presented at 26th Chaos Communication Congress, 2009, http://events. ccc.de/congress/2009/Fahrplan/events/3654.en.html.

178   取得局部成功：Frank A. Stevenson，"[A51] Cracks beginning to show in A5/1...," Email sent to the A51 mailing list, May 1, 2010, http://lists.lists.reflextor.com/ pipermail/a51/2010-May/000605.html.

178   GSM 协会：GSM Association，"GSMA statement on media reports relating to the breaking of GSM encryption," Press release, December 30, 2009, http:// gsmworld.com/ newsroom/press-releases/2009/4490.htm.

178   "处理" A5/1：NSA，"GSM Classification Guide," September 20, 2006, https:// s3.amazonaws.com/s3.documentcloud.org/documents/888710/gsm-classification- guid-20-sept-2006.pdf.

178   一般认为：Craig Timberg and Ashkan Soltani，"By cracking cellphone code, NSA has ability to decode private conversations," *The Washington Post* (December 13, 2013).

178   主要的无线运营商：Ashkan Soltani and Craig Timberg，"T-Mobile quietly hardens part of its U.S. cellular network against snooping," *The Washington Post* (October 22, 2014).

178   "确认……新的序列密码"：The ECRYPT Network of Excellence，"Call for stream cipher primitives, version 1.3," 2005, http://www.ecrypt.eu.org/stream/call.

178   eSTREAM：关于 eSTREAM 的更多详情，可参阅 Matthew Robshaw and Olivier Billet (eds.), *New Stream Cipher Designs: The eSTREAM Finalists* (Berlin, New York: Springer, 2008) and the project's Web site："eSTREAM: the eSTREAM stream cipher project." http://www.ecrypt.eu.org/stream/index.html.

179   NIST 认可的模式：NIST Computer Security Division，"Computer Security Resource Center: Current modes." http://csrc.nist.gov/groups/ST/toolkit/BCM/current_modes. html.

179　认证：这些认证模式中有些是设计用于特殊情形，而非一般信息。到 8.4 节我们会从不同视角再谈谈认证。

179　CBC–MAC：Computer Data Authentication, NIST, May 1985.

179　两个不同的密钥：如果爱丽丝将同样的密钥同时用于 CBC 和 CBC–MAC，那么 MAC 并不安全。参阅 for example, Ferguson et al., *Cryptography Engineering*, p. 91.

180　三艺：有关"三艺"的设计、规格的更多信息，可参阅 Christophe De Cannière and Bart Preneel, "Trivium," in Matthew Robshaw and Olivier Billet (eds.), New Stream Cipher Designs (Berlin, New York: Springer, 2008).

180　非线性操作：之所以是非线性，是因为密钥流比特是直接相乘，而非乘以常数后再相加。

第六章　带指数的密码

182　将数字挤在一块儿：如果你觉得这里在数学上不够直观，你可以将明文模块对应的数字看成是 $P = 100P_1 + P_2$。不过也并非真的那么要紧。

325

184　皮埃尔·德·费马：Michael Mahoney, *The Mathematical Career of Pierre de Fermat* (1601—1665) (Princeton NJ: Princeton University Press, 1973).

184　我们可以来证明一下：因为费马并没有高斯的模运算思路，恐怕对密码学也所知甚少，他脑子里想到的可能是别的东西。但是谁知道呢？最早公开发表的证明显然是欧拉在 1741 年给出的。此处的证明过程多多少少算是 James Ivory 的证明，见"Demonstration of a theorem respecting prime numbers," *New Series of The Mathematical Respository*. Vol. I, Part II (1806).

185　消掉 $1 \times 2 \times 3 \times \cdots \times 12$：你愿意的话，也可以看成是在两边都乘以 $\overline{1 \times 2 \times 3 \times \cdots \times 12}$.

188　波利哥–赫尔曼指数密码：M. E. Hellman and S. C. Pohlig, "Exponentiation cryptographic apparatus and method," United States Patent:4424414, 1984, http://www.google.com/patents?vid=4424414.

188　波利哥–赫尔曼指数密码的发明：尽管描述这种密码的论文写于 1976 年，却一直到 1978 年才首次发表，其时密码学界对该论文包含的思想早已熟知。S. Pohlig and M.Hellman, "An improved algorithm for computing logarithms over GF(p) and its cryptographic significance (corresp.)," *IEEE Transactions on Information Theory* 24 (1978). 有关延后发表的故事，见……波利哥和赫尔曼如今都更多地是因为与公钥加密有关的思想而为人所知。赫尔曼最有名的是对迪菲·赫尔曼密钥协议系统中的贡献，在 7.2 节会详细介绍。波利哥最有名的是对可用于计算离散对数问题（参见 6.4 节）的希尔弗–波利哥–赫尔曼算法的贡献。该算法最早由波利哥和赫尔曼在二人关于指数密码的同一篇论文中首次发表，而根据该论文，这个算法已经由 Roland Silver 独立发现。Pohlig and Hellman, "Improvedalgorithm."

189	爱丽丝只需要乘 46 次：实际上，如果我们将 769 转换为二进制数字，乘的次数还可以更少。不过得其大意足矣。
189	伊芙需要把 768 次乘法全做了：其实如果用已知最好的算法，伊芙可以算得更快一些，但还是会对爱丽丝和鲍勃的速度望尘莫及。
189	奋战在离散对数问题上的 35 年：如果将计算机出现以前也算上还会久得多。例如高斯就曾制作过离散对数的表格，并称其为"索引"。*Disquisitiones arithmeticae*, Articles 57—59.
189	没有人很确定：不过也有可能其实有人知道但就是不说。如果有这样的人，那么 NSA 的嫌疑最大，不过也有可能是别的政府甚至别的组织。对于后面将陆续见到的 7.2 节的迪菲-赫尔曼问题、7.4 节的因数分解问题以及 7.6 节的 RSA 问题，也有同样情形。
190	合数：在 1.3 节我曾表示，每一个正整数都可以写成素数的乘积。因此，除了 1 以外的每个正整数都要么是素数要么是合数。数学家认为 1 既不是素数也不是合数。
190	"分解合数"：Monty Python, "Decomposing composers,"
193	十七世纪的费马：无论如何，对本章用到的数学来说就是如此。
193	欧拉 1763 年的论文：Leonhard Euler, "Theoremata Arithmetica Nova Methodo Demonstrata,"*Novi Commentarii Academiae Scientiarum Petropolitanae* 8(1763).
193	我们现在写成 $\varphi(n)$ 的函数：这个记号似乎是后来由高斯引入的。*Disquisitiones arithmeticae*, Article 38.
193	欧拉 φ 函数：请不要与 2.2 节的弗里德曼的 φ 相混淆。
194	我们得把这一次加回去：这个拿出来再加回去的过程通常叫作容斥原理。
196	找出逆元：如果爱丽丝搞错了，用的是坏密钥，鲍勃在这一步就会发现。
197	解密总是可以正确进行：多数图书都证明了仅有两个不同素数的情况，而这正是 RSA 所需要的（参见 7.4 节）。不过，S. C. Coutinho, *The Mathematics of Ciphers* (Natick, MA: AK Peters, Ltd., 1998), pp. 166—167 (Section 11.3) 和 Robert Edward Lewand, *Cryptological Mathematics* (The Mathematical Association of America, 2000), pp. 156—157 (Theorem 4.1) 中的证明深入浅出，而且很容易推而广之到更多素数的情形。Thomas H. Barr, *Invitation to Cryptology* (Englewood Cliffs, NJ: Prentice Hall, 2001), pp. 280—281 (Theorem 4.3.2) 中的证明同样通俗易读，但没那么容易推而广之。
199	居然也对了：结果表明，如果一个素数确实能同时整除 P 和 n，那么这个素数整除 P 的次数必须不小于整除 n 的次数。此处我同样不打算给出证明，但我在 197 页的尾注中给出的参考文献或许能帮到你。
199	波利哥和赫尔曼考虑合数模：Hellman, *Oral History Interview by Jeffrey R. Yost*, pp. 43—44.

第七章　公钥密码

201　密钥达成一致：可能还包括加密系统，这取决于他们有多把柯克霍夫原则当回事。

201　"简单，但也低效"：Arnd Weber (ed.), "Secure communications over insecure channels (1974)" (January 16, 2002), http://www.itas.kit.edu/pub/m/2002/mewe02a.htm.

202　项目提案：默克勒一开始的项目提案是在"CS 244 项目提案"（1974 年秋季）中提出的。http://merkle.com/1974/CS244ProjectProposal.pdf.

202　默克勒的计算机安全课程：Levy, *Crypto*, pp. 77—79.

202　有过好几次修订：Weber (ed.), "Secure communications."

202　最 终 发 表 的 版 本：Ralph Merkle, "Secure communications over insecure channels," *Communications of the Association for Computing Machinery* 21:4 (1978). 该版本三年半之后才发表，在评议中也颇多争议。Weber (ed.), "Secure communications"; Levy, *Crypto,* p. 81.

202　"枯燥乏味，但仍有一线希望"：Merkle, "Secure communications over insecure channels," p. 296.

202　密钥长度为 128 比特的密码：默克勒特别建议用法伊斯特尔于 1973 年发布的路西法的一个版本。(Feistel, "Cryptography and computer privacy.") 现在来实施可能会用 AES。

203　检验数字：本例中几乎用不到检验数字，因为所有数字都是拼写出来的，鲍勃一旦解开谜题，该在哪结束就会显而易见。但是，如果数字以别的方式加密，没有检验数字的话可能就很难确定消息结束的地方。

205　250 次解密：对本例并非严格成立，因为伊芙如果尝试对每道谜题发起已知明文攻击就会快得多。也正是因此，默克勒建议用更能抵抗已知明文攻击的密码，模块也可以更大，但对密钥设置有所限制。这里我也可以这么操作，但是会把例子搞得太复杂。

206　密钥协议系统：通常也叫"密钥交换系统"，但并不准确。爱丽丝和鲍勃交换的信息内容无法用作隐藏密钥，但最终两人确实就隐藏密钥达成了一致。

206　默克勒认识到：Levy, *Crypto*, pp. 82—83.

206　他俩就得有一个投入两倍的时间：或是每人都得投入约 1.4 倍的时间。

207　迪菲的故事：*Levy, Crypto,* pp. 20—31.

207　"两个问题加一个误解"：Whitfield Diffie, "The first ten years of public-key cryptography," *Proceedings of the IEEE* 76:5 (1988).

207　"数字签名"：默克勒也考虑过这个问题，但几无建树。CS 244 Project Proposal.

207　"……有什么意义呢？"：Diffie，"The first ten years of public–key cryptography，" p. 560.

207　三个人：其实至少还有一人，见附录一。

208　迪菲和赫尔曼关于保护隐私和自力更生的思想：Levy, *Crypto*, p. 34.

208　迪菲与赫尔曼的文章：Whitfield Diffie and Martin E. Hellman，"Multiuser cryptographic techniques，" in Stanley Winkler (ed.), *Proceedings of the June* 7—10, *1976, National Computer Conference and Exposition* (New York: ACM, 1976).

208　一份草稿：Levy,*crypto* .p.81—82. 互联网出现之前，许多领域的科学家都习惯于将尚未发表的论文草稿发给可能感兴趣的同行过目。对于有些一日千里的领域，比如说计算机科学，这样做尤其重要，因为一篇文章很可能从写出来到发表时就已经过时。今天这样的草稿通常都发在网上。

208　迪菲、赫尔曼和默克勒：Levy, *Crypto*, pp. 76—83.

208　单向函数：迪菲的想法见 Levy, *Crypto,* p. 28;；默克勒的想法见 Ralph Merkle，"CS 244 project proposal" Fall 1974.

208　迪菲–赫尔曼密钥协议：Levy, *Crypto*, p. 84.

209　"今天，我们站在……"：Whitfield Diffie and Martin E. Hellman，"New directions in cryptography，" *IEEE Transactions on Information Theory* 22:6 (1976).

209　非常大的素数：迪菲–赫尔曼系统和波利哥–赫尔曼密码一样，可以用以 2 为模的有限域运算。爱丽丝和鲍勃的计算在电脑上可以更快，但伊芙的计算同样如此，因此最终并没有多少实际优势。*Applied Cryptography*, p. 515.

209　600 位或更大：也就是 2048 比特。David Adrian et al.，"Imperfect forward secrecy: How Diffie–Hellman fails in practice，" in 22*nd ACM Conference on Computer and Communications Security*, Association for Computing Machinery Special Interest Group on Security, Audit and Control (New York: ACM Press, 2015).

209　以 p 为模的生成元：有时候也会看到被称为以 p 为模的原根。

209　每 个 素 数 都 有 生 成 元：第 一 个 给 出 证 明 的 又 是 高 斯。*Disquisitiones arithmeticae*, Articles 54—55.

209　查表也未尝不可：但是有一个很重要的注意事项，参见 7.8 节。

211　p = 2819：当然，对真实生活中的安全性而言这个数字远远不够大。这里只是用于示例。

211　94 和 305：94305 是斯坦福大学的邮编。

213　232 位 素 数 模 的 离 散 对 数：Thorsten Kleinjung，"Discrete Logarithms in GF(p)—768 bits，" Email sent to the NMBRTHRY mailing list, 2016, https://listserv.nodak.edu/cgi–bin/wa.exe?A2=NMBRTHRY;a0c66b63.1606.

213　离散对数记录：在有限域进行过更大型的计算，本书写作时的记录是对有 2^{9234} 个元素的域做的计算，域的大小是 2779 位即 9234 比特的数字。Jens Zumbrägel，"Discrete logarithms in GF(2^9234)，" E-mail sent to the NMBRTHRY mailing list, 2014, https://listserv.nodak.edu/cgi–bin/wa.exe?A2=NMBRTHRY;9aa2b043.1401.

213　VPN 和 IPv6 中的迪菲－赫尔曼协议：这些网络所用的安全系统叫作网络安全协议，简称 IPsec。William Stallings, *Cryptography and Network Security*: *Principles and Practice*, 6th ed. (Boston: Pearson, 2014), Section 20.1. IPsec 所用的加密系统以迪菲－赫尔曼协议为基础，并增加了别的元素来提供额外的安全性和验证。*Cryptology and Security*, Section 20.5.

213　很难从加密密钥出发找到解密密钥：通常反之亦然，但对本章的系统并不需要如此要求。

214　迪菲和赫尔曼的比喻：Diffie and Hellman, "New directions in cryptography," p. 652.

216　1976 年的论文：Diffie and Hellman, "Multiuser cryptographic techniques."

216　背包密码：Simson Garfinkel, *PGP: Pretty Good Privacy* (Sebastopol,CA: O'Reilly Media, 1995), pp. 79—82

216　李维斯特和沙米尔如痴如醉，阿德曼倒是没那么着魔：Adleman less so: Levy, *Crypto*, pp. 92—95.

216　形成了这样的工作模式：Levy, *Crypto*, pp. 95—97.

217　因数分解作为单向函数：迪菲与赫尔曼也曾短暂考虑用因数分解来作为单向函数，但最终没有实施。Levy, *Crypto*, p. 83.

217　逾越节晚宴：Levy, *Crypto*, p. 98.

217　躺在沙发上：有资料指出，李维斯特在思考问题的时候常常这样。Levy, *Crypto*, p. 98. 但也有别的资料指出他躺下是因为头痛。Garfinkel, *PGP*, p. 74; Jim Gillogly and Paul Syverson, "Notes on Crypto '95 invited talks by Morris and Shamir," *Cipher*: *Electronic Newsletter of the Technical Committe on Security & Privacy, A Technical Committee of the Computer Society of the IEEE*. Electronic issue 9 (1995).

217　指数密码：没有证据能证明当时李维斯特实际上已经见过波利哥和赫尔曼关于指数密码的著作。很有可能他也独立发明了这种密码。

217　n 要有 600 位：也就是 2048 比特。Benjamin Beurdouche et al., "A messy state of the union: Taming the composite state machines of TLS," in *2015 IEEE Symposium on Security and Privacy (SP)*, (Los Alamitos, CA: IEEE Computer Society, 2015).

217　$e = 17$：其实在实际应用中，$e = 17$ 也是相当常见的选择。因为这个数够小，因此加密会很快，但又没有小到伊芙通常能加以利用的地步。而且 17 是个素数，因此与 $\varphi(n)$ 总是互质的。此外，17 有特殊形式 $17 = 2^4 + 1$，因此使用最常见的计算机技术就能进行指数计算。

218　"夫人，只是因数罢了"：See Barbara Mikkelson and David Mikkelson, "Just the facts," snopes.com, 2008, http://www.snopes.com/radiotv/tv/dragnet.asp.

219　4 月 4 日一大早，以及作者排序：Levy, *Crypto*, pp. 100—101.

219　RSA 技术备忘录: Ronald L. Rivest, et al., "A method for obtaining digital signatures and public-key cryptosystems," technical Memo number MIT-LCS-TM-082, MIT, April 4, 1977.

219　描述 RSA 的论文: R. L. Rivest, et al., "A method for obtaining digital signatures and public-key cryptosystems," *Communications of the Association for Computing Machinery* 21:2 (1978).

219　RSA 专利: Ronald L. Rivest et al., "Cryptographic communications system and method," United States patent: 4405829, 1983, http://www.google.com/patents?vid=4405829.

220　马丁·加德纳专栏: Martin Gardner, "Mathematical games: A new kind of cipher that would take millions of years to break," *Scientific American* 237:2 (1977).

220　四亿亿年: 这个估算似乎是搞错了, 李维斯特应该只是说过计算需要四亿亿步操作。Garfinkel, *PGP*, p. 115. Levy, *Crypto*, p. 104, 中说需要 "上亿年"; 基于 Rivest, Shamir and Adleman, *Communications of the Association for Computing Machinery*. 我给出的粗略估计是 22500 年。你的经验或许会有所不同。

220　三千多份要求: Garfinkel, *PGP*, p. 78.

330　220　安全网络服务中的 RSA: Stallings, *Cryptology and Security*, Section 17.2.

221　网络服务中的混合密码系统: Stallings, *Cryptology and Security*, Section 17.2.

222　检验方法早已为人所知: See, for example, Leonard Eugene Dickson, *Divisibility and Primality*, reprint of 1919 edition (Providence, RI: AMS Chelsea Publishing, 1966), p. 426.

222　"区分素数跟合数的问题……": Gauss, *Disquisitiones arithmeticae*, Article 329.

223　"第二种更好一些……": Gauss, *Disquisitiones arithmeticae*, Article 334.
（Page 223) first pointed out: R. Solovay and V. Strassen, "A fast Monte-Carlo test forprimality," *SIAM Journal on Computing* 6:1 (1977); the paper was first received by the journal editors on June 12, 1974.

223　最早指出: R. Solovay and V. Strassen, "A fast Monte-Carlo test for primality," *SIAM Journal on Computing* 6:1 (1977); 这篇论文由期刊编辑最早接收是在 1974 年 6 月 12 日。

223　盖然性检验: 严格来讲, 总是很快但有时会出错的盖然性程序叫作蒙特卡罗算法, 而总是正确但有时会很慢的程序叫作拉斯维加斯算法。索洛维-斯特拉森检验是一种蒙特卡洛算法。

223　伪证和证据: 对伪证和证据的标准术语是反着的, 尽管叫成 "伪造证据" 和 "可信证据" 也许更精确。请注意 1 在对合数的费马检验中总是会成为伪证, 你能看出来为什么吗?

225　拉宾的论文: Michael O. Rabin, "Probabilistic algorithm for testing primality," *Journal of Number Theory* 12:1 (1980).

注 释

363

225 米勒的论文：Gary L. Miller, "Riemann's hypothesis and tests for primality," in *Proceedings of Seventh Annual ACM Symposium on Theory of Computing*, Association for Computing Machinery Special Interest Group on Algorithms and Computation Theory (New York: ACM, 1975).

225 拉宾-米勒检验：这个检验实际上不难解释，但说上这一通的话我们就离题太远了。你如果想自己检查一下，Joseph H. Silverman, *A Friendly Introduction to Number Theory*, 3d ed. (Englewood Cliffs, NJ: Prentice Hall, 2005), pp. 130—131, 中有深入浅出、通俗易懂的介绍，Coutinho, *Mathematics of Ciphers,* pp. 100—104 (Sections 6.3—6.4) 中也能找到更多细节。

225 阿格拉瓦尔-卡亚勒-萨克塞纳素数检验：最终发表的版本是 Manindra Agrawal et al., "PRIMES is in P," *The Annals of Mathematics* 160:2 (2004). F. Bornemann, "PRIMES is in P: A breakthrough for 'everyman,'" *Notices of the AMS* 50:5 (2003) 引人入胜地讲述了这个故事，其中的数学部分你可以随便忽略。（该书是为并非该领域专家的数学家撰写的。）这一发现由多个青年学生做出，十分令人鼓舞。卡亚勒和萨克塞纳开始这项工作时还是本科生，并在毕业后的第一个夏天就取得了重大突破。

225 创建安全的 RSA 密钥：在实践中，这个进程最花时间的部分应该是产生无法猜到的随机数用于素数测试。根据你计算机工作能力的强弱，这部分最多会花掉一分钟。

227 比最明显的办法更好的因数分解：关于现代因数分解技巧的优秀描述，可参阅 Carl Pomerance, "A tale of two sieves," *Notices of the American Mathematical Society* 43:12 (1996). 从那篇文章写成以来已经有了一些改进，但其基本思路截至 2016 年仍然是最先进的。

227 解决 129 位数字的挑战：Garfinkel, PGP, p. 113—115; Derek Atkins et al., "The magic words are Squeamish Ossifrage," in Josef Pieprzyk and Reihanah Safavi-Naini (eds.) *Advances in Cryptology—ASIACRYPT* '94. (Berlin/Heidelberg:Springer-Verlag, 1995).

228 232 位数字的因数分解：Thorsten, Kleinjung Kazumaro Aoki, Jens Franke, Arjen Lenstra, Emmanuel Thomé, Joppe Bos, Pierrick Gaudry, et al., "Factorization of a 768-bit RSA modulus," cryptology ePrint Archive number 2010/006, 2010. L 也有更大的数字能被分解，但都得满足特殊形式才行。

228 用 $\phi(n)$ 的倍数对 n 因数分解：该算法与 7.5 节的拉宾-米勒素数检验关系密切。这个算法的早期版本见 Miller, "Riemann's hypothesis," 但该版本需依赖于人们普遍相信但未曾证明的假设。我不知道是谁提出了该算法的现代版本，但你可以在 Alfred J. Menezes et al., *Handbook of Applied Cryptography* (Boca Raton, FL: CRC, 1996), p. 287 (Section 8.2.2) 中找到描述。

331

230　针对 RSA 的选择密文攻击：顺便提及，这种攻击也可应用于波利哥-赫尔曼指数密码。

230　伊芙知道 243 和 3125：她也知道别的明文模块，因为她正确解密了，但这些模块似乎对她帮助不大。

231　不要用太小的 d：你可能会希望自己能选一个小点儿的 d，这样解密起来会很快，很多人选一个很小的 e 来让加密更快也是出于同样的想法（参见 7.4 节）。

232　$2214^6 \times 2019^{-1}$（mod 3763）：此处的 2019^{-1} 等价于 2019 模 3763 的乘法逆元。

233　针对 RSA 的攻击的更多细节：Schneier, *Applied Cryptography*, pp. 471—474 中有更全面的总结，提到的攻击类型也更多，其中一些还涉及数字签名（参见 8.4 节）。"Twenty years of attacks on the RSA cryptosystem," *Notices of the AMS* 46:2 (1999) 中则有多种攻击的更多细节。

233　迪菲-赫尔曼-默克勒系统：M. E. Hellman, "An overview of public key cryptography," *IEEE Communications Magazine* 40:5 (2002). 不过，早前的术语可能早已约定俗成，已经很难改过来了。

233　专利：Martin E. Hellman et al., "Cryptographic apparatus and method," United States Patent: 4200770, 1980, http://www.google.com/patents?vid=4200770.

233　NSA 某些内部文件：See Spiegel Staff, "Prying Eyes, Inside the NSA's war on Internet security," Spiegel Online (2014). and especially OTP VPN Exploitation Team, "Intro to the VPN exploitation process," http://www.spiegel.de/media/media-35515.pdf.

233　"原木堵塞"：这种攻击的得名可参阅 David Adrian et al., "The logjam attack," (May 20, 2015). https://weakdh.org/. 技术描述以及相信 NSA 正在使用这种攻击的合理根据，参见 Adrian et al. Imperfect Forward Secrecy.

234　225 位数：更精确地说，是 768 比特。

234　150 位数：更精确地说，是 512 比特。

234　"FREAK（分解 RSA 出口级密钥）"："出口"是指较小密钥通常都要求用于出口到美国以外的软件中。关于命名的更多材料，可参看 Karthikeyan Bhargavan et al., "State Machine AttaCKs against TLS (SMACK TLS)," https://www .smacktls.com. 关于技术描述，可参看 Beurdouche et al., Messy State of the Union.

332　235　埃利斯的故事：Levy, *Crypto*, pp. 313—319.

236　本身并不实用：J. H. Ellis, "The history of non-secret encryption," *Cryptologia* 23:3 (1999).

236　"这只是表明……"：J. H. Ellis, "The possibility of secure non-secret digital encryption," UK Communications Electronics Security Group, January 1970.

236　代码本：其实埃利斯并没有想成密码本，而是想的分组密码，可以将比如说 100 比特的明文加密为 100 比特的密文。关于安全的模块大小，显然他的思路与法伊斯特尔的很相似。这样的分组密码面对频率分析更加牢靠，但我觉得代码本的比拟更容易理解。

237　爱丽丝首先得问鲍勃：请记住，在给埃利斯带来灵感的系统中，是接收人负责加密。

238　能找到某种"进程"：Ellis, "Possibility".

238　"我在数论上是个小白"：Ellis, "History," p. 271.

238　面对的就是这样的局面：Levy, *Crypto*, pp. 318—319.

238　柯克斯的故事：Levy, *Crypto*, pp. 319—322.

238　潜心钻研过那些数学知识：数论，即对整数及其特性的研究。

238　"我觉得这一点其实也有帮助"：Levy, *Crypto*, p. 320.

238　如出一辙：有一个小小的区别就是，柯克斯和埃利斯一样，想到的系统仍然以爱丽丝问鲍勃要公钥为出发点。不过他也指出，一旦爱丽丝有了鲍勃的公钥，就应该用这个公钥加密尽可能多的消息。

239　柯克斯的论文：C. C. Cocks, "A Note on non-secret encryption," UK Communications Electronics Security Group, November 20, 1973.

239　威廉森的故事：Levy, *Crypto*, pp. 322—325. 威廉森跟柯克斯住在同一栋房子里，但在政府通信总部以外的地方，谈到工作和写到工作都是一样被禁止的。

239　威廉森的第一篇论文：M. J. Williamson, "Non-secret encryption using a finite field," UK Communications Electronics Security Group, January 21, 1974.

239　威廉森的第二篇论文：Malcolm Williamson, "Thoughts on cheaper non-secret encryption," UK Communications Electronics Security Group, August 10, 1976.

240　公钥密码在政府通信总部的命运：Levy, *Crypto*, pp. 324—329.

240　"没有任何好处"：Ellis, "History."

240　政府通信总部发布了五篇文章：据威廉森透露，这些文章"只有等某人退休以后"才可以公开。

第八章　其他公钥系统

246　"告诉我三次"：参见 Lewis Carroll, *The Hunting of the Snark: An Agony in Eight Fits* (London: Macmillan, 1876), Fit the First.

247　难度可谓半斤八两：这里边有几个隐藏的困难：三次传递协议有更多限制，因为指数必须可逆，而如果你试图求解的情形不存在有意义的解，你得自己决定怎么办。对此所知甚少的读者，数学方面的细节可以参见 K. Sakurai and H. Shizuya, "A structural comparison of the computational difficulty of breaking discrete log cryptosystems," *Journal of Cryptology* 11:1 (1998).

333

247 关于"精神扑克"的技术报告：Adi Shamir et al., "Mental poker," MIT, February 1, 1979.

247 献给马丁·加德纳的文集：A. Shamir et al., "Mental poker," in David A. Klarner (ed.), *The Mathematical Gardner* (Boston: Prindle, Weber & Schmidt; Belmont, CA: Wadsworth International, 1981). 这篇文章面向业余读者，十分通俗易懂。三次传递协议同样见于 Konheim, *Cryptography*, pp. 345—46，该书将其描述为沙米尔的"未发表工作"。

247 奥穆拉重新发明三次传递协议：J. L. Massey, "An introduction to contemporary cryptology," *Proceedings of the IEEE* 76:5 (1988).

247 欧洲一场大型会议：J. Massey, "A new multiplicative algorithm over finite fields and its applicability in public-key cryptography," Presentation at EUROCRYPT'83 March 21—25, 1983.

247 马西和奥穆拉的专利：James L. Massey and Jimmy K. Omura, "Method and apparatus for maintaining the privacy of digital messages conveyed by public transmission," United States Patent: 4567600 January 28, 1986, http://www.google.com/patents?vid=4567600.

248 贾迈勒提出非对称密钥系统：Taher ElGamal, "A public key cryptosystem and a signature scheme based on discrete logarithms," In George Robert Blakley and David Chaum (eds.), *Advances in Cryptology: Proceedings of CRYPTO '84* (Santa Barbara, CA: Springer-Verlag, 1985).

248 Elgamal 与 ElGamal：尽管刚开始的论文用的是 ElGamal 的拼写，并因此成为该系统和其他加密系统的标准拼写，塔希尔·贾迈勒本人现在却更喜欢小写的 g。

248 别人也在用：不过也请参考一下 7.8 节的注意事项。

248 $p = 2819$：就是提醒一下大家，实际应用中的 p 值会比这里大得多。

248 障眼数和暗示：这一思想并非完全由贾迈勒原创。其实在某种意义上，随机障眼数的思想与一次性密码本是一回事。将密码暗示和加了障眼数的密文一起发送的思路，似乎产生于 20 世纪 80 年代早期。Ronald L. Rivest and Alan T. Sherman, "Randomized Encryption Techniques," in David Chaum, Ronald L. Rivest, and Alan T. Sherman (eds.), *Advances in Cryptology: Proceedings of CRYPTO '82* (New York: Plenum Press, 1983) 是关于盖然性加密早期历史的很好总结，包括障眼数和暗示系统，以及 McEliece 公钥系统。McEliece 系统也用了随机障眼数，但没有用暗示，而是用了纠错代码来去除障眼数。李维斯特和 Sherman 将障眼数和暗示系统归功于贾迈勒系统以及 C. A. Asmuth 和 G. R. Blakley 的"用于构建比另外两个更难破解的加密系统的有效算法"，后者见……，文中他们用了一种相关思路来使两种加密系统结合起来。但就我所知，贾迈勒是最早将这一思想用于公钥系统的人。

250　乘法密码：贾迈勒指出，除了用乘法，你也可以用其他操作，不过乘法最方便，因为无论如何，作为指数的一部分我们总是要用到乘法，而与指数相比，乘法又要快得多。ElGamal."Public Key cryptosystem".

251　PGP 和 GPG 中的公钥选项：PGP: John Callas et al."Open PGP Message Format,"IETF, November 2007; GPG: People of the GnuPG Project,"GnuPG frequently asked questions."这些是电子邮件程序，其中的密钥协议并非特别334适用。因此，迪菲-赫尔曼系统并非标准选项，尽管在这些程序中贾迈勒加密有时候会被叫作"迪菲-赫尔曼加密"。PGP 标准将迪菲-赫尔曼列为"在用于 OpenPGP 实现时会很有用"的选项，"但在真正实现这一算法时，就会有些问题成为阻碍。"

251　椭圆曲线方程：实际上有些文章会给出椭圆曲线更一般的方程形式，但对本书而言这里的形式就够用了。

258　交换律、结合律、单位元、逆元：关于一组对象，有一项操作满足结合律，且存在单位元和逆元，则这组对象用专门术语来讲叫作群。如果这个群也满足交换律，就叫作阿贝尔群。数字加法、非零数字的乘法、数字以 n 为模的加法、与 n 互质的数字以 n 为模的乘法，还有椭圆曲线，都是阿贝尔群的例子。长度为 n 的排列与排列的乘积密码也是群，但并非阿贝尔群。

259　需要找出其逆元但是找不到：因为模是素数，不存在逆元的数就只能是以该素数为模等价于 0 的那些数。

259　椭圆曲线模 p：将椭圆曲线的系数和坐标值看成是有限域中的元素也是可行的，有时还很方便。这时的公式几乎一样，只是稍有不同，我们也不用操心太多。

260　模指数与椭圆曲线离散对数问题都很难：还有因数分解问题，但是因数分解问题似乎在椭圆曲线上没有很好的对应。

260　尼尔·科布利茨的说法: Neal Koblitz, *Random Curves: Journeys of a Mathematician* (Berlin/Heidelberg Springer-Verlag, 2008), pp. 298—310.

260　科布利茨在苏联：在一则旁批中，科布利茨回忆，他第一场关于密码学的讲座是在莫斯科做的。他没有谈及椭圆曲线密码学，但确实提到了公钥加密在核试验禁止条约认证中的应用。

261　米勒的论文 V. Miller, "Use of elliptic curves in cryptography," in Hugh C. Williams (ed.), *Advances in Cryptology–CRYPTO'85 Proceedings* (Berlin: Springer, 1986).

261　"只"需要 70 位左右：也就是 224 到 255 比特，Elaine Barker et al., "Recommendation for key management—Part 1: General (Revision 3)," NIST, July 2012.

261　可以查表：7.8 节的注意事项在这里可能并不适用，因为该节提到的预计算方法对椭圆曲线离散对数问题无效。但是，8.5 节还有另一个注意事项，请移步参考。

261　秘密数字 a 和 b：如果这两个数都比由 G 生成的点数要小，就会非常方便，不过这一点并非绝对必要。

261　小秘密：请注意，这个共通的小秘密实际上是一个点，有 x 坐标和 y 坐标。更常见的是只给出 x 坐标，这样就能以 p 为模得到一个数字。

261　椭圆曲线离散对数记录：Joppe W. Bos et al.，"Pollard rho on the PlayStation 3," in *SHARCS '09 Workshop Record*, Virtual Application and Implementation Research Lab within ECRYPT II European Network of Excellence in Cryptography Lausanne, Switzerland: 2009. 有限域的记录是有 2^{113} 个元素的域的计算，该域大小为 113 比特的数字。Erich Wenger and Paul Wolfger，"Harder, better, faster, stronger: elliptic curve discrete logarithm computations on FPGAs," *Journal of Cryptographic Engineering* (September 3, 2015).

262　科布利茨的文章：Neal Koblitz，"Elliptic curve cryptosystems," *Mathematics of Computation* 48:177 (1987).

262　椭圆曲线贾迈勒加密：你确实必须找到将明文表示为椭圆曲线上一点的方法，这个方法并非完全无关紧要。科布利茨给出了一些思路，见 Koblitz gives some ideas in Koblitz，"Elliptic curve cryptosystems," Section 3.

264　查一下 f 值：也要参看 8.5 节。

264　相当快的计算方法：Koblitz，"Elliptic curve cryptosystems" 中有更多内容。

265　用这个密钥加密的消息：或用这个密钥算出来的 MAC。

265　"依赖于时间和消息"：Diffie and Hellman，"Multiuser cryptographic techniques."

265　还需要两个假设：在盖然性加密系统中，这些假设就不太可能成立。

266　"到处都是签名"：Five Man Electrical Band，"Signs," Single. Lionel Records, 1971.

267　确实是爱丽丝发的：在不知道 σ 的情况下，伪造者弗兰克就能编造出一个签名，用 v 验证时还能给出合理的英文信息，这样的概率着实微乎其微。如果信息并非文本，那就是爱丽丝想发送该消息的未签名副本给鲍勃以资比较的情形之一。

268　爱丽丝签名随后加密：是应该像这里一样先签名后加密，还是应该先加密后签名，有一些争议，双方都有很好的论据。我选择遵循"Horton 原则"，即想我所签、签我所想——是要对消息内容签名，而非仅仅是你想发的消息的加密版。(Random House, 1940).

268　证书：关于证书的更多内容，以及如何将证书用于互联网，参见 Sebastopol, CA: O'Reilly Media, 2002, pp. 160—193.

268　RSA 数字签名证书：2013 年的一份互联网检查报告表明，超过 99% 的证书都用 RSA 签名。Zakir Durumeric et al.，"Analysis of the HTTPS certificate ecosystem," in *Proceedings of the 2013 Conference on Internet Measurement Conference,* Association for Computing Machinery Special Interest Groups on Data Communication and on Measurement and Evaluation (New York: ACM, 2013).

268　RSA 资讯安全公司与网景：Garfinkel, *Web Security*, pp. 175—176.

268　威瑞信与赛门铁克：同样是这份 2013 年的报告表明，约有 34% 的证书由赛门铁克旗下公司发行。总量的 10% 左右来自威瑞信一家。Approximately 10% of the total were issued by VeriSign itself. Durumeric et al.,"Analysis of the HTTPS certificate ecosystem." 336

268　IE、火狐、Chrome 及 Safari：准确来讲，截至 2015 年，IE 和火狐都支持 RSA、数字签名算法（DSA）和椭圆曲线数字签名算法（ECDSA）。Chrome 和 Safari 似乎都跳过了 DSA，仅支持 RSA 和 ECDSA。Qualys SSL Labs,"User agent capabilities," 2015. https://www.ssllabs.com/ssltest/clients.html. 这个网站还提供选项，可以检测你自己的浏览器支持哪些算法。

269　鲍勃可能也看不出来哪儿有毛病：如果爱丽丝和鲍勃是电脑，那就极有可能鲍勃不会发现任何问题。这种情况下，第二种消息样本比第一种更有可能。

269　时钟是同步的：关于时钟在密码学中的应用和滥用，更多例子可参看 *Cryptography Engineering*, Chapter 16, for lots more about the use and abuse of clocks in cryptography.

270　短签名：这一过程通常借助哈希函数（又叫消息摘要函数）来完成。这种函数任何人都很容易上手计算，不需要密钥就能将任意长度的消息转换为固定大小的值，比如说 512 比特。不过，应该很难找到有给定哈希值的消息，或两条哈希值一样的消息。哈希函数实在超出本书范围，不过 Barr, *Invitation to Cryptology*, Section 3.6 Ferguson et al. 是很好的入门介绍。*Cryptology and Security*, Chapter 11 则更深入，也更加贴近前沿，有一节还讲到 NIST 最近举办的 AES 方式竞标及其结果，该竞标是为了选出新的哈希函数标准。Ferguson et al., *Cryptography Engineering*, Chapter 5 对哈希函数如何奏效的细节着墨不多，但有更多如何使用的内容。

270　贾迈勒签名方案：ElGamal,"Public key cryptosystem."

270　DSA 颇有争议：关于早期对 DSA 的反响，参见 Applied Cryptography, Section 20.1 for early reactions to the DSA.

271　索尼用的是同样的现用值：该团体自称为"failoverflow", bushing, marcan and sven,"Console hacking 2010: PS3 epic fail," slides from lecture presented at 27th Chaos Communication Congress, 2010, https://events.ccc.de /congress/2010/Fahrplan/events/4087.en.html.

271　另一名黑客：公布密钥的这位黑客名叫 George Hotz，又名"GeoHot"。a.k.a. "GeoHot." Jonathan Fildes,"iPhone hacker publishes secret Sony PlayStation 3 key," BBC News Web site, 2011. http://www.bbc.co.uk/news/technology-12116051.

271　索尼的诉讼: David Kravets, "Sony settles PlayStation hacking lawsuit," *Wired Magazine* Web site, http://www.wired.com/2011/04/sony-settles-ps3-lawsuit. 法律文件可以在 Corynne McSherry, "Sony v. Hotz ends with a whimper, I mean a gag order," Electronic Frontier Foundation Deeplinks Blog, 2011, https://www.eff.org/deeplinks/2011/04/sony-v-hotz-ends-whimper-i-mean-gag-order. 上找到。Hotz 同意不再透露索尼产品的更多机密信息，也不再黑进索尼产品。

272　适应性选择密文攻击: 在贾迈勒加密的最早版本中，如果伊芙有密文 R 和 C，而且能骗鲍勃解密（比如说）R 和 $2C$，则鲍勃的结果应该是 $2P$，由此伊芙很容易就能得到 P。不过，伊芙并没有搞到私人密钥。

272　DHIES 及 ECIES: 最早描述 DHIES 和 ECIES 的是 in Mihir, Bellare and Phillip Rogaway, "Minimizing the use of random oracles in authenticated encryption schemes," in Yongfei Han, Tatsuaki Okamoto, and Sihan Quing (eds.), *Proceedings of the First International Conference on Information and Communication Security* (Berlin/Heidelberg: Springer-Verlag, 1997)，该文称之为 DLAES，不过你要读得相当仔细，才能找到提及椭圆曲线的内容。该方案也叫作 DHES 和 DHIES，而模指数离散对数版本有时也叫作 DLIES。正如 Michel Abdalla et al. "The oracle Diffie-Hellman assumptions and an analysis of DHIES" David Naccache. *Topics in Cryptology-CT-RSA* 2001 中所说，"这些方案全都是一样的。"

337

272　超椭圆曲线: 关于超椭圆曲线的更多内容，可参看 Hoffstein et al., *Introduction to Mathematical Cryptography*, Section 8.10.

273　配对函数: 配对函数的概述可参阅 Trappe and Washington, *Introduction to Cryptography*, Section 16.6，详细描述则参见 Section 16.6, for an overview of pairing functions, and Hoffstein et al., *Introduction to Mathematical Cryptography*, Sections 6.8—6.10.

273　三方迪菲-赫尔曼密钥协议: 参见 Hoffstein et al., *Introduction to Mathematical Cryptography*, Sections 6.10.1 及其参考资料。

273　基于身份的加密: 详情请参阅 Trappe and Washington, *Introduction to Cryptography*, Section 16.6, or Hoffstein et al., *Introduction to Mathematical Cryptography*, Section 6.10.2 for the details.

273　套 件 B: NSA/CSS, "Cryptography Today," NSA/CSS Web site, https://www.nsa.gov/ia/programs/suitteb_cryptography/index.shtml. 显然也有个"套件 A"用于"特别敏感的信息"，其中所用的算法是绝密的，公众也不可能搞到。NSA/CSS, "*Fact sheet NSA Suite B cryptography*," NSA/CSS Web site, http://wayback.archive.org/web/20051125141648/http://www.nsa.gov/ia/industry/crypto_suite_b.cfm. 读者或许希望根据科克霍夫原则考虑此决定。

273　一开始的套件 B：NSA/CSS，"*Fact Sheet NSA Suite B Cryptography*"密钥协议的第二种算法，椭圆曲线 MQV，于 2008 年从套件中去掉了。

273　帮助创建短的数字签名的算法：即哈希函数。

273　商业和政府标准：当时 AES 和哈希函数在该分类中是仅有的 NIST 百分之百支持的两种算法，这与密钥协议和数字签名类别的情形并不相同。AES 仍然是仅有的受到百分之百支持的对称加密算法，尽管还有一种哈希函数也得到支持加了进来。

273　NSA 特别提到：NSA/CSS，"The case for elliptic curve cryptography," NSA/CSS Web site, http://wayback.archive.org/web/ 20131209051540/http://www.nsa.gov/business/programs/elliptic_curve.shtml.

274　双 重 EC DRBG：Bruce Schneier，"Did NSA put a secret backdoor in new encryption standard?" Wired Magazine Web site, http://archive.wired.com /politics/security/commentary/securitymatters/2007/11/securitymatters_1115.

274　两 位 来 自 微 软 的 研 究 人 员：Dan Shumow and Niels Ferguson，"On the possibility of a back door in the NIST SP800-90 Dual EC PRNG," Slides from presentation at Rump Session of CRYPTO 2007, http://rump2007.cr.yp.to/15 -shumow.pdf. 显然早在 2005 年，就有人开始怀疑存在这种后门了。
"A few more notes on NSA random number generators," A Few Thoughts on Cryptographic Engineering Blog, http://blog.cryptography.

274　关于双重 EC DRBG 的斯诺登文件：Nicole Perlroth，"Government announces steps to restore confidence on encryption standards," New York Times Web site, http://bits.blogs.nytimes.com/2013/09/10/government-announces-steps-to-restore-confidence-on-encryption-standards/.

274　NIST 移除了这个系统："NIST removes cryptography algorithm from random number generator recommendations," NIST Tech Beat Blog, http://www.nist.gov/itl/csd/sp800-90-042114.cfm.

275　"NSA 影响的常量"：Bruce Schneier，"NSA surveillance: A guide to staying secure," *The Guardian* (2013). 特别是确实用到椭圆曲线的时候，这可能是应当自行计算曲线和生成元的原因之一，这样就不用去查可能已被别有用心的人加以影响的表格。

275　一套新算法：NSA/CSS，"*Cryptography Today.*"

275　NIST 关于防量子密码学的报告：Lily Chen et al., Report on Post-Quantum Cryptography, NIST, April 2016.

第九章　密码学的未来

276　自动给猫喂食的机器：薛定谔最初的表述有所不同，但我就是没法跟人讨论死猫的问题，就算是假设的也不行。抱歉啦。

280　多伊奇的算法：关于问题和算法的最早描述是在 The problem and the algorithm were first described in D. Deutsch, "Quantum theory, the Church-Turing principle and the universal quantum computer," Proceedings of the Royal Society of London. Series A, Mathematical and Physical Sciences 400:1818 (1985).

280　秀尔的算法：秀尔的算法最早发表于 P. W. Shor, "Algorithms for quantum computation: Discrete logarithms and factoring," in Proceedings, 35th Annual Symposium on Foundations of Computer Science, IEEE Computer Society Technical Committee on Mathematical Foundations of Computing (Los Alamitos, CA: IEEE, 1994). 对其中涉及的思路，非技术化的细致描述见于 Scott Aaronson, "Shor, I'll do it," in Reed Cartwright and Bora Zivkovic (eds.), The Open Laboratory: The Best Science Writing on Blogs 2007 (Lulu.com, 2008).

281　用秀尔算法的最小数字：秀尔的算法对偶数并不奏效，不过偶数很容易分解；对 9 这样的数字（素数的完全幂次）也不行。这些数字用特殊技巧也能相对较快地进行分解。

281　对 15 的因数分解：Lieven M. K. Vandersypen et al., "Experimental realization of Shor's quantum factoring algorithm using nuclear magnetic resonance," Nature 414:6866 (2001).

281　对 21 的因数分解：Enrique Martin-Lopez et al., "Experimental realisation of Shor's quantum factoring algorithm using qubit recycling," Nature Photonics 6:11(2012).

281　对 143 的因数分解：Nanyang Xu et al., "Quantum factorization of 143 on a dipolar-coupling nuclear magnetic resonance system," Physical Review Letters 108:13 (2012). 这种叫作绝热量子计算的算法是否跟秀尔的算法一样快，目前还并不清楚。

281　对 56153 的因数分解：Nikesh S. Dattani and Nathaniel Bryans, "Quantum factorization of 56153 with only 4 qubits," arXiv number 1411.6758, November 27, 2014. 正如作者所言，一般来讲"这种简化并不能让我们破解大型 RSA 代码（原文如此）"。

281　格罗夫尔的算法：格罗夫尔的算法最早发表于 Lov K. Grover, "A fast quantum mechanical algorithm for database search," in Proceedings of the Twenty-eighth Annual ACM Symposium on Theory of Computing, Association for Computing Machinery Special Interest Group on Algorithms and Computation Theory (New York: ACM, 1996). Graham P Collins, "Exhaustive searching is less tiring with a bit of quantum magic," Physics Today 50:10 (1997), 则是十分通俗易懂的技术总结。

281　256 比特的 AES 密钥：NSA/CSS, *Cryptography Today*.

281　后量子密码学：下列文献是关于后量子密码学的精彩概述，不过有时也偏技术化：Daniel J. Bernstein, "Introduction to post-quantum cryptography," in Daniel J. Bernstein, Johannes Buchmann, and Erik Dahmen (eds.), *Post-Quantum Cryptography* (Springer Berlin Heidelberg, 2009).

281　不能轻易解决的一些问题：尽管跟公钥密码学中的大多情形一样，人们也并非十分肯定这些问题很难。

284　500 维或更高维度空间：Hoffstein et al., *Introduction to Mathematical Cryptography*, Section 7.11.2. 请注意，对本节给定的 N 值，网格的维度数是 $2N$。

284　密码系统示例：最早明确以网格为基础的密码系统似乎是由 Miklós Ajtai 和 Cynthia Dwork 发明的，发表于 1997 年。(Miklós Ajtai and Cynthia Dwork, "A Public-key cryptosystem with worst-case/average-case equivalence," in *Proceedings of the Twenty-ninth Annual ACM Symposium on Theory of Computing*, Association for Computing Machinery Special Interest Group on Algorithms and Computation Theory (New York; ACM, 1997).) Ajtai-Dwork 系统基于最短向量问题的变化版，现在人们认为这个系统安全但不切实际。我在这里描述的系统大致同时发明，而现在人们认为这个系统实际但不够安全。

284　鲍鲍伊的算法：L Babai, "On Lovász' lattice reduction and the nearest lattice point problem," *Combinatorica* 6:1 (1986).

287　一组"好"生成元和一组"坏"生成元：我跳过了鲍勃如何找到生成元的细节。简单点说就是，鲍勃先找一组角度接近直角的点作为"好"生成元，再用这组计算出一组"坏"生成元。如欲了解详情，可参看 GGH 加密系统（291 页）的参考资料。

289　非常小的信息片段：我们看到就算伊芙不能还原出精确的明文，也往往能还原出与原始明文有点儿接近的数字，如果每个数字包含的信息更少，那伊芙要根据"有点儿接近"的信息猜出明文就会更难。对我们示例中的密码，如果将每个字母都转换为二进制比特，并将每个比特分开处理，那这个密码就会比现在还要安全得多。另外，我们确实应该掺进去一些额外的随机比特，从而避免频率攻击。但是，所有这些操作会让信息变得很长。这一效应叫作消息扩张。

289　"点阵点起来"：参看 James Agee and Walker Evans, Let Us Now Praise Famous Men (Boston: Houghton Mifflin, 1941).

289　基本可以肯定：跟我们已经考察过的大部分密码系统都不同，在这里鲍勃的解密有可能出错，这就跟原始信息对不上了，尽管概率很小；万一出错了，结果很可能讲不通，因此通常很容易看出来。这跟 7.5 节素数检验的情形很相似。只要偶然出错的概率够小，这个系统就称得上够好。

340

291　　GGH 加密系统: Oded Goldreich et al., "Public-key cryptosystems from lattice reduction problems," in Burton S. Kaliski Jr. (ed.), *Advances in Cryptology—CRYPTO '97* (Springer Berlin Heidelberg, 1997). 欲了解该系统更多细节, 可参看 Hoffstein et al., *Introduction to Mathematical Cryptography*, Section 7.8 and Daniele Micciancio and Oded Regev, "Lattice-based cryptography," in Daniel J. Bernstein, Johannes Buchmann, and Erik Dahmen (eds.), *Post-Quantum Cryptography* (Springer Berlin Heidelberg, 2009), Section 5.

292　　GGH 并不安全: Phong Nguyen, "Cryptanalysis of the Goldreich- Goldwasser-Halevi cryptosystem from CRYPTO '97," in Michael Wiener (ed.), *Advances in Cryptology—CRYPTO '99*, (Springer Berlin Heidelberg, 1999).

292　　与 GGH 大同小异: See, for example, Micciancio and Regev, "Lattice-based cryptography," Section 5.

292　　最有前途的: Ray A. Perlner and David A. Cooper, "Quantum resistant public key cryptography: A survey," in Kent Seamons, Neal McBurnett, and Tim Polk, (eds.) *Proceedings of the 8th Symposium on Identity and Trust on the Internet* (New York: ACM Press, 2009).

292　　NTRU: NTRU 最初的描述见 Jeffrey Hoffstein et al., "Public key cryptosystem method and apparatus," United States Patent: 6081597, 2000http://www.google.com/patents/US6081597 and Jeffrey Hoffstein et al., "NTRU: A ring-based public key cryptosystem," in Joe P. Buhler (ed.), *Algorithmic Number Theory* (Berlin/Heidelberg: Springer, 1998)。关于网格描述和其他信息, 可参看 Hoffstein et al., *Introduction to Mathematical Cryptography*, Section 17.10, Micciancio and Regev, "Lattice-based cryptography," Section 5.2, or Trappe and Washington, *Introduction to Cryptography*, Section 17.4.

292　　有传言说: Trappe and Washington, Introduction to Cryptography, Section 17.4.

292　　杰弗里·霍夫斯坦回答说: 私人交流, 1998 年 6 月 22 日。我在里德学院参加会议, 跟 Carl Pomerance 同车前往会议晚宴时, 碰到霍夫斯坦在街上走, Pomerance 就从窗口喊他, 问了这个问题。

292　　数字签名系统: GGH 数字签名和 GGH 加密一样, 已经证明并不安全。(Phong Q. Nguyen, and Oded Regev, "Learning a parallelepiped: Cryptanalysis of GGH and NTRU signatures," *Journal of Cryptology* 22:2 (2008).)NTRU 数字签名的早期版本也显得并不安全, 最近的版本提交于 2014 年, 迄今尚未破解。发明者指出: "恐怕需要经年累月的密切检查, 这个系统才会被视为安全。"(Hoffstein et al., Introduction to Mathematical Cryptography, Section 17.12.5)

292　　威斯纳的想法: 威斯纳的故事参见 Levy, *Crypto*, pp. 332—338 。其论文最终发表为 Stephen Wiesner, "Conjugate coding," *SIGACT News* 15:1 (1983).

293　本尼特和布拉萨德：关于本尼特的背景，请参阅 Levy, *Crypto,* pp. 338—339；关于本尼特和布拉萨德的会面，请参阅 G. Brassard, "Brief history of quantum cryptography: A personal perspective," in *IEEE Information Theory Workshop on Theory and Practice in Information-Theoretic Security, 2005*, Piscataway, NJ: IEEE Information Theory Society in cooperation with the International Association for Cryptologic Research (IACR).

293　BB84：C. H. Bennett and G. Brassard, "Quantum cryptography: Public key distribution and coin tossing," in *Proceedings of the IEEE International Conference on Computers, Systems, and Signal Processing*, IEEE Computer Society, IEEE Circuits and Systems Society, Indian Institute of Science (Bangalore, India, 1984).

293　从你的角度观察：但并不是说你通常真能看见单个的光子。

296　保留大约一半的比特：该例中两人的结果略好过一半。

297　如果伊芙在监听：很快我们就会看到，伊芙实际上还有个额外的问题，不过眼下我们直接忽略就好了。

298　那伊芙肯定在偷听：也有可能只是线路噪声，但爱丽丝和鲍勃也有办法说明这一点。在某些情况下，就算伊芙已经发现了一些比特，他们也还是可以继续。Samuel J. Lomonaco Jr., "A talk on quantum cryptography, or how Alice outwits Eve," in David Joyner (ed.), *Coding Theory and Cryptography: From Enigma and Geheimschreiber to Quantum Theory* (Berlin/Heidelberg; New York: Springer, 2000) 中有对 BB84、有线路噪声的 BB84 以及一些其他协议的精彩介绍。这篇文章也解释了用于这一领域的一些可能看起来有点奇怪的符号，但这些符号有助于了解线性代数。Samuel J. Lomonaco Jr., "A quick glance at quantum cryptography," *Cryptologia* 23:1 (1999), 是更早的版本也讲解得更深，有更多参考资料，但介绍性的材料不多。

298　得创建一个原型：C. H. Bennett and G. Brassard, "The dawn of a new era for quantum cryptography: The experimental prototype is working!" *ACM SIGACT News* 20:4 (1989); Brassard, "Brief history."

298　破天荒第一个量子密码学密钥协议：Bennett and Brassard, "Dawn of a new era"; C. H. Bennett et al., "Experimental quantum cryptography," *Journal of Cryptology* 5:1 (1992); Brassard, "Brief history."

298　通过光缆实施量子密钥分发协议：Boris Korzh et al., "Provably secure and practical quantum key distribution over 307 km of optical fibre," *Nature Photonics* 9:3 (2015). 该系统用的是"一致性单向协议"（COW）而非 BB84。Nicolas Gisin et al., "Towards practical and fast quantum cryptography," arXiv number quant-ph/0411022, November 3, 2004. 传送量子粒子的问题之一是，目前通信信道只能是单一链接。任何意在增强或重定向该信号的尝试都会破坏系统所依赖的量子特性，研究人员已在努力解决这一问题。

299　露 天 实 现 BB84 协 议: Tobias Schmitt-Manderbach et al., "Experimental demonstration of free-space decoy-state quantum key distribution over 144 km," *Physical Review Letters* 98:1 (2007).

299　第一个量子密码学保护下的银行转账: A. Poppe et al., "Practical quantum key distribution with polarization entangled photons," *Optics Express* 12:16 (2004). 该系统并未使用 BB84, 而是用了多少有些关系的名叫 E91 的协议, 这个协议首次发表于 Artur K. Ekert, "Quantum cryptography based on Bell's theorem," *Physical Review Letters* 67:6 (1991). 。关于 E91, 不那么技术化的说明可参阅 *Physical Review Letters* 67:6 (1991). For a less technical description of E91, see Artur Ekert, "Cracking codes, part II," *Plus Magazine* No. 35 (2005).

299　在售的量子密码学设备: See, for example, Andrew Shields and Zhiliang Yuan, "Key to the quantum industry," *Physics World* 20:3 (2007).

299　量子密码学保护下的计算机网络: 美国: Shields and Yuan, "Key to the quantum industry," Richard J. Hughes et al., "Network-centric quantum communications with application to critical infrastructure protection," (May 1, 2013);; 奥地利: Roland Pease, "'Unbreakable' encryption unveiled," BBC News Web site, http://news.bbc.co.uk/2/hi/science/nature/7661311.stm;; 瑞 士: D. Stucki et al., "Long-term performance of the SwissQuantum quantum key distribution network in a field environment," *New Journal of Physics* 13:12 (2011); 日本: M. Sasaki et al., "Field test of quantum key distribution in the Tokyo QKD Network," *Optics Express* 19:11 (2011);; 中 国: Jian-Yu Wang et al., "Direct and full-scale experimental verifications towards ground-satellite quantum key distribution," *Nature Photonics* 7:5 (2013).

299　"我不知道……": Clay Dillow, "Unbreakable encryption comes to the U.S.," fortune.com, http://fortune.com/2013/10/14/unbreakable-encryption -comes-to-the- u-s/, quoting Don Hayford of Battelle Memorial Institute.

299　纯密码分析: 这些技巧在数学上通常都是最引人入胜的, 也正是因此, 我才关注这些。

300　光子数分束攻击: 这种攻击得名于 Gilles Brassard et al., "Limitations on practical quantum cryptography," *Physical Review Letters* 85:6 (2000); 该文将其描述为一种早期思路的改进。

300　存储捕获的光子: 请注意, 伊芙没法在单光子情形下运用存储的手段, 因为那样的话她就得既保存光子同时又将该光子发给鲍勃。

301　对 BB84 的改进: 其中最著名的叫作 SARG04, 首次发表于 Valerio Scarani et al., "Quantum cryptography protocols robust against photon number splitting attacks for weak laser pulse implementations," *Physical Review Letters* 92:5 (2004).

342

301　假脉冲方法：Won-Young Hwang，"Quantum key distribution with high loss: Toward global secure communication," *Physical Review Letters* 91:5 (2003)。日本量子网络中的某些链接用的就是这种方法 (Sasaki et al., "Field test of quantum key distribution").

301　明亮照明攻击：Lars Lydersen et al., "Hacking commercial quantum cryptography systems by tailored bright illumination," *Nature Photonics* 4:10 (2010)。其他主动攻击还包括时移攻击，利用了某些探测器或许更可能将实际为 1 的比特错记为 0 的可能性，反之亦然；(Yi Zhao et al., "Quantum hacking: Experimental demonstration of time-shift attack against practical quantum-key-distribution systems," *Physical Review A* 78:4 (2008))，以及相位重映射攻击，所攻击的系统中爱丽丝的设备既能发射光子也能接收光子。(Feihu Xu et al., "Experimental demonstration of phase-remapping attack in a practical quantum key distribution system," *New Journal of Physics* 12:11 (2010)).

343

301　"大体上可以断言……"：Edgar Allen Poe, "A few words on secret writing," *Graham's Magazine* 19:1 (1841).

延伸阅读建议

我在前言中说过，本书所述为密码学某一特殊方面，而要研究这一领域，还有很多其他方面可以兼顾。以下建议或可告诉你如何起步，所有资源的详细信息均可参见本书参考文献。

如果你想在学术道路上越走越远，那有很多很了不起的教科书。我无法在此一一列举，就跟你说几种我最喜欢的好了。与本书的数学水平相当的，我喜欢 Thomas Barr 的 *Invitation to Cryptology*。该书稍微有点儿过时，但我和我的学生曾用过这本书，实属三生有幸，并且书中有大量很棒的习题。如果想稍微挑战一下，我推荐用 Wade Trappe 和 Lawrence Washington 的 *Introduction to Cryptography with Coding Theory*，我在我的高级数学和计算机科学专业课程中用过。该书同样有很好的习题，并覆盖了一些本书未曾涉足的论题，比如纠错代码。要是你真的想把自己推向数学的深渊，那就试试 Jeffrey Hoffstein、Hill Pipher 和 Joseph Silverman 三人合著的 *An Introduction to Mathematical Cryptography*。该书为程度较高的本科生和低年级研究生编写，重点关注公钥密码学和数字签名。

如果你对现代密码学的实际应用感兴趣，同样也有大量优秀教材等着你。我有幸用过 William Stallings 的 *Cryptography and Network Security*，该书涵盖了密码学和数学，着眼于现代计算机所用的内容，接着还论述了用于保护计算机安全的特殊软硬件。就算你不需要教材，只是对你的计算机如何与本书论及的加密系统一起运行感到好奇，我也会推荐这本书。但如果要找一本原原本本告诉你什么该做什么不该做的手册，那就没有哪一本比得上 Niels Ferguson、Bruce Schneier 和 Tadayoshi Kohno 三人的 *Cryptography Engineering* 了。他们宣称该书所涉极狭、重点分明："我们不会给你数十种选项，我们只会给你一种，并告诉你如何正确实施。"

关于实际应用，不那么技术化的概述有 Bruce Schneier 的 *Secrets and Lies: Digital Security in a Networked World*。Schneier 不但是著名密码学家，也是密码学领域我最喜欢的作者之一，写作范围从密码技术方面到社会实用方面无所不包。我会拎出他的几本书说一说，但他写过的所有作品都值得推荐。*Secrets and Lies* 的目标读者是想要理解数字安全会如何影响其业务的商务人士，但该书深入浅出，可读性强，如果你想了解密码学的实际应用又不想读那些佶屈聱牙的术语，选这本书就对了。

如果你立志成为专业的密码学工作者，也就是以发明和/或破解那些保护秘密的系统为业的人，那你应该读一读 Bruce Schneier 的 *Applied Cryptography*。该书现在有点儿过时了，但涵盖了截至1996年所有重要的现代密码的数学（和很多其他）细节。在写作本书时，该书也是无可比拟的参考书。随后可以推介的是 Alfred Menezes、Paul van Oorschot 和 Scott Vanstone 的 *Handbook of Applied Cryptography*，涵盖面略有不同，也更为与时俱进一点。接下来可以读 Joan Daemen 和 Vincent Rijmen 的 *The Design of Rijndael: AES—The Advanced Encryption Standard*。作为 AES 竞标的赢家，他们对如何设计密码的了解不比任何人少。他们不但讲述细节，还讲述了密码背后的动机，对于那些数学能跟上的人来说，其清楚明了的程度令人叹为观止，更为该书锦上添花。

如果你对密码学历史兴趣颇丰，那么 David Kahn 的 *The Codebreakers* 就是必读书了。该书初版于1967年，是关于密码学历史的权威著作，一直到那时都经得起检验。不过自那以后，还是有两件事发生了变化。首先，以前关于密码学的大量历史材料都是机密，后来则纷纷解禁公开，尤其是与第二次世界大战中的密码学有关的内容。其次，密码学在计算机领域的应用遍地开花，发展出大量新密码，这些新密码的背景都很有意思。*The Codebreakers* 的第二版于1996年问世，有简短的一章介绍这些发展变化，但你也许会想再多来点儿。关于第二次世界大战中的密码学现在有很多优秀著作，我在参考文献中提到了几种，不过我并不对谁特别青睐。关于计算机密码学截至2001年的发展，我很喜

欢 Steven Levy 的 *Crypto*，但美中不足的是该书刚好在 AES 竞标结果揭晓前面世。在我看来，21 世纪伊始第一部真正算得优秀的密码学历史著作还没写出来。反正等着也是等着，我先推荐一下 Craig Bauer 的 *Secret History: The Story of Cryptology* 最后几章中关于历史的短文。Bauer 的书中混杂着历史和数学，作者也是密码学历史领域的大拿。该书可以用作教材、参考资料，也可以当作随手翻阅的消遣阅读。

本书中我着墨不多的一个方面是密码学的社会应用，尤其是在保护个人隐私方面的角色。面向非专业人士的数字技术和隐私的优秀入门读物要数 Hal Abelson、Ken Ledeen 和 Harry Lewis 的 *Blown to Bits: Your Life, Liberty, and Happiness After the Digital Explosion*，涵盖了现代隐私的诸多方面，也包括密码学。Whitfield Diffie 和 Susan Landau 的 *Privacy on the Line: The Politics of Wiretapping and Encryption* 则特别关注通信技术，也涉及更多学术细节。Landau 的 *Surveillance or Security? The Risks Posed by New Wiretapping Technologies* 涉及的主题很多都跟前面一样，但更加贴近前沿。我在写作本书时，Bruce Schneier 又刚刚出版了一部 *Data and Goliath: The Hidden Battles to Collect Your Data and Control Your World*。我承认我还没读过，但我对这部新作充满期待。

我多次提到，现代密码学是个日新月异的领域。因此密码学家大量用网络来传播、获取最新进展，并不令人意外。他们当中很多人都在写博客，我就说几个自己最喜欢的吧。Bruce Schneier 几乎每天都会在 Schneier on Security 上更新，地址是 https://www.schneier.com。跟他的其他著作一样，其范围从密码学到计算机安全再到与安全和隐私有关的更广泛话题，无所不包。很多条目都是新闻文章的简短片段，且带有链接。要是 Schneier 贴出自己的新文章，那就尤其值得一读。

Matthew Green 在 A Few Thoughts on Cryptographic Engineering 上大约一个月更新一次，地址是 http://blog.cryptographyengineering. com。很多文章都与技术问题有关，但十分浅显易读。文章通常会以非

技术性的摘要开头，再试着阐发技术细节。Matt Blaze 写的博客与此类似但只写到了2013年，博客名 Matt Blaze's Exhaustive Search，地址是 http://www.crypto.com/blog。这个博客眼下似乎并不活跃，但页面上有些文档和链接，包括 Blaze 在 Twitter 上的不时更新。Steve Bellovin 也是大概一个月更新一次，博客名 SMBlog: Pseudo- Random Thoughts on Computers, Society, and Security，地址是 https://www.cs.columbia.edu/~smb/blog。这些我觉得可以说是紧跟技术前沿的观点文章，通常是受一些最新消息的启发，但并非只是播报。Bellovin 的页面也有一些链接，可以跳转到另外一些博客，那些博客跟密码学关系没那么密切，但对密码学有兴趣的读者可能也会感兴趣的。

我自己也有一个博客，致力于持续更新本书材料，包括密码学的新进展、新的历史发现等。这些材料很多都来自我提到过的资源，不过我也会发布新资源推荐，你说不定也可以看看。通过本书的网页 http://press.princeton.edu/titles/10826.html 可以访问我的博客。

最后，如果你真的想知道密码学所有最新的技术研究成果，那么主要有两个网站你可以看到技术论文的预印本，还能免费下载。其中更全面些的是 arXiv，地址为 http://arxiv.org，有关于物理学（包括量子物理）、数学、计算机科学和其他一些领域的不同栏目。Cryptology ePrint Archive，地址为 http://eprint.iacr.org/，内容就较为有限。

347

图书在版编目（CIP）数据

密码的数学 / （美）约书亚·霍尔登著；舍其译 . — 长沙：湖南科学技术出版社，2021.8 （数学圈丛书）
书名原文：The Mathematics of Secrets
ISBN 978-7-5710-0010-3

Ⅰ.①密…　Ⅱ.①约…②舍…　Ⅲ.①数学—普及读物　Ⅳ.① O1-49

中国版本图书馆 CIP 数据核字 (2018) 第 269774 号

湖南科学技术出版社独家获得本书简体中文版出版发行权
著作权合同登记号：18-2017-272

数学圈丛书

MIMA DE SHUXUE
密码的数学

著者	版次
［美］ 约书亚·霍尔登	2021 年 8 月第 1 版
译者	印次
舍其	2021 年 8 月第 1 次印刷
责任编辑	开本
吴炜　王燕	880mm×1230mm　1/16
出版发行	印张
湖南科学技术出版社	24.75
社址	字数
长沙市湘雅路 276 号	368000
http://www.hnstp.com	书号
湖南科学技术出版社	ISBN 978-7-5710-0010-3
天猫旗舰店网址	定价
http://hnkjcbs.tmall.com	98.00 元
印刷	（版权所有·翻印必究）
湖南凌宇纸品有限公司	
厂址	
长沙市长沙县黄花镇黄花工业园	
邮编	
410137